日本无废体系研究

【日】细田卫士 【日】染野宪治　董旭辉　李玲玲　主编

中国环境出版集团・北京

图书在版编目（CIP）数据

日本无废体系研究 /（日）细田卫士等主编 . —北京：中国环境出版集团，2021.11

ISBN 978-7-5111-4923-7

Ⅰ. ①日… Ⅱ. ①细… Ⅲ. ①废物处理—研究—日本 ②废物综合利用—研究—日本 Ⅳ. ① X7

中国版本图书馆 CIP 数据核字（2021）第 206547 号

出 版 人 武德凯
责任编辑 韩 睿
责任校对 任 丽
封面设计 彭 杉

出版发行 中国环境出版集团
（100062 北京市东城区广渠门内大街 16 号）
网 址：http: //www.cesp.com.cn
电子邮箱：bjgl@cesp.com.cn
联系电话：010-67112765（编辑管理部）
发行热线：010-67125803，010-67113405（传真）
印 刷 北京中科印刷有限公司
经 销 各地新华书店
版 次 2021 年 11 月第 1 版
印 次 2021 年 11 月第 1 次印刷
开 本 787 × 960 1/16
印 张 20.75
字 数 315 千字
定 价 82.00 元

《日本无废体系研究》

日方编辑委员会

主　　编　【日】细田卫士　【日】染野宪治

编写委员

细田卫士　中部大学经营信息学部部长、教授，庆应义塾大学名誉教授

染野宪治　日本国际协力机构（JICA）建设环境友好型社会项目首席顾问，早稻田大学现代中国研究所招聘研究员

一之濑大辅　立教大学经济学部副教授

佐藤一光　东京经济大学经济学部副教授

齐藤　崇　杏林大学综合政策学部教授

中谷　隼　东京大学大学院工学系研究科讲师

山本雅资　东海大学政治经济学部经济学科教授

平沼　光　公益财团法人东京财团政策研究所研究员

泽田英司　九州产业大学经济学部经济学科副教授

山田智子　农林水产省大臣官房数据战略小组企划官

《日本无废体系研究》

中方编辑委员会

主　　编　董旭辉　李玲玲

编写委员　董旭辉　中日友好环境保护中心总工程师、研究员

李玲玲　中日友好环境保护中心国际合作处副处长、高级工程师

于可利　中国物资再生协会秘书长

崔　燕　中国物资再生协会副秘书长

中方审校组　张云晓　菅小东　赵　静　王玉晶

宿　因　何小英　颜　飞　罗　楠

出版说明

1988 年，中日两国总理于《中日和平友好条约》签订 10 周年之际，就成立中日友好环境保护中心（以下简称中日中心）达成共识。为落实上述共识，日方提供无偿援助资金 105 亿日元，中方投入政府资金 6 630 万元人民币对中日中心进行建设。中日中心于 1996 年 5 月 5 日建成并投入运行。日本国际协力机构（JICA）自 1992 年起对中日中心开展技术合作项目，主要包括向中日中心派驻长期和短期专家，提供环境分析测试等仪器设备，支持并组织中方专家开展赴日研修等活动。通过上述技术合作项目，推动了环境技术转移与人才培养工作，提高了中日中心的研究与培训能力，有效地推动了中日中心的环境政策研究与能力建设工作。

2016 年 4 月，JICA“建设环境友好型社会项目”启动，该项目目的是加强环境综合治理能力。项目开展了完善环保政策及法律制度，促进环境污染防治技术合作，提高民众环保意识，加强环保能力培养与交流等各方面活动。

本书正是在这样的背景下由中日双方专家合作编写，主要目的是为提高中国中央及地方的环保行政人员在促进循环经济的发展及创建无废城市等方面的政策制定和执行能力提供参考。

日本早在 1900 年就制定了《污物清扫法》，规定市町村负有垃圾的收集和处理义务，并将民间的垃圾处理业者纳入政府的管理下。这套废弃物行政管理体制一直沿用至今。20 世纪 50—70 年代，日本处于高速经济增长期，虽然国民收入等得到不断提高，但与生活相关的社会资本建设未能跟上，废弃物急剧增加且种类日益多样化，形成一种“畸形的成长模式”。因此，1970 年 11 月，日本制定并经国会通过了《废弃物处理法》等 14 部公害相关法令，环境厅也于次年即 1971 年 7 月成立。然而，从公共卫生的角度考虑，废弃物行政管辖权并未移交给新成立的环境厅，还继续由厚生省承担。之后，1999 年通过了环境省设置法，规定将厚生省管辖下的废弃物行政管辖权移交给环境省，并于 2001 年 1 月 6 日成立了环境省。至此，除了环境厅成立以来所担负的公害对策、自然保护以及 20 世纪 90 年代开始重要性愈加凸显的地球环境问题，资源再生和废弃物的合理处理等构建循环型社会的工作也作为环境行政的一大支柱得到确立。

本书梳理了日本构建循环型社会的历史，也介绍了不同类别的再生资源的回收利用现状以及中日之间合作的可能性。衷心期望以本书的出版为契机，中日两国的相互了解和合作进一步加深，并助力中国政府在参考日本经验的同时结合本国的国情开展环保工作。

鸣谢：本书介绍的部分研究成果得益于日本环境省环境研究综合推进补贴（3K123002）支持的研究活动。同时，在本书的撰写过程中，众多相关人士提供了大量宝贵意见，在此一并向各位表示衷心的感谢。

编写组日方专家

中方编写组

目　录

第一章

日本再生资源产业发展的历程、现状与趋势

一之濑大辅　立教大学经济学部副教授

一、引言

我们人类的身体是通过动脉和静脉两种类型的血管来支撑的。经济同样如此，依靠从天然资源的采集到产品加工、流通等的动脉产业以及进行经济活动产生的废品再生和处理的静脉产业来支撑。其中动脉产业的发展明显对丰富人类的生活有着直接的贡献，因而社会的关注程度较高，迄今为止相关的研究也不计其数。但是，如上所述，经济仅靠动脉产业是无法运作的。如果没有承接经济活动过程中排放各种废品的静脉产业，社会将会被垃圾淹没，动脉产业的活动也无法顺利进行。近年来，伴随经济规模的不断扩大，排放的废弃物量愈加庞大，资源稀缺性也逐渐凸显，静脉产业的重要性比以往任何时候都更加突出。即便如此，与动脉产业相比，针对静脉产业的研究至今尚处于起步阶段。

因此，本章将聚焦日本的静脉产业，回顾从江户时期（1603—1868 年）直至现代的 400 余年里该产业发展的历史。尤其将关注产业形态与市场规模，如废弃物回收和再生利用相关主体、处理方法等，从而揭示各个时代的静脉产业实际状况，同时也将对今后该产业发展的各种可能性进行探讨。本章讲的静脉产业发展，是指静脉产业能够对动脉产业和家庭生活中产生的废品进行合理有效的处理或再生利用，并且建设与完善各种制度。此外，将讨论的起点设定为江户时代，是由于该时期留下的史料相对完整，便于对当时的静脉产业情况进行记述。鉴于进行产业历史分析所需的全国规模的官方数据统计始于经济快速发展（1955—1973 年）的末期，因而对于该时期以前的部分，主要依赖当时东京和大阪等大城市地区承担资源回收的协会组织等的相关资料，描述不同时代静脉产业的实际情况，而经济快速发展时期以后的部分，将利用数据对静脉产业的变迁进行实证考察。

迄今为止，针对静脉产业历史进行分析的研究屈指可数。例如，沟入茂（1987）曾围绕废弃物处理问题对明治时期（1868—1912 年）到战后日本垃圾处理技术的变迁进行了整理。星野（2007）关注了明治时期东京市环卫工作直营化的发展，对其过程和主要原因进行了阐述。同时，星野（2009）还以大正和昭和初期，即 20 世纪 10 年代前半期到 20 世纪 30 年代前半期的东京市为例，针对再生利用问题，分析了当时资源回收业由民间企业而非行政承担的原因。中野静夫等（1987）以废旧纺织品再生利用行业为中心，对20世纪10年代前半期到20世纪80年代后半期资源再生行业的实际状况进行了归纳整理。

从加深对废弃物处理和再生利用历史的理解的角度来看，这些研究具有非常重要的意义，本章也将适当参考这些成果进行研究探讨。但是，仅从笔者了解的情况来看，关注静脉产业长期以来发展变迁的研究尚未出现。不同时代的废品是如何在静脉产业中进行处理和再生利用的，相关的各种制度又是在何种时机和背景下建设完善的，要想基于上述视角阐明静脉产业的历史进程，不能仅针对一个时代，而是需要着眼于长期的产业动向。

本章的构成如下所示：第二节利用现存的史料，展示江户时期到经济快速发展时期，垃圾处理与再生利用产业机制方面不同时代的特征；第三节聚焦经济快速发展以后的时期，利用全国规模的静脉产业官方数据，阐述该产业是如何与时俱进，实现产业发展的；此外，对于能够获取具体数据的产业废弃物处理行业，将进一步就产业的现状和未来发展进行深入的研究和讨论，并在第四节对本章进行归纳总结。

二、垃圾处理与再生利用的历史

（一）江户时代（1603—1868年）

该部分主要对现存史料比较丰富的日本旧都——江户（现在的东京都部分地区）的废弃物处理与再生利用的实际情况进行梳理。

现有资料显示，江户时代纸、铁和纺织品等各种各样的资源得到了循环利用。例如，与现代相比，当时有更多物品是由木材制作而成的，因而产生了大量的木材边角料（碎木头），这些碎木头被回收后用作公共浴池[①]的燃料。

① 江户时代，老百姓家里几乎都没有浴室，通常人们是利用公共浴池（澡堂子）洗澡。因此，当时的日本首都江户建有为数众多的公共浴池。据称1814年江户营业的公共浴池多达近600家（青木美智男著《深度解读　浮世风吕》）。

同时，江户常用的燃料是木柴，产生的大量柴灰也得到了循环利用。回收的灰可以制成草木灰碱液用作清洁剂，或者当作制陶的釉药使用，用途颇为广泛[①]。另外，蜡烛一类的物品也是再生利用的。蜡烛在使用过程中会产生部分融化的残液，当时会将这些废蜡回收，再作为蜡烛的原料进行重复利用。除此之外，纸屑、铁、旧衣服等能够再生利用的品种相当丰富。

各种资源通常由商贩来进行回收。他们回收的资源被细化为众多种类，而每种资源都有专门的商贩回收。例如，碎木头由专收木屑的商贩负责回收，柴灰则由称为“收灰”的从业者来回收。资源的回收原则上是以个体户为主要形态的小商小贩来承担。

江户时代不仅进行资源的再生利用，对于损坏的物品，通常也会在修理后继续使用。如今的日本，一旦产品发生故障或损毁，很多人都会选择购买新的商品，而当时的江户，人们将损坏的产品修理后继续使用是理所当然的。与再生利用行业一样，这种修理一般也是通过个体工匠来实现的。当时的修理行业活跃着各种能工巧匠，其中包括修补金属锅漏洞的焊锅匠、回收旧雨伞的旧伞匠[②]、利用糯米粉修理破损的濑户陶瓷用品的锔碗匠等。

可见江户时代资源的循环利用活动十分流行，其背景可能更多是源于当时的生产力水平较低。与商品大量生产的现代不同，江户时代要生产一件产品需要更多的劳动力成本。例如，生产一支当时常用的和式蜡烛[③]需要近一个月的时间[④]。而这种需要较大劳动力投入的商品价值相对较高，即使是破损或没用了，直接扔掉也非常可惜，所以人们才会尽最大努力进行修理或者再生利用。

如上所述，江户时代已经形成了将各种资源进行循环利用的社会机制，但并非没有与废弃物相关的问题。在江户，最初多是将垃圾倾倒在附近的河

---

① 其实在江户时代，灰还有很多其他用途，例如，酿酒时用以促进酒曲中微生物的繁殖，纺织业则将草木灰碱液用于练丝，以精练出白净的熟丝［环境省《平成 12（2000）年度循环型社会建设情况年度报告》］。

② 当时的雨伞由和纸与木材制作而成，通常是将和纸破损后无法再使用的雨伞回收，重新贴上和纸再加以利用。

③ 萃取野漆树籽中含有的蜡质为原料制作的蜡烛。

④ 石川英辅（1997）《大江户再生利用情况》。

流和空地。倾倒在河里的垃圾逐渐成为影响当时重要的交通工具——船运的主要原因，倾倒在空地的垃圾不仅带来了恶臭和虫害，也成为诱发火灾的罪魁祸首①。针对这种情况，当时的幕府政权采取了相关措施，禁止向空地倾倒垃圾，并指定了固定的垃圾站点。1662年，取得幕府许可的企业（垃圾承包商）开始负责垃圾处理。垃圾承包商申请承担垃圾的收集和处置工作，并向各町收取款项作为报酬。而垃圾中值钱的物品贩卖之后的收入也归承包人所有。各町都是由土地所有人按照房屋门面的宽窄承担垃圾处理委托费、向木户番②支付的"木户番钱"等町内运营管理所需的各项费用（町入用）。到了江户后期，由町支付的垃圾处理委托费改为定额制，各町的各项费用加和，由土地所有人按照房屋面积缴纳。据了解，宽政时期（1789—1801年）垃圾处理委托费占町基本费用的3%～7%，比例并不算很高③。

从垃圾处理方法来看，填埋逐渐成为主流，借此东京湾填埋场不断发展。运往填埋场的废弃物采用船运的方式。从此，承包商将各排放源排放的垃圾集中在一起，并用船运到填埋场进行处理，废弃物处理体系就此确立。

（二）明治时期——第二次世界大战时期（1868—1945年）

19世纪后半期，统治了日本250多年的江户幕府倒台，明治政府成立。新政府引进了西欧各国的制度，以实现现代化为目标实行了各种改革。但在垃圾处理体系方面和以前相比并没有太大的变化，虽然在各地出现了一些新的民间回收业者，但由垃圾承包商负责垃圾处理的江户时代体系依然被沿袭④。

彻底改变这种体系的契机是传染病的流行。江户时代实行的闭关锁国政策结束，进入了明治时期，由于贸易的繁荣发展，日本和海外之间的人与物的交流愈加活跃，霍乱和鼠疫等传染病也传入日本国内，造成了严重的损失。垃圾处理不卫生是造成这些传染病蔓延的主要原因，因而对垃圾进行卫生处

---

① 当时几乎所有的建筑都是木质结构，人们也认识到火灾的威力极大，甚至可能在一瞬间就将城市吞灭。而当时的日本首都江户也确实多次经历大规模火灾，众多街道在火灾中毁于一旦。

② 江户时代，各町之间设有木门，称为木户，夜间关闭城门以便进行管理。木户番，即看守木户的值班人。

③ 环境省《平成13（2001）年度版循环型社会白皮书》。

④ 星野（2007）。这部分的内容参考沟入茂《垃圾百年史——处理技术的变迁》。

理的需求不断高涨。为了应对这种现状，1900 年日本开始施行《污物扫除法》，规定市町村承担垃圾处理责任。同年还出台了《污物扫除法施行规则》，其中第 5 条规定“垃圾应尽可能进行焚烧”[①]。

地方自治体中特别积极致力于垃圾焚烧工作的是大阪市，1903 年就已经建设了垃圾焚烧炉。据称全世界第一座垃圾焚烧设施是英国于 1874 年建造的，而大阪的焚烧炉仅在其 30 年后就建成了。大阪市在日本全国率先开始进行焚烧处理的原因是当时该市排放的 375 吨垃圾中有七成被倾倒在尻无川的入海口附近，这些垃圾流进大阪港，严重影响了当地的航运。建设焚烧炉是为了解决当地无法找到合适的垃圾填埋地[②]的问题。据说大阪市到 1916 年，已经对 50% 的垃圾进行了焚烧处理。该市的垃圾焚烧设施运营管理费也有一部分来自垃圾焚烧灰渣的出售款，当然，这只是微不足道的一部分。在这种背景下，以该市负责垃圾处理的官员为核心，对有效利用焚烧产生热能的设施开发进行了探讨，虽然最终并未真正实现，但也十分值得关注[③]。

那么，江户时代的首都东京在这个时期的垃圾处理又处于何种状况呢？坦率地说，它和大阪相比严重滞后。1911 年前后，东京府（相当于现在的东京都）人口大约为 275 万人，每天排放的垃圾近 800 吨[④]，从这一年开始，东京府也由东京市对中心地区的垃圾进行直接回收，但它和江户时代的收集体系相比有所变化。东京府垃圾焚烧在全国来说都相对滞后，它的首个焚烧设施是在 20 世纪 20 年代前半期建设的，进入 20 世纪 30 年代以后，东京市（东京府的中心地区，相当于现在东京中心 23 个区）才开始建设相关设施。

该地区垃圾焚烧工作滞后的原因之一是东京府有充分的适合用作填埋场的土地[⑤]。1933 年，垃圾焚烧设施建设完成后，有居民认为建有垃圾焚烧设施的城区的发展受到了影响，且夏季苍蝇大量聚集，再加上垃圾焚烧产生了烟尘危害等，于是居民以此为由发起了要求焚烧设施搬迁的运动，垃圾处理设

---

① 沟入茂《垃圾百年史——处理技术的变迁》，32 页。

② 沟入茂《垃圾百年史——处理技术的变迁》，42、46、63 页。

③ 沟入茂《垃圾百年史——处理技术的变迁》，63、70 页。

④ 环境省《平成 13（2001）年度版循环型社会白皮书》。

⑤ 沟入茂《垃圾百年史——处理技术的变迁》，173 页。

施的运营也因此充满了曲折与障碍[①]。

再回到全国形势来看，1930 年《污物扫除法施行规则》修订后，原文中“垃圾应尽可能进行焚烧”的“尽可能”被删除，垃圾焚烧变成了强制规定。即便如此，转变也未能顺利进行，截至 1939 年，从全国来看垃圾焚烧处理率仍止步于 50% 左右[②]。与该数字相比，1916 年焚烧处理率就达到 50% 的大阪市不愧是垃圾焚烧的先进地区。

明治时期以后，以实现全面的焚烧处理为目标的垃圾处理不断推进，但 1937 年后，垃圾不再轻易地被允许进行焚烧，由于物资匮乏，垃圾减量和再利用成为新的目标。下面，我们再来关注垃圾再生利用的情况。

明治初期到中期，垃圾再生利用情况的资料几乎没有留下，但据推测应该是保留和延续了江户时代的再生利用体系[③]。当时的再生资源回收体系如下所示：首先，进行资源回收的商贩分为从排放者手中购买有价资源的“上门收废品者”和从废弃的垃圾中挑拣能够作为资源出售的“拾荒者”两种类型。通常的形式是，回收商贩收集上来的资源被送到称为“建场”（译者注：废旧物资中转站）的收购站，再分别批发给专业批发商。建场将搬运用的工具和用于购买资源的资金借给资源回收者，并收购他们收集到的资源。明治时代中期，即 1890 年前后，建场一直从上门收废品者和拾荒者手中同时回收资源，而明治末期到大正初期，即 20 世纪 10 年代前期至 20 世纪 10 年代中期，建场分成了两种类型，一种是从上门收废品者进货的町建场，另一种是从拾荒者进货的拾荒者建场[④]。而东京市则在 1931 年，为了减少蚊蝇，并以前一年《污物扫除法》的修订为契机，开始进行垃圾分类回收。当时东京市用收集来的垃圾开始了养猪项目，虽然因进入战争时期，垃圾回收量减少，该项目未能得以拓展，但这项活动本身还是颇为引人注目[⑤]。除此以外，同时期东京市还对垃圾有效利用的方法进行了各种探索，曾经领导大阪市垃圾焚烧行政工

① 沟入茂《垃圾百年史——处理技术的变迁》，247-248 页。

② 沟入茂《垃圾百年史——处理技术的变迁》，107、110 页。

③ 东京都资源回收事业协同组合二十年史编纂委员会《东资协二十年史》，8 页。

④ 东京都资源回收事业协同组合二十年史编纂委员会《东资协二十年史》，8 页。

⑤ 沟入茂《垃圾百年史——处理技术的变迁》，288-289、291 页。

作的技师受聘前往东京市，就应该是其中一个重要的因素。该技师一直将每天排放的垃圾视为“珍贵的资源宝库”[①]。

在战争时期，物资匮乏问题日益严重，众多的拾荒者由此失业，东京府清扫科也因人手不足和燃料匮乏，转而要求各家自行处理垃圾[②]。1941年《污物扫除法施行规则》再次修订，撤销了垃圾焚烧的强制规定。建好的垃圾焚烧设施也随之改变了用途，用于食品、纸浆、造船或军需工厂等[③]。战争带来的影响，甚至波及从事垃圾再生利用行业的劳动者和垃圾处理的模式。

（三）战后——经济快速发展时期（1955—1973年）

第二次世界大战曾经使日本的经济陷入巨大的混乱，其后实现了显著的恢复，并于1955年开始进入经济快速发展时期。日本经济规模急剧扩大，经济增长率从20世纪50年代中期开始到20世纪60年代中期，一直保持在8.9%～10.9%的高位[④]。家庭收入也随之大幅提高，曾被称为“三大神器”的黑白电视、洗衣机、电冰箱的普及率到20世纪60年代中期已经接近100%[⑤]。

与日本经济繁荣景象截然不同，再生利用行业正在面临生死存亡的危机，其中重要的因素就是严重的人手不足。即使是在经济快速发展时期，再生资源的回收仍旧由收废品的人和拾荒者来承担，但是由于经济运行良好，劳动力需求不断增大，人们容易找到工资更高、更稳定的工作，因而很多从事资源回收的人员离开了这个行业。原本由失业者等社会地位相对较低的人们支撑的资源再生利用体系，随着经济的快速发展带来的劳动力需求增加和工资水平的提高，逐渐显露出危机。

1964年举办的东京奥运会给了资源回收行业一个更大的打击。因为是国际大型赛事，为了迎接奥运会的召开，东京都为美化景观而撤掉了垃圾箱，

---

① 沟入茂《垃圾百年史——处理技术的变迁》，301页；1935年11月16日《东京朝日新闻》。

② 沟入茂《垃圾百年史——处理技术的变迁》，315页。

③ 沟入茂《垃圾百年史——处理技术的变迁》，316-317页。

④ 环境省《平成15（2003）年度版环境白皮书》。

⑤ 环境省《平成15（2003）年度版环境白皮书》。

对于拾荒者来说，这就意味着资源回收的场所剧减，实际上也的确迫使众多资源回收业者不得不关门。显然，日本经济的飞速发展严重动摇了资源回收行业存在的根基，而面对这种现状，作为资源回收中枢的建场行业的应对措施却明显滞后，完全没有进行现代化经营管理方面的改革，一味地固守原有的体制[①]。

在民间资源回收体系的功能不断下降的情况下，行政逐渐在资源回收领域扮演更重要的角色，其中代表性的例子就是集中回收机制的开始。这是一种由町内会或自治会等当地居民自行成立的组织与回收业者签订合同，在固定的时间和地点将资源收集在一起进行回收的机制。而行政则以向资源排放团体和回收业者分别支付奖金的方式为资源回收提供支持。从各家各户分别回收少量排放的资源需要较高的成本，采用集中回收机制可以将汇聚成一定数量的资源进行一次性回收，起到了弥补民间回收能力不足的作用。该机制于 1972 年始创于东京的丰岛区，并逐渐推广到全国。

与此同时，伴随着经济增长和消费形式的多样化，易拉罐和一次性瓶子（one-way bottle）的使用量不断增加，而这些物品当时作为资源的价值并不高，难以完全依靠民间进行资源回收。因此，这些资源都是由家庭先进行分类，再由行政负责回收。

三、产业规模的变迁——经济快速发展期之后

（一）垃圾量与再生利用量——一般废弃物与产业废弃物

2000 年之后，再生利用相关的法律得到急速推进，围绕静脉产业的社会环境也发生了巨大变化。本节将聚焦史料相对翔实的经济快速发展时期之后的阶段，特别关注产业规模的变迁，阐明该产业在相关的制度支撑下发生的变化。此外，1970 年出台的《关于废弃物处理及清扫的法律》中规定，在日本，废弃物被划分为一般废弃物与产业废弃物，无论是处理机制还是处理责

① 《东资协五十年史》，198 页。

任归属均有所不同[①]。以下分别就一般废弃物与产业废弃物来探讨其产生量与再生利用量问题。

首先了解一般废弃物排放量的变化。图 1-1[②]为一般废弃物排放总量与日人均排放量的变化，前者为左轴，后者为右轴。可见排放总量与日人均排放量均呈现基本类似的变化趋势。具体来说，1965 年以后一般废弃物排放量在经济快速发展时期持续急剧增加。这应该是飞速的经济增长使人们的生活越来越富裕，商品消费量也随之大幅增加的缘故。第四次中东战争引发的 1973 年第一次石油危机以后，一般废弃物的排放量首次出现减少的态势。几乎所有的天然资源都要依赖进口的日本，以石油危机为契机快速转变方向，开始大力推进资源节约活动，在这样的背景下，废弃物排放量也随之减少。

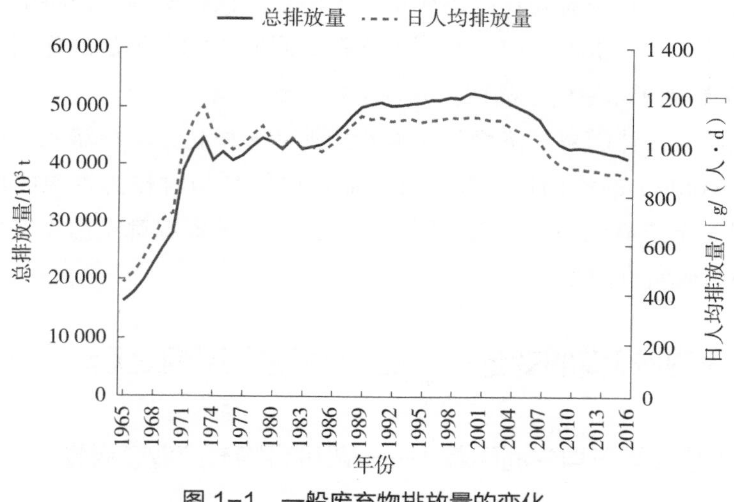

图 1-1　一般废弃物排放量的变化

资料来源：人口部分参考国立社会保障与人口问题研究所《人口统计资料集》，废弃物部分参考总务省统计局《日本的长期统计系列》及环境省《一般废弃物的排放与处理情况等》。

其后，虽然一般废弃物排放量时有增减，但一直呈现缓慢上升的趋势。

---

① 产业废弃物是指伴随生产经营活动而排放的废弃物中，由法律规定的特定的物品。属于产业废弃物的主要是工厂排放的废弃物。而一般废弃物是指产业废弃物以外的废弃物，主要是家庭和办公室等排放的垃圾等。

② 一般废弃物排放量的具体数据详见 30 页参考资料附表 1-1。

到 20 世纪 80 年代即进入所谓的泡沫时代后，排放量曾经一度大幅上升，但伴随泡沫的消失，日本经济进入长期的停滞状态，一般废弃物排放量也从稳定转向减少并延续至今。有明确数据支撑的最新年度，即 2016 年，一般废弃物排放总量约为 4 093 万吨，日人均排放量为 880 克。

如图 1-2 所示，可获得的产业废弃物的数据相对较少，无法像一般废弃物那样追踪其具体的排放量变化。但从大的趋势来看，1975—1990 年排放量大幅上升，之后一直到 2007 年前后保持相对平稳状态，自 2008 年以来呈下降趋势。在排放量降低的背景中，应该有国际金融危机引发的经济低迷所带来的影响。有明确数据支撑的最新年度，即 2015 年的产业废弃物年排放量约为 3.91 亿吨。

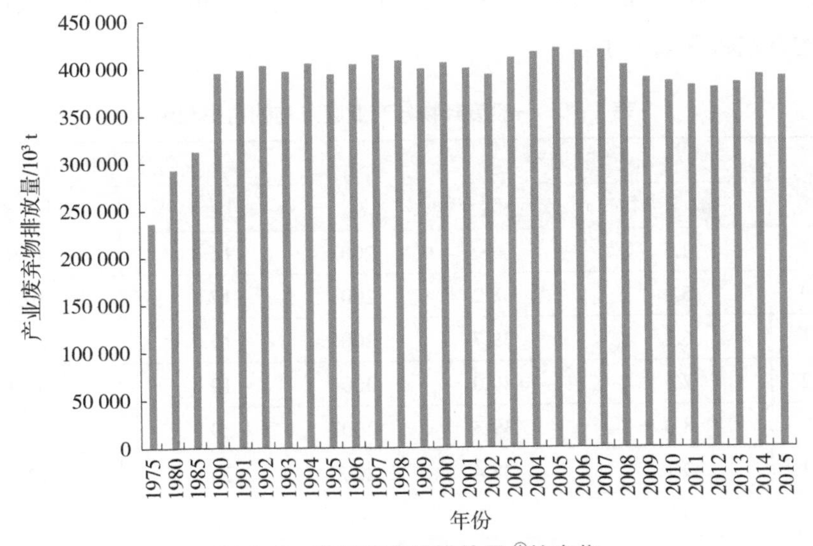

图 1-2　产业废弃物排放量[①]的变化

资料来源：总务省统计局《日本的长期统计系列》、环境省《产业废弃物排放与处理状况调查》。

日本的产业结构中，服务业发展较快，因而从单位经济活动排放量来看，这种结构不易产生较多的产业废弃物[②]。而进入人口逐渐减少的社会后，今后

---

① 产业废弃物排放量的具体数据详见 33 页参考资料附表 1-2。

② 内阁府《平成 25（2013）年度国民经济计算确报》显示，截至 2013 年，日本的名义 GDP 中，第一产业所占比例为 1.2%，第二产业为 24.5%，第三产业为 74.3%。

日本的经济规模将走向平稳甚至很有可能转为不断缩小。因此，产业废弃物产生量不大可能大幅上升，反而是逐渐停滞或者缓慢减少的可能性更大。对于产业废弃物处理行业来说，这意味着市场将逐渐缩小，而要促进该产业的活力，必须采取相应的对策。

表 1-1 分别汇总了一般废弃物与产业废弃物的再生利用率[①]。首先来看一般废弃物，其再生利用率自 1989 年以来基本保持持续上升的势头，2010 年达到了 20.8%。2011 年以后再生利用率呈现小幅降低的趋势，原因之一应该是 2011 年 3 月 11 日发生的东日本大地震造成的灾害废弃物再生利用率未计入其中。如果将灾害废弃物的再生利用一并计入，2011 年和 2012 年的再生利用率将分别达到 25.6% 和 33.8%[②]。反之，如果不考虑震灾的影响，近年来再生利用率的升幅将逐渐缩小。

表 1-1 一般废弃物与产业废弃物的再生利用率 单位：%

年份	再生利用率		年份	再生利用率	
	一般废弃物	产业废弃物		一般废弃物	产业废弃物
1989	4.5	—	2003	16.8	48.9
1990	5.3	38.2	2004	17.6	50.6
1991	6.1	39.7	2005	19.0	51.9
1992	7.3	40.0	2006	19.6	51.3
1993	8.0	39.3	2007	20.3	52.3
1994	9.1	38.4	2008	20.3	53.7
1995	9.8	37.3	2009	20.5	53.1
1996	10.3	37.0	2010	20.8	53.1
1997	11.0	40.7	2011	20.6	52.5
1998	12.1	42.1	2012	20.5	54.7
1999	13.1	42.8	2013	20.6	53.4

① 再生利用率的定义如下：一般废弃物为（直接资源化量＋中间处理后的再生利用量＋集中回收量）÷（垃圾处理总量＋集中回收量）；产业废弃物为再生利用量除以再生利用量、减量化量与最终处置量的合计。

② 环境省《一般废弃物处理实际情况调查》。

续表

年份	再生利用率		年份	再生利用率	
	一般废弃物	产业废弃物		一般废弃物	产业废弃物
2000	14.3	45.3	2014	20.6	53.4
2001	15.0	45.8	2015	20.4	53.4
2002	15.9	46.2	2016	20.3	—

资料来源：环境省《一般废弃物处理实际情况调查》《产业废弃物的排放与处理状况调查》等。

与此同时，产业废弃物的再生利用率也曾一度呈现上升的趋势。但以2008年为界，开始呈小幅降低的趋势。可以理解这是由于受金融危机的影响，产业废弃物的产生量和再生利用量同时有所减少，但与生产量相比，再生利用量减少比例更高的缘故。

将一般废弃物与产业废弃物相比较可发现，在再生利用率方面，产业废弃物显然要高得多。这是因为产业废弃物主要来自工厂等排放源，每个场所会产生成分相对单纯、数量相对较大的废弃物，便于进行再生利用；而家庭垃圾占比较大的一般废弃物，单个排放源产生的废弃物量少物杂，不便于再生利用。

对于再生利用产业来说，再生利用率是显示市场规模的重要指标。如表1-1所示，迄今为止的再生利用率虽然持续走高，但近年来升速放缓，今后再生利用市场存在逐渐缩小的可能性。要使再生利用产业增加活力，推动资源循环，需要采取相应的对策。

（二）从业单位与从业人数

利用总务省统计局实施的《单位与企业统计》[①]，分析构成静脉产业的废弃物处理行业与再生资源批发业的单位数量与从业人数的变化[②]。图1-3为再生资源批发业与废弃物处理行业单位的数量变化情况。首先从再生资源批发业

---

① 自2009年起，《单位与企业统计》并入《经济普查》，故图1-3中2009年与2012年数据摘自《经济普查》。

② 此处所述废弃物处理行业的定义为一般废弃物处理行业、产业废弃物处理行业、其他废弃物处理行业的总计。此外，再生资源批发业包括空瓶、空罐等空容器批发业，废钢铁批发业，废非铁金属批发业，废纸批发业，其他再生资源批发业。

来看，20世纪70年代到80年代中期一直持平的单位数量自1985年以后大幅减少。从业单位数量减少的拐点即1986年，由于当时“产品市场行情的低迷与日元升值带来的进口剧增，造成了再生资源原料的过剩”[①]，再生资源价格一度暴跌。这直接影响了再生资源业者，据称城市地区的回收业者甚至一度减少到原来的1/5[②]。原因可能是再生资源疲软的状况引发了再生资源批发业单位数量的减少。2007年探底以后，从业单位数量一度呈增加趋势，不过也只是微增，应该是受2008年国际金融危机的影响。

与此同时，自1972年以后直到2009年，废弃物处理行业均保持持续上升的势头。虽然2009—2012年从业单位的数量有所减少，应该和再生资源批发业同属金融危机的影响，但与再生资源批发业相比，1972年废弃物处理行业的从业单位数量远低于再生资源批发业，而现在形势已经完全逆转。2016年，废弃物处理行业的从业单位数量为20 005家，再生资源批发业为11 062家。

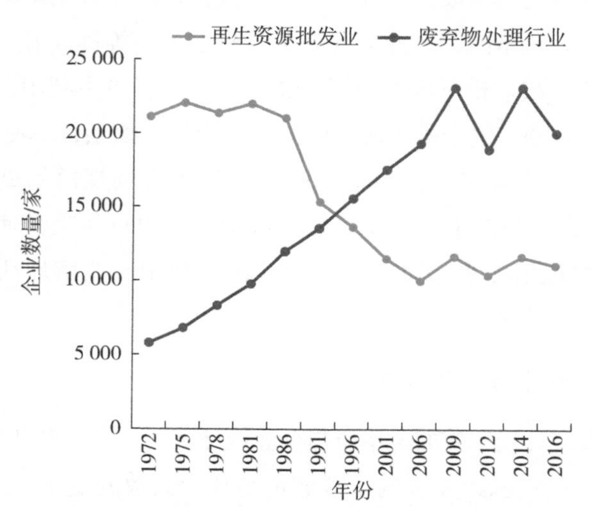

图1–3　再生资源批发业和废弃物处理行业的从业数量

资料来源：总务省统计局《单位与企业统计》《经济普查》。

接下来分析废弃物处理行业与再生资源批发业从业人数的变化。首先从图1-4的再生资源批发业来看，其与图1-3中从业单位数量的变化趋势几无二致。

---

① 朝日新闻，“再生资源危机（今日问题）”，1986年6月30日。

② 同上。

具体来说，1985 年之后，原本一直基本持平的从业人数有所减少，而 2002 年前后开始转为增加，2014—2016 年再次转为减少。但是，从 1985 年到 21 世纪的整体减少趋势来看，二者相比，从业人数的减幅低于企业数量的减幅。

其次，废弃物处理行业从业人数的变化近年来一直呈现持续上升趋势，但 2009 年却大幅减少，这也与从业单位数量的变化趋势相同。此外，与再生资源批发业的从业人数相比，1972 年的再生资源批发业为 98 231 人，废弃物处理行业为 108 123 人，从从业人数来看，二者基本处于同等规模；2016 年，再生资源批发业为 86 011 人，废弃物处理行业则达到了 271 749 人，为前者的 3 倍左右。

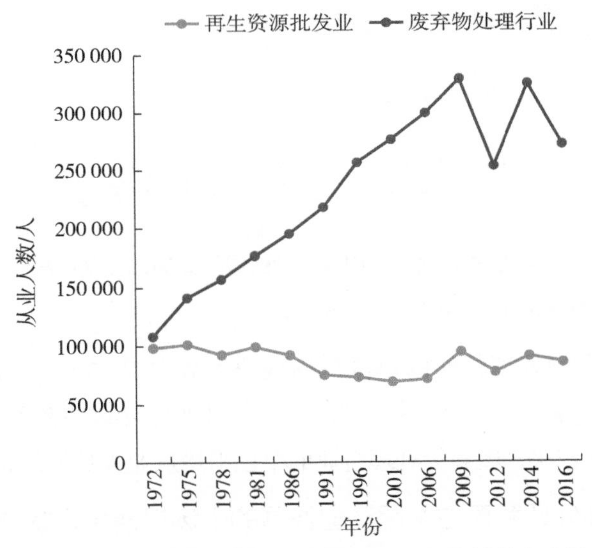

图 1–4　再生资源批发业和废弃物处理行业的从业人数

资料来源：总务省统计局《单位与企业统计》《经济普查》。

从业单位平均从业人数的数据如图 1-5 所示。首先，再生资源批发业者的数据自 1972—1999 年基本持平，1999 年之后，除亚洲金融危机期间，其他时期一直呈上升趋势。其中包括由于再生资源疲软使从业单位数量的减少速度大于从业人数减少速度的因素，同时也存在该行业企业积极扩大规模的原因。例如，从东京都的再生资源批发业者来看，废纸回收业引进了废纸压缩打包机，废钢铁回收业则引进了废铁压缩切断机和电磁起重机、粉碎机等设备，规模化的发展十分迅猛。此外，运输高效发展的势头也很强，行业整体的货车保有量在 1977 年还只有平均每店 3.3 辆，到 1985 年已经达到平均每店 7.1 辆[①]。1972 年仅为约 5.1 人的单位平均从业人数上升到 2016 年的 7.8 人。

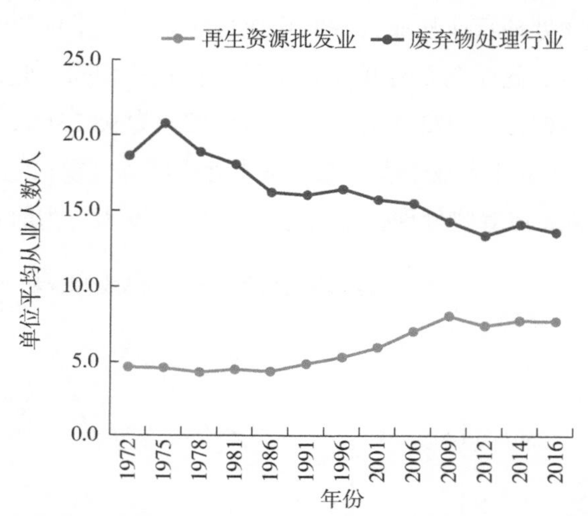

图 1-5　再生资源批发业和废弃物处理行业的单位平均从业人数

资料来源：总务省统计局《单位与企业统计》《经济普查》。

其次，废弃物处理行业的单位平均从业人数在 1975 年达到峰值，其后一直持续减少。具体来看，1975 年约为 21 人，到 2016 年减少到约为 14 人。但与再生资源批发业相比，废弃物处理行业的单位平均从业人数依然相对较多。

（三）支撑处理和再生利用产业发展的市场规模和现状与未来

1. 市场规模

根据环境省《关于环境产业市场规模与就业规模的报告书》，依据金额本身显示出的市场规模，加上从业单位数量和就业人数，可了解市场规模的全貌。表 1-2 显示了日本环境相关产业的市场规模与就业规模的变化情况。环境相关产业划分为环境污染防治、全球变暖对策、废弃物处理与资源有效利用、自然环境保护四大领域，表的上半部分以市场规模与就业规模的金额和人数为单位，下半部分则以市场规模与就业规模中这四大领域分别所占的比例为单位。

---

① 《东资协五十年史》，105 页。

表 1-2　日本环境相关产业的市场规模与就业规模的变化情况

		2000年	2001年	2002年	2003年	2004年	2005年	2006年	2007年	2008年	2009年	2010年	2011年	2012年	2013年	2014年	2015年	2016年
市场规模/万亿日元	环境污染防治	7.3	6.8	6.5	6.3	6.2	12.5	13.5	12.2	12.3	10.0	12.5	13.0	13.2	13.6	14.3	12.8	12.7
	全球变暖对策	3.8	4.8	5.3	9.3	15.0	20.8	23.3	24.8	25.2	19.2	25.7	24.6	27.7	32.9	33.9	34.0	33.3
	废弃物处理与资源有效利用	39.5	40.3	40.5	40.9	42.1	43.8	45.6	47.5	48.8	40.6	42.0	43.3	43.8	45.9	45.2	45.6	49.6
	自然环境保护	7.4	7.1	7.0	7.2	7.4	7.4	7.5	7.9	7.9	7.8	7.8	7.9	7.9	8.0	8.1	8.3	8.6
	合计	57.9	59.0	59.2	63.7	70.7	84.5	89.7	92.4	94.2	77.6	88.1	88.8	92.7	100.3	101.5	100.6	104.2
就业规模/万人	环境污染防治	16.4	15.3	14.2	13.9	13.6	14.0	13.7	13.4	12.6	12.1	11.9	13.2	12.4	11.8	11.6	11.5	11.6
	全球变暖对策	10.3	12.3	15.2	17.3	21.3	26.8	26.8	31.0	30.4	31.4	37.5	42.1	42.4	51.5	52.1	59.4	58.3
	废弃物处理与资源有效利用	110.0	114.5	116.1	117.2	116.6	121.0	125.0	128.5	127.7	127.2	128.2	134.8	133.8	140.9	137.1	137.3	143.7
	自然环境保护	42.2	40.2	42.1	43.9	45.6	46.4	49.0	54.5	54.0	55.4	56.1	54.1	52.4	50.4	46.3	46.3	46.9
	合计	178.8	182.4	187.6	192.5	197.1	208.2	214.5	227.4	224.7	226.1	233.7	244.2	241.0	254.6	247.1	254.0	260.5

续表

		2000年	2001年	2002年	2003年	2004年	2005年	2006年	2007年	2008年	2009年	2010年	2011年	2012年	2013年	2014年	2015年	2016年
市场规模/%	环境污染防治	12.6	11.5	11.0	9.9	8.8	14.8	15.1	13.2	13.1	12.9	14.2	14.6	14.2	13.6	14.1	12.7	12.2
	全球变暖对策	6.6	8.1	9.0	14.6	21.2	24.6	26.0	26.8	26.8	24.7	29.2	27.7	29.9	32.8	33.4	33.8	32.0
	废弃物处理与资源有效利用	68.2	68.3	68.4	64.2	59.5	51.8	50.8	51.4	51.8	52.3	47.7	48.8	47.2	45.8	44.5	45.3	47.6
	自然环境保护	12.8	12.0	11.8	11.3	10.5	8.8	8.4	8.5	8.4	10.1	8.9	8.9	8.5	8.0	8.0	8.3	8.3
就业规模/%	环境污染防治	9.2	8.4	7.6	7.2	6.9	6.7	6.4	5.9	5.6	5.4	5.1	5.4	5.1	4.6	4.7	4.5	4.5
	全球变暖对策	5.8	6.7	8.1	9.0	10.8	12.9	12.5	13.6	13.5	13.9	16.0	17.2	17.6	20.2	21.1	23.4	22.4
	废弃物处理与资源有效利用	61.5	62.8	61.9	60.9	59.2	58.1	58.3	56.5	56.8	56.3	54.9	55.2	55.5	55.3	55.5	54.1	55.2
	自然环境保护	23.6	22.0	22.4	22.8	23.1	22.3	22.8	24.0	24.0	24.5	24.0	22.2	21.7	19.8	18.7	18.2	18.0

资料来源：环境省《关于环境产业市场规模与就业规模的报告书》。

注：由于各项数值来源不同以及末位四舍五入等原因，存在总计与分项之和不等的情况。

首先来看环境相关产业整体的市场规模，2016年达到104.2万亿日元，除受到国际金融危机影响的2009年以外，2000年以来一直在扩大。再看废弃物处理与资源有效利用领域，与环境相关产业整体的趋势基本一致，如果剔除国际金融危机的影响，其市场规模持续在增长，截至2016年已经达到49.6万亿日元，是环境相关产业中最大的市场。但是，与此同时，废弃物处理与资源有效利用领域在环境相关产业中的重要性却呈逐年减弱的趋势。由表1-2的下半部分市场规模占比的数据可见，2000年废弃物处理与资源有效利用领域在环境相关产业市场规模中的占比为68.2%，而到了2016年却下降到47.6%。究其原因是全球变暖对策等领域呈现快速增长，废弃物处理与资源有效利用领域的增长水平相对较低。同时从该表也可以看出，与其他环境相关产业相比，废弃物处理与资源有效利用领域更多地受到经济低迷的影响。从实际计算来看，受到国际金融危机影响的2008年和最新数据2016年的市场规模变化率方面，环境相关产业整体增加10.6%，环境污染防治领域增加3.2%，全球变暖对策领域增加32.1%，自然环境保护领域增加8.9%，而废弃物处理与资源有效利用领域则只有1.6%的增加。这可能意味着废弃物处理与资源有效利用领域与其他环境相关产业相比受到经济低迷的影响更大，且更不容易克服这种影响。

就业规模也和市场规模呈现同样的动向。2000年，环境相关产业整体约179万人，到2016年则扩大到近261万人。其中占比最大的是废弃物处理与资源有效利用领域，2016年就业规模达到约143.7万人。但是，和市场规模一样，就业规模方面废弃物处理与资源有效利用领域的存在感也在逐年弱化，环境相关产业中废弃物处理与资源有效利用领域的占比，从2000年的61.5%下降到了2016年的55.2%。由此可见，虽然废弃物处理与资源有效利用领域在环境相关产业的市场规模、就业规模两方面依然占据较大比重，但其重要性正在逐渐降低。

下面具体聚焦废弃物处理与资源有效利用领域，进一步探讨其市场分别由哪些要素构成。表1-3将废弃物处理与资源有效利用领域的产业划分为大分类、中分类、小分类三档，并分别列出其市场规模与就业规模的数据。

表 1-3　废弃物处理与资源有效利用领域市场规模与就业规模

	市场规模 / 亿日元		就业规模 / 人	
	2015 年	2016 年	2015 年	2016 年
废弃物处理与资源有效利用（大分类）	456 236	496 234	1 373 395	1 437 397
废弃物处理、再生利用（中分类）	39 279	39 811	511 985	507 498
废弃物处理、再生利用设备（小分类）	5 343	5 866	22 488	24 592
废弃物处理与再生利用服务（小分类）	33 936	33 945	489 496	482 906
资源、设备的有效利用（中分类）	394 255	433 855	824 020	892 730
再生利用材料（小分类）	83 080	84 691	105 195	107 581
资源有效利用产品（小分类）	53 913	54 425	165 155	167 823
改装修理（小分类）	166 163	203 596	298 257	357 987
租赁（小分类）	91 100	91 146	255 411	259 339
长寿命化（中分类）	22 702	22 568	37 390	37 170
长寿命建筑（小分类）	22 702	22 568	37 390	37 170

资料来源：环境省《关于环境产业市场规模与就业规模的报告书》。

注：由于各项数值来源不同以及末位四舍五入等原因，存在总计与分项之和不等的情况

由此可见，无论是市场规模还是就业规模，资源、设备的有效利用领域都占有最大的比重。例如，2016 年废弃物处理与资源有效利用领域的市场规模约为 49.6 万亿日元，其中资源、设备的有效利用领域的市场规模达到 43.4 万亿日元，占比约 87%。从就业规模来看，2016 年废弃物处理与资源有效利用领域整体约为 143.7 万人，其中资源、设备的有效利用领域达到 89.3 万人，占比约为 62%，其中以改装修理领域数值最高。

仅次于资源、设备的有效利用领域，在市场规模和就业规模占比较大的是废弃物处理、再生利用领域。2016 年该领域的市场规模约为 4.0 万亿日元，占整体的比例仅为 8% 左右，但从就业规模来看，2016 年约为 50.7 万人，占比约 35%。和市场规模相比，废弃物处理、再生利用领域具有更高的就业吸纳能力。其中尤以废弃物处理与再生利用服务领域的数值最高，可能是由于该领域的产业结构属于劳动密集型，因而吸纳就业能力更高。

为了对产业结构进行更具体的探讨，下面将产业分类进一步细化到小分类以下的细分类进行分析。但鉴于篇幅所限，“租赁”“长寿命化”等细分类项目暂不详述。

首先，废弃物处理、再生利用设备领域中城市垃圾处理装置领域占比最大。如表 1-4 所示，2016 年该领域的市场规模为 3 251 亿日元，就业规模达到约 1.3 万人。此外，从市场规模来看，垃圾处理装置相关设备和焚烧炉拆解占比较大；从就业规模来看，焚烧炉拆解、垃圾处理装置相关设备和办公类废弃物处理装置等领域也占有较大的比例。

表 1-4　2016 年废弃物处理、再生利用设备领域市场规模与就业规模

		市场规模 / 亿日元	就业规模 / 人
废弃物处理、再生利用设备		5 866	24 592
细分类	填埋用防渗膜	46	56
	餐厨垃圾处理装置	27	76
	粪尿处理装置	302	1 216
	废塑料加工成高炉还原剂、炼焦原料的设备	0	0
	RDF 生产装置①	0	0
	RDF 发电装置	0	0
	RPF 生产装置②	31	125
	城市垃圾处理装置	3 251	13 079
	办公类废弃物处理装置	359	1 444
	垃圾处理装置相关设备	976	3 926
	处理场建设	426	702
	焚烧炉拆解	447	3 967
	再生利用平台	0	0
	环保水泥成套设备	0	0
	PCB 处理装置	0	0

资料来源：环境省《关于环境产业市场规模与就业规模的报告书》。

注：由于各项数值来源不同以及末位四舍五入等原因，存在总计与分项之和不等的情况。

① RDF（Refuse Derived Fuel）为家庭产生的塑料和餐厨垃圾等废弃物固化后的垃圾衍生燃料。

② RPF（Refuse Paper & Plastic Fuel）是以纸张和塑料为原料的固化燃料。

其次是废弃物处理与再生利用服务，整体与再生利用相比，废弃物处理的市场规模和就业规模都要大得多。如表 1-5 所示，如果将一般废弃物处理、粪尿处理、产业废弃物处理加在一起，市场规模约为 3.3 万亿日元，就业规模约为 48 万人，而容器及包装物再商品化和各种再生利用领域的市场规模总和

仅有 1 129 亿日元，就业规模为 6 394 人。将一般废弃物处理与产业废弃物处理相比较，一般废弃物处理的市场规模总和约为 1.3 万亿日元，产业废弃物处理为 1.8 万亿日元，一般废弃物处理的就业规模合计为 317 111 人，而产业废弃物处理则为 102 984 人。由此可见，与产业废弃物处理相比，虽然一般废弃物处理的市场规模较小，但就业规模却远远超过产业废弃物处理。

表 1-5　2016 年废弃物处理与再生利用服务领域市场规模与就业规模

		市场规模 / 亿日元	就业规模 / 人
废弃物处理与再生利用服务		33 945	482 906
细分类	一般废弃物处理相关处理费（收集、运输）	790	19 495
	一般废弃物处理相关处理费（中间处理）	2 580	63 662
	一般废弃物处理相关处理费（最终处置）	337	8 306
	一般废弃物处理相关委托费（收集、运输）	4 930	121 637
	一般废弃物处理相关委托费（中间处理）	3 465	85 486
	一般废弃物处理相关委托费（最终处置）	506	12 477
	一般废弃物处理相关委托费（其他）	245	6 048
	粪尿处理	1 760	56 417
	产业废弃物处理	18 204	102 984
	容器及包装物再商品化（玻璃瓶）	45	254
	容器及包装物再商品化［塑料（PET）瓶、纸制容器、塑料容器］	329	1 862
	废家电再生利用（冰箱）	174	983
	废家电再生利用（洗衣机）	132	748
	废家电再生利用（电视）	53	297
	废家电再生利用（空调）	62	349
	报废机动车再生利用	293	1 659
	废电脑再生利用	15	83
	废弃物管理体系	7	52
	小型家电再生利用	19	107

资料来源：环境省《关于环境产业市场规模与就业规模的报告书》。

注：由于各项数值来源不同以及末位四舍五入等原因，存在总计与分项之和不等的情况。

近年来，因稀有金属回收而受到特别关注的家电和电脑的再生利用，从再生利用相关市场来看，市场规模和就业规模均已达到一定程度，但从废弃物处理与再生利用服务领域来看，似乎尚未成长为具有足够影响力的产业。

如表 1-6 所示，再生利用材料领域中，动脉产业废弃物在市场规模、就业规模上均占有较大的比例，其中钢铁业和造纸业的数值最大，前者在 2016 年的市场规模已达到约 3.8 万亿日元，就业规模约为 4.5 万人，后者的市场规模约为 1.8 万亿日元，就业规模约为 2 万人。在钢铁行业中，将废塑料作为煤炭的替代品，将废轮胎用作燃料等，在其生产工艺中使用各种废弃物。此外，在其他项目中，非铁金属第二次冶炼和精炼业在市场规模和就业规模方面均有较高的数值。

表 1-6　2016 年再生利用材料领域市场规模与就业规模

		市场规模 / 亿日元	就业规模 / 人
再生利用材料		84 203	105 857
细分类	资源的再商品化（废塑料产品制造业）	1 182	7 127
	资源的再商品化（翻新轮胎制造业）	192	976
	资源的再商品化（再生橡胶制造业）	42	259
	资源的再商品化（废钢铁加工处理业）	6 934	11 885
	资源的再商品化（非铁金属第二次冶炼、精炼业）	13 392	11 774
	PET 瓶再生纤维	108	131
	餐厨垃圾的肥料化与饲料化	2 448	2 365
	RPF	43	256
	纸浆模型	125	318
	粉煤灰再生产品	9	30
	再生碎石	170	960
	接收来自动脉产业的废弃物（钢铁业）	38 022	44 699
	接收来自动脉产业的废弃物（水泥制造业）	2 370	2 114
	接收来自动脉产业的废弃物（造纸业）	17 746	19 779
	接收动脉产业产生的废弃物（玻璃容器制造业）	1 104	2 903
	稀有金属再生利用	318	280
	生物燃料	486	1 725

资料来源：环境省《关于环境产业市场规模与就业规模的报告书》。

注：由于各项数值来源不同以及末位四舍五入等原因，存在总计与分项之和不等的情况。

如表 1-7 所示，资源有效利用产品领域中，二手机动车零售业的市场规模和就业规模均为最大，分别为 25 009 亿日元和 71 936 人。

表 1-7　2016 年资源有效利用产品领域市场规模与就业规模

		市场规模 / 亿日元	就业规模 / 人
资源有效利用产品		54 425	167 823
细分类	资源回收	19 891	61 921
	二手机动车零售业	25 009	71 936
	二手货流通（古玩除外）	1 982	5 701
	二手货流通（家电）	446	4 058
	可重复利用瓶的生产	187	492
	可重复利用瓶的再利用	1 272	3 960
	二手住宅流通	1 502	4 182
	带环保标志认证文具	1 888	9 002
	电子书	2 247	6 571

资料来源：环境省《关于环境产业市场规模与就业规模的报告书》。

注：由于各项数值来源不同以及末位四舍五入等原因，存在总计与分项之和不等的情况。

如表 1-8 所示，改装修理领域中，建筑改装、修理的市场规模、就业规模均为最大，市场规模约为 15.7 万亿日元，就业规模约为 25.9 万人。同时，建筑改装、修理在废弃物处理与资源有效利用的所有细分类中也是最高。

表 1-8　2016 年改装修理领域市场规模与就业规模

		市场规模 / 亿日元	就业规模 / 人
改装修理		203 596	357 987
细分类	修理	12 989	72 831
	机动车修理（便于长期使用）	32 798	25 241
	建筑改装、修理	157 177	258 873
	基础设施维护保养	632	1 042

资料来源：环境省《关于环境产业市场规模与就业规模的报告书》。

注：由于各项数值来源不同以及末位四舍五入等原因，存在总计与分项之和不等的情况。

2. 产业废弃物处理行业的现状与未来

上述内容利用各种宏观数据，对静脉产业发展的历史与现状进行了归纳整理。以下将聚焦已有更加微观数据的产业废弃物处理行业，探讨其现状与未来。分析过程参考环境省《产业废弃物处理行业实际情况调查业务报告书》。该调查旨在“实现产业废弃物处理行业经营基础的稳定与振兴”，了解产业废弃物处理行业的实际经营情况。调查于 2011—2012 年以问卷的形式展开，共发放调查表 13 378 份，收到回答 7 598 份（回收率为 56.8%）。

首先来看产业废弃物处理企业的业务形态及其规模。表 1-9 汇总了上述问卷调查获得的产业废弃物处理企业的业务形态和资本金情况。在业务形态方面，分成了仅从事产业废弃物收集运输业务的企业、中间处理的企业、最终处置的企业以及中间处理兼最终处置的企业四大类型。该表右侧一列记载了各业态的合计回答数量，由此可以了解产业废弃物处理企业业务形态的倾向。6 938 家有效回答企业中，仅从事收集运输业务的企业为 3 205 家，从事中间处理业务的企业为 3 160 家，这两大行业成为主流。与此同时，从事最终处置业务的企业为 193 家，从事中间处理兼最终处置业务的企业为 370 家，由此可见，与从事收集运输、中间处理业务的企业相比，为数极少的企业承担最终处置业务。

表 1-9　产业废弃物处理企业的业务形态和资本金情况

	未回答 /%	500 万日元以下（不含）/%	500 万日元以上 1 000 万日元以下（不含）/%	1 000 万日元以上 5 000 万日元以下（不含）/%	5 000 万日元以上 1 亿日元以下（不含）/%	1 亿日元以上 10 亿日元以下（不含）/%	10 亿日元以上 /%	合计回答数 / 家
整体	1.7	16.3	10.3	60.3	7.7	3	0.7	6 938
仅从事收集运输	1.7	20.1	13.2	58.8	4.8	1.2	0.2	3 205
中间处理	1.4	13.4	8.1	61.2	10.1	4.7	1	3 160
最终处置	4.1	17.1	6.2	61.1	8.8	1.6	1	193
中间处理兼最终处置	1.6	8.6	6.8	64.9	12.7	4.1	1.4	370

资料来源：环境省《平成 23（2011）年度产业废弃物处理行业实际情况调查业务报告书》。

注：由于各项数值来源不同以及末位四舍五入等原因，存在总计与分项之和不等的情况。

从资本规模来看，在不区分业态的整体情况下，资本金为 1 000 万日元以上 5 000 万日元以下（不含）的企业占 60.3%，即小规模企业占了 50% 以上。而从不同业态的资本规模来看，资本金从低到高的业态顺序为仅从事收集运输、最终处置、中间处理、中间处理兼最终处置。实际资本达到 1 亿日元以上的企业中，仅从事收集运输的企业占 1.4%，中间处理占 5.7%，最终处置占 2.6%，中间处理兼最终处置占 5.5%。由此可知，从事中间处理企业的资本规模更大。

其次了解从业人数所体现的产业废弃物处理行业经营规模。表 1-10 汇总了产业废弃物处理行业不同业态的从业人数情况。首先从产业废弃物处理行业整体来看，从业人数在 4 人以下企业数量最多，占整体的 54.5%，从资本规模方面同样也能看出，小企业的数量非常多。产业整体的平均从业人数为 10 人。另外，不同业态的平均从业人数数据显示，仅从事收集运输和最终处置的平均从业人数相对较少，从事中间处理和中间处理兼最终处置的平均从业人数则相对较多。其中，从事中间处理的平均从业人数相对较多的原因应该是中间处理业中的筛选分类等作业和其他业态相比需要更多的人员。

表 1-10　产业废弃物处理行业不同业态的从业人数情况

	4 人以下 /%	5 人以上 9 人以下 /%	10 人以上 29 人以下 /%	30 人以上 49 人以下 /%	50 人以上 99 人以下 /%	100 人以上 /%	合计 / 人	平均人数 / 人
整体	54.5	20.3	18.1	3.9	2.5	0.8	5 695	10
仅从事收集运输	74.0	15.6	8.8	1.1	0.4	0.1	2 177	4
中间处理	43.0	23.1	23.6	5.4	3.7	1.1	2 964	13
最终处置	57.0	22.6	17.2	1.6	1.6	0.0	186	7
中间处理兼最终处置	29.9	24.1	28.5	9.6	5.8	2.2	365	21

资料来源：环境省《平成 23（2011）年度产业废弃物处理行业实际情况调查业务报告书》。

注：由于企业回答情况以及末位四舍五入等原因，存在总计与分项之和不等的情况。

以上从资本金、从业人数等侧面对产业废弃物处理行业的实际经营情况进行了分析，下面将聚焦第三大要素——营业额。表 1-11 显示了不同业态的营业额情况。营业额显示为0的企业，属于拥有产业废弃物处理许可，但同时也兼营废弃物处理以外的业务，该类企业将不被列入分析对象。首先从产业废弃物处理行业整体来看，营业额在1 000万日元以上5 000万日元以下（不含）的企业数量最多，占比为20.6%。和资本金、从业人数类似，营业额方面也是小企业居多。从不同业态来看，仅从事收集运输的企业营业额较低的情况相当突出。从企业的平均营业额来看，仅从事收集运输的，平均营业额仅为2 404万日元，而从事中间处理业务、最终处置业务以及中间处理兼最终处置业务的企业，平均营业额分别达到了20 197万日元、19 148万日元、39 920万日元。从平均从业人数来看，从事中间处理业务的企业是最终处置业务的企业的2倍左右，前者的事业规模看起来很大，但比较营业额，二者之间的差异其实并不大。由此可见，与中间处理业相比，最终处置业能够以较少的劳动力投入获得较大的业绩。此外，还有一个特点就是从事中间处理兼最终处置业务的企业，营业额比其他业态明显更高。同时从事中间处理兼最终处置业务的企业具有工艺连贯性，对于从事废弃物处理可能占有相当大的优势。

表1–11　产业废弃物处理行业不同业态的营业额情况

	0/%	500万日元以下（不含）/%	500万日元以上1 000万日元以下（不含）/%	1 000万日元以上5 000万日元以下（不含）/%	5 000万日元以上1亿日元以下（不含）/%	1亿日元以上10亿日元以下（不含）/%	10亿日元以上/%	平均营业额/万日元
整体	25.8	15.2	6.7	20.6	10.5	18.5	2.7	13 201
仅从事收集运输	46.8	23.5	7.2	14.3	3.5	4.4	0.2	2 404
中间处理	8.9	8.7	6.7	26.5	16.0	29.1	4.1	20 197
最终处置	11.0	12.1	3.8	30.2	15.4	23.1	4.4	19 148
中间处置兼最终处置	2.8	4.2	3.6	18.1	18.9	42.8	9.7	39 920

资料来源：环境省《平成23（2011）年度产业废弃物处理行业实际情况调查业务报告书》。

注：由于企业回答情况以及末位四舍五入等原因，存在总计与分项之和不等的情况。

最后，为了探讨产业废弃物的未来，针对激发产业废弃物处理行业的活力，分析企业对于国家的期待。如表 1-12 所示，企业对促进国民的理解以及再生产品和处理业的形象提升等内容表现出强烈的愿望。现在的日本，废弃物处理相关设施仍然被认为是一种困扰，废弃物处理设施的建设和运营都非常艰难。现实中的确有废弃物处理相关设施造成污染的案例，但如果防治对策实施到位，发生污染的可能性可以得到有效的控制。但是，由于对废弃物处理设施危险性的认识已经根深蒂固，即使是污染对策实施到位的优秀企业，新建和扩建工厂都很难实现。从表 1-12 可见，产业废弃物处理企业非常希望能够打破这种局面。当然前提是环保对策实施到位，如果能够提高对废弃物处理企业的理解，创造相对自由的经营环境，或许能够使废弃物处理的效率得到进一步提升。

表 1-12　产业废弃物处理企业对于国家在激发产业废弃物处理行业活力方面的期待

	处理业形象提升 /%	再生产品形象提升 /%	与排放者的对接 /%	促进国民的理解 /%	其他 / %	总数 / 人
整体	23.4	28.0	16.5	39.8	5.6	7 598
仅从事收集运输	17.4	23.6	12.8	30.8	4.3	3 631
中间处理	28.8	34.0	20.2	46.7	7.0	3 343
最终处置	22.3	8.9	12.5	51.8	5.4	224
中间处理兼最终处置	34.4	28.7	23.1	58.5	5.9	390

资料来源：环境省《平成 23（2011）年度产业废弃物处理行业实际情况调查业务报告书》。

注：由于企业回答情况以及末位四舍五入等原因，存在总计与分项之和不等的情况，在该表中，企业可做多项选择。

以上针对经营状态方面现有数据比较详细的产业废弃物处理相关领域进行了概括总结，从从业人数、资本规模、营业额等方面分析，都是规模很小的企业在从事产业废弃物处理。今后，日本产业废弃物的总量恐怕难以继续增加，甚至可能会缓慢减少，这也意味着对于产业废弃物处理行业来说，市场将逐渐缩小。在市场这块蛋糕不断缩小的背景下，小企业的经营会变得更加举步维艰。为了发挥规模效应，或许对于今后的产业废弃物处理行业来说，需要的是跨区域的、更高效的处理方式。

四、结语

本章就江户时代直至今天静脉产业的发展历程进行了整理归纳。在古代的日本，对废旧资源的循环利用行为就存在，这种行为的存在更多是源于当时资源的稀缺性带来的经济考量。实际上，与现在相比，在生产力还十分低下的江户时代，资源和商品的价值相对更高，是民间开展各种再生利用活动并发展静脉产业的力量源泉。但是伴随着技术的发展和生产力的不断提高，资源的稀缺性逐渐减弱，这些都成为民间自发地开展资源循环利用的阻碍因素。然而，这并不意味着静脉产业的重要性也随之降低，相反，正是由于经济活动的扩大，资源消费量不断增加，废弃物剧增，静脉产业的重要性才更加凸显。对于国内资源没有先天优势、国土狭窄甚至连废弃物处理场所都受到制约的日本来说，实现资源的有效利用，减少废弃物处理场地需求具有尤为重要的意义。人们虽然认识到产业的重要性，但同时民间层面的活动遭遇掣肘现象，面对这样看似矛盾的现状，日本采取了行政积极参与产业发展的措施。现在与再生利用相关的各项法律制度已经建立健全，这为静脉产业的发展提供了有力的支撑。

在废弃物问题日益严重的背景下，今后静脉产业的发展将成为更加重要的课题。但是，如果在思考这个问题时，仅仅关注静脉产业则并不全面。正如静脉产业的规模受到动脉产业活动的制约，二者之间存在密不可分的关系。今后要建设一个有效利用资源、减少环境负荷的社会，未来需要比以往更加紧密地将动脉、静脉两大产业结合在一起，探讨共同推进的政策。

参考文献

[1]【日】青木美智男 . 2003. 深度解读　浮世风吕 . 东京：小学馆 .

[2]【日】石川英辅 . 1997. 大江户再生利用情况 . 东京：讲谈社文库 .

[3]【日】环境省 . 2000. 平成 12（2000）年度循环型社会建设情况年度报告 .

[4]【日】环境省 . 2003. 平成 15（2003）年度版环境白皮书 .

［5］【日】环境省 . 2012. 平成 23（2011）年度产业废弃物处理行业实际情况调查业务报告书 .
［6］【日】环境省 . 2018. 关于环境产业市场规模与就业规模的报告书 .
［7］【日】环境省 . 一般废弃物的排放与处理状况等（1996—2017）.
［8］【日】环境省 . 一般废弃物处理实际情况调查（1998—2017）.
［9］【日】环境省 . 产业废弃物排放与处理状况调查（1996—2017）.
［10］【日】国立社会保障与人口问题研究所 . 人口统计资料集（2003—2017）.
［11］【日】总务省统计局 . 单位与企业统计（1999，2001，2004，2006）.
［12］【日】总务省统计局 . 经济普查（2009，2014）.
［13］【日】总务省统计局 . 2012. 日本的长期统计系列 .
［14］【日】东京都资源回收事业协同组合二十年史编纂委员会 . 1960. 东资协二十年史 . 东京都资源回收事业协同组合 .
［15］【日】东京都资源回收事业协同组合五十年史编纂委员会 . 1999. 东资协五十年史 . 资源新报社内阁府 . 平成 25（2013）年度国民经济计算确报 .
［16］【日】中野静夫，中野聪恭 . 1987. 褴褛（旧衣）物语——旧衣与生活的物语百年史 . 再生利用文化社 .
［17］【日】星野高德 . 2007. 明治期东京市垃圾处理直营化 . 三田商学研究：193-215.
［18］【日】星野高德 . 2009. 大正昭和初期东京再生资源回收业存续要因 . 三田商学研究，51（6）：179-201.
［19］【日】沟入茂 . 1987. 垃圾百年史——处理技术的变迁 . 学艺书林 .

参考资料

附表 1-1　一般废弃物排放量的变化（数据）

年份	排放量 /10^3 t				日人均排放量 /g			
	合计	市町村收集量	自家处理量	企业等搬入量	合计	市町村收集量	自家处理量	企业等搬入量
1965	16 251	13 541	2 710	—	453	377	76	—
1966	17 644	14 939	2 705	—	492	416	75	—
1967	19 700	17 380	2 320	—	549	485	65	—
1968	22 632	19 809	2 823	—	629	551	78	—
1969	25 592	22 746	2 846	—	713	634	79	—

续表

年份	排放量 /10³ t				日人均排放量 /g			
	合计	市町村收集量	自家处理量	企业等搬入量	合计	市町村收集量	自家处理量	企业等搬入量
1970	28 104	25 513	2 591	—	736	668	68	—
1971	38 831	24 569	5 929	8 333	1 016	643	155	218
1972	42 589	27 574	5 918	9 098	1 112	720	154	237
1973	44 617	28 852	5 842	9 923	1 168	755	153	260
1974	40 631	28 347	3 556	8 728	1 064	742	93	228
1975	42 165	27 916	3 987	10 262	1 032	683	98	251
1976	40 630	28 347	3 556	8 727	992	692	87	213
1977	41 528	30 077	2 877	8 574	1 016	736	70	210
1978	43 192	31 322	2 663	9 207	1 057	767	65	225
1979	44 617	32 574	2 469	9 574	1 092	797	60	234
1980	43 935	32 015	2 425	9 496	1 025	747	57	222
1981	42 639	33 145	2 412	7 081	998	776	56	166
1982	44 479	34 029	2 409	8 040	1 041	796	56	188
1983	42 655	33 773	2 149	6 733	998	790	50	158
1984	43 039	34 580	1 944	6 515	1 005	807	45	152
1985	43 449	35 383	1 919	6 147	983	801	43	139
1986	44 748	36 288	1 790	6 670	1 013	821	41	151
1987	46 466	38 164	1 535	6 767	1 052	864	35	153
1988	48 392	39 723	1 448	7 221	1 092	897	33	163
1989	49 973	41 602	1 317	7 054	1 131	942	30	160
1990	50 443	42 495	1 171	6 776	1 118	942	26	150
1991	50 767	42 074	1 047	7 646	1 125	933	23	169
1992	50 198	42 134	1 091	6 973	1 110	931	24	154
1993	50 304	42 997	957	6 350	1 115	953	21	141
1994	50 536	43 816	872	5 849	1 120	971	19	130

续表

年份	排放量 /10³ t				日人均排放量 /g			
	合计	市町村收集量	自家处理量	企业等搬入量	合计	市町村收集量	自家处理量	企业等搬入量
1995	50 694	44 100	788	5 806	1 106	962	17	127
1996	51 155	44 516	716	5 922	1 113	969	16	129
1997	51 200	44 872	617	5 711	1 117	979	13	125
1998	51 595	44 771	511	6 313	1 126	977	11	138
1999	51 446	45 736	352	5 359	1 122	998	8	117
2000	52 362	46 695	293	5 373	1 127	1 005	6	116
2001	52 097	46 528	253	5 316	1 125	1 004	5	115
2002	51 610	46 202	218	5 190	1 114	997	5	112
2003	51 607	46 044	165	5 398	1 114	994	4	117
2004	50 587	45 114	130	5 343	1 089	971	3	115
2005	49 815	44 633	92	5 090	1 068	957	2	109
2006	49 039	44 155	74	4 810	1 052	947	2	103
2007	47 823	42 629	56	5 138	1 025	914	1	110
2008	45 225	40 946	45	4 234	967	876	1	91
2009	43 492	39 616	31	3 845	933	849	1	82
2010	42 658	38 827	28	3 803	913	831	1	81
2011	42 785	39 025	37	3 724	915	835	1	80
2012	42 609	38 890	21	3 697	909	830	0	79
2013	42 310	38 546	19	3 745	905	825	0	80
2014	41 850	38 095	36	3 718	895	815	1	80
2015	41 608	37 867	22	3 720	897	816	0	80
2016	40 927	37 245	28	3 654	880	801	1	79

资料来源：总务省统计局《日本的长期统计系列》、环境省《一般废弃物处理实际情况调查》。

注：由于末位四舍五入等原因，存在总计与分项之和不等的情况。

附表 1-2　产业废弃物排放量的变化（数据）　　单位：kt

年份	排放量	年份	排放量
1975	236 442	2002	393 234
1980	292 311	2003	411 623
1985	312 271	2004	417 156
1990	394 736	2005	421 677
1991	397 949	2006	418 497
1992	403 480	2007	419 425
1993	396 869	2008	403 661
1994	405 455	2009	389 746
1995	393 812	2010	385 988
1996	404 602	2011	381 206
1997	414 854	2012	379 137
1998	408 490	2013	384 642
1999	399 799	2014	392 840
2000	406 037	2015	391 185
2001	400 243		

资料来源：环境省《产业废弃物的排放与处理状况等》。

第二章

日本再生资源
产业发展政策体系研究

佐藤一光　东京经济大学经济学部副教授

本章将就资源循环政策进行说明。所谓资源循环是指废弃物的处理和再生利用，政策指的是政府活动。在资源循环领域，从较早开始就有政府的参与，这是因为资源循环与环境问题有着密切不可分割的关系。资源循环政策中存在两大要素，一是污染问题，二是资源问题。无论是废弃物的处理还是资源的回收，如果不能合理地处理，就有可能产生污染，甚至损害居民的健康。而且污染的种类和程度取决于所处理的资源的种类和技术水平。资源方面也存在着多种多样的资源循环，并且需要从物质层面和产品层面各自区别对待。

为了厘清复杂的资源循环政策，我们将从历史和政策体系两个方面对资源循环政策进行说明。追溯资源循环的历史，可以了解不同阶段的污染类型及应对措施、资源的再利用及应对措施。此外，目前日本执行的资源循环政策在某些方面受制于过去的政策规定，法律体系也深受战后法律体系的影响，甚至政策结构本身也或多或少受到历史的影响。本章主要针对政策体系结构及其整体情况进行分析，各政策领域的内容和具体说明将另行阐述。

通过上述说明，进一步明确日本和中国迥异的政策体系。中日两国资源循环政策的差异并不仅仅源于两国经济发展水平的不同，它与技术水平和经济发展阶段具有相关性，并据此才促进了资源循环的发展。对于经历过经济与技术水平同步发展的日本来说，通过追溯资源循环政策发展的历史，可以将资源循环政策中包含的各种要素一一分解开来加以分析。但是，从中国所处的现状来看，已经具备了很高的技术水平，也实现了经济的飞速发展。因此，中国无法像日本那样经历阶段性的政策发展，面临同时涌现的各种问题，只能采取快速应对的政策。举个例子来说，日本是先有了废弃物处理政策的发展，然后才有资源回收政策的发展，但是中国的情况是两者必须并行而且不可分割地发展。

一、资源循环政策的历史

（一）资源循环政策的诞生——江户时代

上一章曾介绍过，日本的江户时代（1603—1868年）被认为是非常环保的时代。在经济发展尚不成熟的阶段，物品的价值较高，因此重复使用十分普遍，资源得到良性循环。江户时代的江户（即现在的东京一带）虽然人口规模已经达到相当的水平，但比起当时欧洲大城市却更加环保，其中最大的原因是粪尿的利用使有机物得以循环。欧洲的大城市没有将粪尿用于农业的习惯，而江户普遍用粪尿浇灌农田，这在较小的范围内实现了有机物的循环。当时一些有利于粪尿清掏的指令，以及利用水路运输粪尿等基础设施的建设都是重要的政策因素。但原则上粪尿是作为有价物进行买卖，江户的供给量满足不了周边农村的需求，粪尿的价格甚至一度随着经济增长呈上涨趋势，可以说已经独立形成了一个静脉产业市场。

江户时代首次出现的涉及循环经济的政策就是关于废弃物的政策。之前可能也实施过与循环经济有关的政策，但现在得到证实的由“政府”出台“政策”的是进入江户时代才有的。当时大量人口流入江户，实现了快速的城市化及人口密度的上升。只有在高密度人口的城市，才需要用政策对循环经济进行干预。

江户时代的废弃物处理，基本上采用将废弃物丢弃在院子、空地、河流或沟渠的方法。江户这座城市里有隅田川、神田川、日本桥川等河流以及连接这些河流的众多沟渠，是一个水路交错纵横的城市。当时，垃圾就被扔在这些河流和水渠中。另外，构成江户行政单位的“町”，其中央地带通常会设置一块被称为“会所地”的空地，这些空地的功能主要是用作交通要道和防火带，但也常常被用来堆放废弃物，完全有悖于最初的目的。住在附近的居民因此而饱受恶臭和蚊蝇等的困扰。

粪尿和做饭时产生的草木灰在江户时代被视为优质肥料，作为有价物买卖，和我们现代社会排放的废弃物类似的物品也大多属于有价物。因此，当时丢弃在水路和会所地的废弃物主要是餐厨垃圾。除此之外，据说用于盂兰盆节的祭坛道具和供品、火灾后留下的沙土和灰等也都被倾倒在这里。这些废弃物基本上都属于有机物，时间一长就会被微生物分解成泥土。但是，随着人口不断增加，废弃的垃圾量也有所增加，微生物分解的速度明显滞后，也就是出现了我们通常所说的超越自然环境容量的污染问题，这时资源循环政策“登场”了。

1648 年，江户时代的行政、司法机构之一奉行所出台的规定，禁止用垃圾修补道路，禁止向沟渠丢弃垃圾，1649 年又规定禁止将垃圾丢弃在会所地。这些有关废弃物处理的规定，是日本最早的循环经济政策，也是将垃圾处理确定为政府工作的一个时间点。但是，以防止恶臭等为理由禁止乱丢垃圾并不能促进循环经济的发展，也无法从根本上解决废弃物问题。实际上在规定了禁止将垃圾丢弃到会所地之后，非法丢弃的现象仍旧屡禁不止。

为此，1655 年，深川永代浦被指定为垃圾投放场。深川永代浦位于现在的东京都江东区富冈八幡宫附近，是一块面向大海的地方，居民可以利用水路将垃圾运到这里。深川永代浦是政府指定的第一个垃圾填埋场，但对垃圾的运输却没有特别的规定，居民需要用自家的船或租船来搬运垃圾。虽然确定了废弃物处理场，但没有保障顺畅的运输渠道，这样的对策依然无法杜绝非法丢弃，政策效果不甚理想。

1662 年，幕府规定了公仪（正式的）承包人，禁止没有资格的人从事废弃物运输。由此，废弃物行政领域确立了收集运输和处理的分工体制。公仪承包人收集和运输废弃物所需的费用，由町的共益费“町入用”，即相当于现在的地方财政来支出，而费用负担则出自临街的住户（即比较富裕的居民和商店等），规定临街的门面每间（1.8 米）缴纳 1 分银。据了解，承包这份工作的收益颇丰，是相当有吸引力的职业。据记载，1733 年有公仪资格的承包人达到 76 人。即便如此，非法丢弃垃圾的现象依然存在。1667 年曾颁布法令，禁止将垃圾丢弃到石川又四郎的宅邸附近。石川又四郎宅邸附近即现在的隅田川入海口石川岛，和永代浦对面的永代岛属于同一个沙洲，但更靠近江户城区，因而非法丢弃现象更为猖獗。

与江户时代的废弃物填埋政策密不可分的是“新田开发”，新田开发是指填埋浅滩建造陆地。餐厨垃圾和火灾后的沙土等经过一年的时间就会变成土壤，因此，将湿地指定为垃圾场的废弃物政策与新田开发的意义相同。江户时代被指定为主要垃圾堆放场地的地方，包括永代浦和之后被指定的永代岛新田、砂村新田等 10 处，18 世纪后期，建造了 38 万坪（约 126 公顷）的新田。

对于上述江户时代的资源循环政策，其特点可以归纳为以下三点：第一，针对的主要是有机物。粪尿在小范围内实现了自发的资源循环，对于餐厨垃圾等生活垃圾以及江户时代火灾多发产生的沙土等废弃物，政府从卫生角度出发采取了相应的对策，但前提是经过长时间降解后回归自然。第二，执行了指定垃圾填埋场的政策，指定海岸附近的湿地为垃圾填埋场，同时也实施了填海造地。第三，由政府确定废弃物的运输，值得一提的是，以上做法客观上从很早开始就推动了静脉产业的规范化。

（二）近代废弃物政策的形成——从明治到昭和初期

明治时期（1868—1912 年）是实现近代国家的过程。资源循环政策方面也开始推行依靠中央政府的统一政策和法制等开展近代化的国家建设。废弃物行政方面，1874 年在文部省内设立了医学和卫生行政，第二年又将卫生行政分离出来移交给内务省管理。卫生行政的权限分属内务省卫生局和内务省警保局，公共卫生的示范城市——东京府的清扫行政就是由东京警视厅管辖。

明治前期没有关于清扫方面的规定，家庭排放的垃圾都被堆在道路两边和空地上，由江户时代指定的清扫企业负责搬运，餐厨垃圾等有价物被运到周边的农村。1872 年日本颁布了《关于道路清扫的太政官布告》，第一部关于环卫工作的近代法规就此诞生[①]。虽然粪尿还全靠自发处理，但由于连年的霍乱流行，1883 年开始筹建公共厕所。不过，当时由于没有足够的公共道德意识，设备的失窃、破损以及乱涂乱画等问题屡禁不止，难以保持设施的清洁。

掏粪和运粪是由专门的商人（经营者）和农户（自用）自发进行的，但由于霍乱的周期性流行，特别是 1887 年的鼠疫大暴发之后，人们开始逐渐认识到垃圾和粪尿处理问题应属于公共卫生范畴。于是，1900 年制定了《污物扫除法》，明确规定市町村应承担垃圾处理的责任。1905 年，东京市由警视厅组织成立了掏粪企业协会。

进入大正（1912—1926 年）之后，行政对废弃物政策的干预进一步加强，在行政垃圾处理方面，增加了河流的清扫业务。因为当时河流的卫生环境最差，河里不仅有居民丢弃的垃圾，还有一些企业在夜晚将收集的垃圾丢到河里。1912 年，东京市由 41 名员工和 36 艘传马船（小型运输船）组成的团队开始了河流和污水的处理。当时清扫员的工资水平极低，还发生过清扫员私自收受居民钱财的问题。在粪尿处理方面也迫切需要行政的参与，第一次世界大战（1914—1918 年）带来的经济发展推高了劳动者的工资，其结果反倒冲击了掏粪企业的经营。东京市周边住宅的大力建设导致的农田减少，粪尿作为肥料的需求不断下降，化学技术发展使得人工肥料的品质提高而价

① 沟入茂（2007）《明治日本的垃圾对策：污物扫除法是怎样出台的》，回收处理文化社，33-35 页。

格下降，粪尿肥料会导致传染病和寄生虫感染等知识的普及等，都促使粪尿的自发处理逐渐走向极限。

明治期间垃圾处理的另一个特点是焚烧处理。1897年，日本第一座垃圾焚烧场在福井县敦贺市建设完成。《污物扫除法》规定“家庭排放的垃圾应运往规定地点，并尽可能焚烧”（《污物扫除法施行规则》第5条），这条规定不是指单纯的露天焚烧，而是开始将垃圾焚烧作为一项政策实施。大城市的焚烧设施建设是由大阪市率先开始的，1903年的福崎焚烧场和1907年的长柄焚烧场建成后，大阪市内的大部分垃圾都采用了焚烧处理的方式。相比之下，东京市有充分的填埋场地保障，焚烧设施的建设较晚，陆续建成的有1924年的大崎尘芥焚烧场、1927年的大井焚烧场、1928年的王子尘芥焚烧场、1929年的入新井尘芥焚烧场、1931年的日暮里尘芥焚烧场等。

（三）废弃物政策的极限——经济快速发展时期

第二次世界大战后的废弃物政策始于公共卫生的理念。农地改革和化肥的普及使农村不再利用粪尿，战后重建推动了城市化发展，在这样的背景下，1949年制定出台了《清扫法》。该法传承《污物扫除法》体系，粪尿和垃圾等污物清扫的实施主体依然是市町村。1963年编制了《生活环境设施建设五年规划》，提出城市垃圾原则上都要进行焚烧处理，并对焚烧残渣进行填埋处理。这不仅从公共卫生的视角提出理念，更使得垃圾减量也成为废弃物政策的目的之一。

虽然确立了焚烧处理的垃圾减量化方针，但经济快速发展时期仍然是市町村废弃物行政的艰难时代，其最大原因是原本以餐厨垃圾和纸类为主的家庭垃圾中加入了塑料垃圾。塑料制品的快速普及导致塑料垃圾急剧增加，不仅增加了一般废弃物的总量，还出现了塑料垃圾的热值超出了现有焚烧设施的处理范围等技术方面和基础设施建设方面的严重问题。

废纸的热值是4 500千卡[①]/千克，而废塑料的热值却高达6 000～10 000千卡/千克，远远超出了市町村清扫负责单位的设想。为了不让超出设想的高热值损坏焚烧炉，不得不控制单位时间的垃圾焚烧量，以控制焚烧炉内垃圾的热值，但这样一来就会降低垃圾的处理能力，使废弃物问题进一步加剧。

---

① 1千卡=4.186 8千焦。

事实上从昭和46（1971年）年开始，垃圾填埋场所在地的自治体和利用这些垃圾填埋场的自治体之间就曾围绕是否进行中间处理（焚烧）爆发了“东京垃圾战争”，家庭产生的生活垃圾的处理成为重大的社会问题。

除减量以外，废弃物政策的另一目的是防止环境污染。随着经济的高速增长，不仅废弃物的量不断增加，废油的违法乱倒导致的水污染问题也引起了广泛关注。1970年的“公害国会”将《清扫法》修订为《关于废弃物处理及清扫的法律》（以下简称《废弃物处理法》），并于第二年起施行。《废弃物处理法》将废弃物分为家庭排放的一般废弃物和与生产相关的产业废弃物，规定一般废弃物的处理依然属于市町村的责任，而产业废弃物的处理则按照污染者负担的原则（Polluter Pays Principle，PPP），由企业负责处理。这一分类设定中尤为关键的是关于企业活动排放的废弃物的处理责任，明确规定无论是一般废弃物还是产业废弃物，企业都承担处理的责任。此外，考虑到产业废弃物造成环境污染的可能性更大，不适合由市町村的体系进行处理，因而规定由企业建立的废弃物处理体系进行单独或联合处理。为了防止最终处置时发生污染问题，对汞、镉等有害物质设定了严格的填埋处理标准。

规定由企业承担处理责任，可促使其从生产体制上就采取积极措施，解决废弃物处理的问题。如在产品的制造、加工、销售等环节就考虑到该产品或容器等最终作为废弃物时的处理，建立可实现废弃物规范处理的生产体制。

废弃物处理相关法律制度的不断完善，促进了废弃物处理设施的建设。在市町村负责的一般废弃物处理行政方面，规定国库对废弃物处理设施的建设提供补贴。一般废弃物处理的责任在市町村，但废弃物行政的政策费用以特定补贴的形式由国家和都道府县提供支持。而产业废弃物处理设施的建设则通过公共融资和税制特例措施予以保障。

1973年，通过修订施行令，设定了对含有有害废弃物的产业废弃物进行填埋处理或填海处理时的标准，颁布了《关于确定有害产业废弃物判定标准的总理府令》和《产业废弃物中的有害物质检定方法》。1976年，以著名的六价铬问题为契机，修订了《废弃物处理法》。所谓六价铬问题，是在利用铬矿渣（熔渣）做地基强化剂的背景下，日本各地发生了土壤污染和地下水污染问题，其中最著名的是1973年在都营地铁新宿线的大岛车辆检修厂发现了大量的铬矿渣。为了防止生产企业和处理企业的不规范处理，此次法律修订时，创立了措施命令，规定并设定了处理行业的委托标准，还规定实施垃圾填埋场备案制度等，进一步强化了监管。

1977年修订施行令，规定将产业废弃物填埋场分为隔离型、稳定型和管理型三种类型。隔离型是指可填埋处理包含有害物质在内的产业废弃物的垃圾填埋场。稳定型是用于填埋处理塑料、橡胶、金属等性质相对稳定的以及对生活环境影响不大的产业废弃物的垃圾填埋场。管理型从对环境的污染性来看处于隔离型和稳定型之间，主要填埋处理在生活环境保护方面可能存在问题的其他产业废弃物，属于需要采取污染防治措施的垃圾填埋场，除产业废弃物之外，一般废弃物的填埋场也基本上属于管理型。

梳理战后现代废弃物处理政策的形成，其特点可归纳为废弃物的焚烧处理、处理责任的明确化以及防止污染。关于焚烧处理，最初是出于公共卫生考虑选择了这一方法，后来随着经济发展，废弃物快速增加导致垃圾填埋场库容不足，开始从废弃物减量的角度大力发展焚烧处理。因垃圾填埋场余量有限而产生的废弃物减量方针，始终贯穿了战后日本的资源循环政策。基于《废弃物处理法》明确处理责任，被认为是基于污染者负担原则的做法，但这种做法早在1972年OECD提出劝告之前就已经被法制化，并被其后的生产者责任延伸制度（Extended Producer Responsibility，EPR）所采用，可谓是具有先驱意义的政策。在防止污染方面，《废弃物处理法》的严格规定也具有先驱性，废酸和废碱的中和、废油的焚烧处理、含汞等有害物质的废弃物的混凝土固化等，这些做法在当时国际上都具有划时代的意义。

当然，这些废弃物处理的先驱性政策，与经济快速发展后整个社会和经济从资源循环型向大量生产、大量消费、大量废弃型的快速转变有着内在的关系。江户时代以来一直持续的再利用的传统，经过经济的快速发展后几乎消失殆尽。与此同时，科学技术的发展引发的严重公害问题也不应被忘记。惨痛的公害教训和居民发起的大规模反公害运动，是对污染排放进行严格管控的动力。

（四）迈向循环型社会的建设——20世纪90年代

20世纪90年代，被认为是以一次性用品消费为基础的大量废弃物产生的社会向资源循环社会转变的助跑期。一般废弃物焚烧设施的能力不足、垃圾填埋场建设困难以及屡禁不止的产业废弃物非法倾倒等，都成为广受瞩目的社会问题。应对大量废弃型社会的废弃物政策显然已经走到了尽头。于是，1991 年《废弃物处理法》修订，将控制废弃物排放、废弃物分类与再生定位为法律制定的目的。

此外，法律规定国民通过废弃物的分类和排放控制以及再生产品的利用，企业通过对自己的产品等成为废弃物时的自我评估和信息提供，积极配合国家和地方公共团体开展相关工作。市町村要致力于废弃物的信息收集、完善和利用，明确一般废弃物处理计划，都道府县要明确产业废弃物处理计划，大量排放废弃物的企业则必须制订处理计划。同时，对相关制度进行了一系列的修改和完善，如严格废弃物处理行业的许可条件、许可的更新制度、处理设施建设许可制度、促进难以规范处理的废弃物的规范处理、放宽措施命令的行使条件等。

同样在 1991 年制定的《关于促进再生资源利用法》（以下简称《再生资源利用促进法》）也是资源循环政策的一大转折点。该法不是一项单纯的环境政策，而是综合经济政策的一个环节，其基本方针规定，各领域主管大臣应制定并公布综合促进再生资源利用的相关方针，具体包括要求企业利用再生资源、生产便于再资源化的产品、对生产过程中产生的副产品进行再利用，要求消费者促进再生资源的利用，积极配合企业和行政开展的工作，要求国家和地方公共团体确保资金，发展再生利用技术，提高国民的再生利用意识。

《再生资源利用促进法》将所有行业和产品分成四类，即特定行业、第一类指定产品、第二类指定产品、指定副产品，以促进再生利用。特定行业包括造纸业、玻璃容器制造业和建筑业等，属于从技术和经济方面可实现再生资源（如废纸、碎玻璃、沙土和混凝土块等）利用的行业。第一类指定产品包括机动车、空调、电视机、电冰箱等，属于为了促进使用后的再生利用，生产和销售企业必须对结构和材质进行改良的产品。第二类指定产品包括装饮料和酒类的铁制和铝制易拉罐及 PET 瓶、密闭型碱性蓄电池等，是可与其他产品分类后回收，但必须标明材质的产品。指定副产品是指高炉炼钢行业的熔渣等产生于生产活动中，但可作为再生资源加以利用的副产品。通过企业的再生利用和居民的分类回收，最终达到促进再生利用目的的综合性政策，正是从这个时候开始的。

1992年，为了批准《控制危险废物越境转移及其处置巴塞尔公约》，配合《关于控制特定有害废弃物进出口等的法律》的制定，对《废弃物处理法》也进行了修订。这次修订确立了国内的废弃物处理原则，同时开始执行出口确认制度、进口许可制度等废弃物越境转移的相关监管。

20世纪90年代，一直以来市场上再生利用进行得较好的玻璃瓶等变成了逆向有偿收费，即不再是有价物，而是作为废弃物处理。以此为契机，1995年制定出台了《关于促进容器及包装物分类收集与再商品化法》（以下简称《容器及包装物再生利用法》），并于2000年起全面施行。该法律作为日本第一部规定制造企业等承担再生利用义务的法律，依据生产者责任延伸原则进行制度设计的政策受到了高度评价。此外，市町村有计划地进行分类回收，并更加注重居民对资源循环的参与，可以说是备受社会关注的政策转换。

1998年制定了《特定家用电器再商品化法》（以下简称《家电再生利用法》），并于2001年起施行。根据1991年《废弃物处理法》的修订，对于难以妥善处理的一般废弃物，日本引进了可由生产者等提供合作的制度。根据《容器及包装物再生利用法》，实现了生产者等义务的法定化。《家电再生利用法》在此基础之上，规定生产者等必须承担再生利用的义务。当时，多数废家电只是在粉碎后对其中的铁等物质进行回收，而大部分直接填埋。作为解决垃圾填埋场余量不足的一项措施，该法被定位为废弃物减量政策。被指定的特定家用电器包括空调、电视机、电冰箱和洗衣机。

虽然废弃物排放量控制以及规范处理的监管强化和政策扩充一直持续进行，但逃避监管的非法倾倒和不规范处理的案例仍时有发生，需要更具实效的非法倾倒和不规范处理对策。因此，1998年和2001年分阶段对《废弃物处理法》进行了修订，强化了排放企业的责任，严格了废弃物处理设施建设手续，加大了对非法倾倒等不规范处理的惩罚力度，建立了责任人不明及财力不足时的非法倾倒原状恢复机制。

20世纪90年代，资源循环政策的特点朝着通过再生利用实现废弃物的减量方向发生重大转变。虽然这意味着承认之前以焚烧和减量为中心的废弃物政策存在局限性，但同时也进一步强调了资源循环政策在最终处置场短缺的背景下必须实施垃圾减量这一政策目标。其后制定了《容器及包装物再生利用法》和《家电再生利用法》等专项产品再生利用法，其中一大进步就是采用了生产者责任延伸制度，不过其目标依然停留在减少填埋量。

20 世纪 90 年代的另一个重大进步是《环境基本法》的出台。1993 年开始施行的《环境基本法》，综合性补充整合了之前《公害对策基本法》规定的公害对策、《自然环境保护法》规定的自然环境对策遗漏的“环境政策”。填补第二次世界大战后公害和自然环境保护等环境政策体系“漏洞”的《环境基本法》的诞生，为引导处于卫生政策和有害物对策延长线上的废弃物政策走向资源循环政策，夯实了发展基础。

（五）循环型社会的确立——循环型社会元年之后

2000 年被定位为循环型社会元年。其原因在于，顺应之前的废弃物行政和环境政策的发展趋势的《推进循环型社会建设基本法》（以下简称《循环基本法》）的制定出台。《循环基本法》旨在延续《环境基本法》的理念，促进循环型社会的形成，其目标是确保现在及未来国民可享有健康文明的生活。《循环基本法》的内容会在第二节进行具体介绍，但在《废弃物处理法》和《不同产品再生利用法》等专项法律以及规定综合性环境政策的环境法之间，通过《循环基本法》的形式指明了应实现的综合性资源循环政策的方向，意味着日本的资源循环政策迈进了一个新的阶段。

《循环基本法》中提出的循环型社会，是指控制产品等成为废弃物，循环资源产生时促进其合理的循环利用，不能循环利用时通过确保循环资源的规范处置，实现控制天然资源的消费及降低环境负荷。该法确立后，减量（Reduce）、再利用（Reuse）、再生利用（Recycle）的“3R”成为资源循环政策的核心。《循环基本法》强调“3R”，并非因为之前没有开展过“3R”，而是将过去在专项法层面分别进行的“3R”放在了政策的核心位置。

根据《循环基本法》制定并经内阁会议决议通过的《推进循环型社会建设基本计划》（以下简称《循环基本计划》）是资源循环政策的具体转折点。2003 年 3 月内阁会议通过的第一次基本计划，其特点是阐述了循环型社会的发展方向，同时还提出了中长期的数值目标。具体包括针对物质流的入口、循环和出口的三大环节指标，以 2020 年前后为长期目标年度，并确定 2010 年度为中期目标年度。

物质流入口的指标是资源生产率。资源生产率由GDP除以天然资源等投入量得出，单位为万日元/吨。目标数值是将2000年的约28万日元/吨的资源生产率，在2010年提高到约39万日元/吨。这一水平相当于利用20年的时间将1990年的约21万日元/吨的资源生产率提高近1倍。当然，对于资源生产率还需要注意，作为分子的GDP中同时包括制造业以外的产业，因此，从第二产业（制造业等）向第三产业（服务业等）的产业结构转换，也可以提升资源生产率。这种方式作为社会指标是有益的，但并不代表制造业的资源生产率。

社会资源循环的指标选取了循环利用率。循环利用率是由循环利用的资源量除以循环利用和天然资源等的投入量得出，显示投入经济社会的资源中得到再利用资源的比例。毫无疑问，循环利用率是资源循环型社会的关键指标，2010年的目标定为约14%。从1990年的8%和2000年的10%的既往数值不难看出，这次的目标锁定为大幅提升循环利用率。

出口的指标是最终处置量，也就是废弃物的最终处置量。这里也体现出日本资源循环政策长期受废弃物政策影响的特征，即资源循环政策并非源于资源匮乏和资源价格飞涨的背景，而是由于垃圾填埋场不足、不规范处理以及非法丢弃等问题促进了政策体系的完善。1990年的最终处置量约为1.1亿吨，到2000年减少了约50%，为5 600万吨，2010年的目标再减少一半，达到约2 800万吨。

如表2-1所示，第一次基本计划是从循环型社会元年即2000年至2010年，属于中期计划。2007—2008年对基本计划进行了评估调整，内阁会议在2008年3月批准了第二次基本计划。第二次基本计划肯定了第一次基本计划的目标完成情况，但也指出了以下问题：

第一，关于资源生产率，在天然资源等投入量方面，土石类资源的投入大幅减少，化石燃料类和金属类的资源却有所增加。对于资源生产率没有使用资源的价格，是以物量进行评价。指出为了建设资源循环社会，需要进一步控制天然资源等的使用，这实际上对经济活动也是有益的。

第二，就循环资源再利用整体而言，虽然取得了一定的成果，但容器及包装废弃物等特定领域的再生利用却没有长足进展。

表 2-1　资源循环政策的发展

相关法律、政策的建设完善	政策体系特点	人均 GDP/ 美元
1954 年　《清扫法》	公共卫生	1960 年　478
1963 年　《生活环境设施整备紧急措施法》	↓	
1965 年　第一个五年计划	↓ 通过焚烧处理实现减量	1965 年　933
1967 年　《公害对策基本法》	↓ ↓	
1970 年　《废弃物处理法》	↓ ↓	1970 年　1 967
1971 年　设立环境厅	↓ ↓ 有害物对策	
1976 年　修订《废弃物处理法》	↓ ↓ ↓	1975 年　4 481
	↓ ↓ ↓	1980 年　9 099
		1985 年　11 277
1991 年　修订《废弃物处理法》	↓ ↓ ↓ 再生利用	1990 年　24 629
《再生资源利用促进法》	↓ ↓ ↓ ↓	
1993 年　《环境基本法》	↓ ↓ ↓ ↓	
1995 年　《容器及包装物再生利用法》	↓ ↓ ↓ ↓	1995 年　42 110
1998 年　《家电再生利用法》	↓ ↓ ↓ ↓ “3R”	
2000 年　《循环基本法》	↓ ↓ ↓ ↓ ↓	2000 年　37 423
《绿色采购法》	↓ ↓ ↓ ↓ ↓	
2001 年　设立环境省	↓ ↓ ↓ ↓ ↓	
（废弃物行政由环境省接管）	↓ ↓ ↓ ↓ ↓	
《资源有效利用促进法》	↓ ↓ ↓ ↓ ↓	
《PCB 特别措施法》	↓ ↓ ↓ ↓ ↓	
《食品再生利用法》	↓ ↓ ↓ ↓ ↓	
2002 年　《建材再生利用法》	↓ ↓ ↓ ↓ ↓	
2003 年　《循环基本计划》	↓ ↓ ↓ ↓ ↓	
2005 年　《机动车再生利用法》	↓ ↓ ↓ ↓ ↓	2005 年　35 648
2008 年　《第二次推进循环型社会建设基本计划》	节能、低碳社会	
《农林渔业生物燃料法》	↓ ↓ ↓ ↓ ↓ ↓	
2009 年　《推进循环型社会建设转移支付金》	↓ ↓ ↓ ↓ ↓ ↓	2010 年　41 926
《生物燃料活用推进基本法》	↓ ↓ ↓ ↓ ↓ ↓	
2013 年　《小型家电再生利用法》	↓ ↓ ↓ ↓ ↓ ↓	2014 年　37 539
《第三次推进循环型社会建设基本计划》	↓ ↓ ↓ ↓ ↓ ↓	

资料来源：环境省（2008）75 页。

最终处置量方面，虽然达到了预期目标，但垃圾填埋场的容量已所剩无几。此外还指出，在采取建设循环型社会相关措施的同时，推动低碳社会建设的措施也至关重要。

2000 年 5 月，作为《循环基本法》的一个专项法律，《关于推动国家等采购环境物品的法律》（以下简称《绿色采购法》）出台。该法认识到再生物品等的普及不仅需要供应方采取积极措施，需求方的行动也极为重要，对推动国家等官方机构率先采购环保物品（有助于降低环境负荷的产品和服务）等进行了规定。环保物品是以特定采购品种的形式进行指定，并规定省厅（相当于中国部委）等国家机关、独立行政法人和特殊法人在采购物品时，应公布环保物品的采购比例。2013 年的采购数据显示日本基本实现了 100% 的环保物品采购。

2001 年 4 月，《关于促进资源有效利用的法律》（以下简称《资源有效利用促进法》）施行。该法是在 1991 年制定的《再生资源利用促进法》的基础上修订而成，旨在综合推进循环型社会建设所必需的“3R”。具体内容包括制定了应自主采取“3R”措施的行业（10 个行业）和产品（69 个产品），指定的行业和产品如表 2-2 所示。2003 年修订后，增加电脑和电脑显示屏为指定产品，因此，计算机行业甚至将该法俗称为电脑再生利用法。该法的特点是对参与经济活动的各方均规定了明确的责任和义务，要求消费者“为长期使用产品，促进对再生资源及再生零部件的利用做出努力，同时配合国家、地方公共团体及企业开展的废旧物品分类回收或通过商店进行回收等措施”。

表 2-2 《资源有效利用促进法》涉及的行业及产品

特定节省资源行业 （需要致力于控制副产品产生的行业）	纸浆制造业及纸制品制造业 无机化工产品制造业（制盐业除外）及有机化工产品制造业 炼铁业和炼钢、轧钢业 铜粗炼、精炼业 机动车制造业（包括 50 cc① 以下小型摩托车制造业）
特定再利用行业 （需要致力于再生资源或再生零部件利用的行业）	纸制品制造业 玻璃容器制造业 建筑业 硬质氯乙烯管、接头制造业 复印机制造业

① 1 cc=1 cm^3。

续表

指定节省资源化产品（针对制造企业等需要致力于原材料等使用的合理化、促进长期使用或控制报废产品产生等的产品）	机动车 家电产品（电视机、空调、电冰箱、洗衣机、微波炉、衣物烘干机） 电脑 弹子游戏机（包括转盘式游戏机） 金属家具（金属制收纳家具、架子、办公桌和转椅） 煤气、煤油设备（煤油炉、带烤架的燃气灶台、燃气热水器、燃气快速加热浴缸、煤油热水器）
指定再利用促进产品（针对制造企业等需要促进再生资源或再生零部件的利用，致力于便于再利用或再生利用的产品设计、生产的产品）	机动车 家电产品（电视机、空调、冰箱、洗衣机、微波炉、衣物烘干机） 电脑 弹子游戏机（包括转盘式游戏机） 复印机 金属家具（金属制收纳家具、架子、办公桌和转椅） 煤气、煤油设备（煤油炉、带烤架的燃气灶台、燃气热水器、燃气快速加热浴缸、煤油热水器） 一体式浴室、一体式厨房 使用小型二次电池的机械（电动工具、无绳电话等 28 个品种）
指定标识产品（针对制造企业及进口企业需要标注促进分类回收标识的产品）	钢制罐、铝制罐 塑料瓶（PET） 小型二次电池（密封型镍镉蓄电池、密封型镍氢蓄电池、锂离子蓄电池、小型铅蓄电池） 氯乙烯建材（硬氯乙烯管 / 雨水管 / 窗框、氯乙烯地板材 / 壁纸） 纸质容器及包装物、塑料容器及包装物
指定再资源化产品（针对制造企业及进口企业需要致力于自主回收及再资源化的产品）	电脑（包括显像管式、液晶式显示装置） 小型二次电池（密封型镍镉蓄电池、密封型镍氢蓄电池、锂离子蓄电池、小型密闭铅蓄电池）
指定副产品（针对所有企业需要致力于促进相关副产品作为再生资源加以利用的产品）	供电业的粉煤灰 建筑业的土沙、混凝土块、沥青混凝土块、木材

该法要求企业“为减少废旧物品及副产品的产生而合理使用原材料，利

用再生资源及再生零部件，努力促进废旧物品及副产品作为再生资源、再生零部件的利用”。此外，还规定地方公共团体和国家要为促进企业和消费者的资源有效利用活动提供支持，但原则上还是以自主行动为主。

在建设资源循环社会过程中发挥重要作用的是规范处理，特别是在废弃物处理法律体系中，不仅是规范的再生利用，规范化最终处置也越来越受到重视。例如，日本长期保存着未曾处置的多氯联苯废物，《关于推动多氯联苯废弃物规范处理的特别措施法》（以下简称《PCB 特别措施法》）于 2001 年 7 月开始施行。

其后，在《循环基本法》框架下，一系列专项的再生利用法相继出台。2001 年 5 月《关于促进食品循环资源再生利用等的法律》（以下简称《食品再生利用法》）施行，其目的是控制或减少未及时售出的食品或剩饭剩菜等大量的食品废弃物，通过饲料和肥料生产实现再生利用。法律规定食品相关企业必须报告食品废弃物的产生情况和开展再生利用等情况。此外，针对利用食品循环资源生产肥料的企业，建立了注册制度。

2001 年 5 月，《关于建设施工中材料再资源化等的法律》（以下简称《建材再生利用法》）也开始施行。在施工产生的混凝土块、沥青混凝土块、废木料等建筑废弃物占整个产业废物排放量及最终处置量的约 20%（2001 年）、占非法丢弃量的约 60%（2002 年）的背景下，该法的施行是为了实现这些废弃物的再生资源化。法律规定使用特定建筑材料的建筑物的拆除工程以及一定规模以上的新建施工，承包企业等必须分类拆除并进行再资源化。

2002 年制定了《关于报废机动车再资源化等的法律》（以下简称《机动车再生利用法》），并于 2005 年 1 月起全面施行。针对产业废物填埋场余量不足及废金属价格回落，并且报废机动车中含有大量有用金属，该法规定机动车制造业等要明确合理分工，承担必要的责任。制度的具体内容和执行等情况将在专项再生利用法中具体介绍。该法的最大特点是规定机动车所有者必须承担费用，资金管理法人（公益财团法人机动车再生利用促进中心）负责资金的管理。

2008 年《第二次推进循环型社会建设基本计划》（以下简称第二次循环基本计划）编制完成。第二次循环基本计划提出，为了建设以环境保护为前提的循环型社会，要整合循环型社会、低碳社会和自然共生社会的相关措施，建设有利于地域内再生的"地域循环圈"，不仅扩大数值目标范围，还提出了引进辅助指标和监测指标，各主体协调联动致力于"3R"工作，实现"3R"的技术和体系的提升，在国际循环型社会建设中发挥日本的主导作用等内容。

2008 年 10 月实施的《关于促进将农林渔业有机物资源用作生物燃料的原料的法律》（以下简称《农林渔业生物燃料法》），期待在第二次循环基本计划中开始受到重视的低碳社会建设中，农林水产业在能源原料供应中发挥新的作用。依据《农林渔业生物燃料法》批准生产制造合作项目计划，为利用农林渔业有机物资源开展生物燃料的稳定且高效的生产提供财政支援。

2013 年 4 月，《关于促进废旧小型电子设备等再资源化的法律》（以下简称《小型家电再生利用法》）开始施行。该法规定，为了促进数码相机、游戏机等废旧小型电子设备等的再资源化，必须制定基本方针并对再资源化事业计划进行审批，同时针对根据获批的再资源化事业计划实施的项目，规定废弃物处理行业相关许可的特例等。

二、资源再生利用政策体系

（一）综合政策

本节就资源再生利用政策体系中的综合政策，即《循环基本法》与根据该法制订的循环基本计划进行说明。《循环基本法》制定的目的，是要摆脱"大量生产、大量消费、大量废弃"式的社会经济模式，促进在生产、流通、消费、废弃各个环节中物质的有效利用和再生利用，实现循环型社会。被认为是"大量生产、大量消费、大量废弃"型经济社会存在的具体问题，包括一般废弃物与产业废弃物的产生量一直在持续高位增长，进一步推动再生利用的需求，垃圾填埋场或焚烧设施等废弃物处理设施建设的难度增加，以及非法倾倒的增多等。为了有效地解决这些问题，作为推动循环型社会建设的基本框架法，要"建立全面和有计划地推动废弃物、再生利用对策的基础，并在建立专项的废弃物、再生利用相关法律的同时，推动相关工作富有成效地展开"。

《循环基本法》的特点整理如下：

第一，明确提出了应实现的“循环型社会”的具体形象。“循环型社会”的具体定义，是通过实现控制废弃物的产生、循环资源的循环利用、规范化处理这三点，实现控制天然资源的消费与减轻环境负荷的经济社会。

第二，作为法律适用对象的废弃物等物质当中，有用之物被定义为“循环资源”。该法对“废弃物等”的定义为“曾被使用过或尚未使用即被回收或者被废弃的物品；或由于人类活动，如产品制造、加工、修理或销售、能源供给、土木建筑施工、农畜产品生产等产生的副产物”。“废弃物等”在《废弃物处理法》中的定义则是“垃圾、大型垃圾、燃烧后的残渣、污泥、粪尿、废油、废酸、废碱、动物尸体等其他污物或无用的固体或液体形状的物品”，并规定按照其交易价值或其所有人的意愿等进行综合性判断。其中，判断提供该物品的主体能够获得其价值的“有偿”，还是需要支付其处理费用的“逆有偿”，对于确定其属于有价物还是废弃物具有决定性的影响[①]。在传统废弃物定义的基础上，《循环基本法》将其规定为“废弃物等”，使其具有更广的内涵，并将其中有用之物定位为“循环资源”，以此促进循环利用。

第三，在废弃物等的处理中设定了优先顺序。其原则是，最高的目标为“控制废弃物等的产生”（Reduce），在此基础上对于已经排放的废弃物等，首先考虑是否能加以“再利用”（Reuse），无法再利用的进行“再生利用”（Recycle），无法再生利用的，进行“热能回收”，热能回收也无法实现的，再进行“规范化处理”。

第四，明确了国家（中央政府）、地方公共团体（都道府县或市町村）、企业和国民的责任分工。为了建设循环型社会，明确了企业和国民的“排放者责任”，同时明确提出生产者对于其生产的产品，直到使用后成为废弃物等，均应承担一定的责任，即生产者责任延伸制度的一般原则。规定国家应遵循通过循环型社会建设、费用合理公平负担、原材料有效利用与产品长期

① 本来“有偿”还是“逆有偿”不是真正意义上的废弃物定义，根据市场的供给与需求关系，物品的价格既可能是正的也可能是负的。以“无偿”或者是“逆有偿”方式获得的原材料来生产有价物时，就不应将其视为废弃物，而是一种原材料。详情请参考细田卫士（2005）“将逆向有偿物定义为‘废弃物’之见解的经济学研究——围绕水户地方裁判所判决”，载于《三田学会杂志》98（2）。

使用、控制废弃物等的产生，实现循环资源的循环利用的基本原则，制定并实施与循环型社会建设相关的基本的、综合性措施。同时也规定地方公共团体应遵循同样的基本原则，实施循环资源的循环利用与处置所需的措施等。

第五，规定政府应制定《循环基本计划》。基本计划按照环境省（基本法成立时为环境厅）下设的“中央环境审议会”的指南，由环境大臣编制草案，并听取中央环境审议会的意见，与相关大臣协商后提交内阁会议通过。计划经内阁会议通过后再向国会报告。按照规定，该计划的定位高于其他计划，每 5 年修订一次。为了进行 5 年一次的修订，还会对每年计划制定的目标是否得到实现进行确认。下面介绍计划的具体内容及特点。

1. 第一次循环基本计划

2003 年 3 月提交国会的第一次循环基本计划中指出，国内每年产生 4.5 亿吨废弃物，随着废弃物的多样化，处理难度不断增加，不规范处理造成环境负荷增加等问题不断凸显，从产业废弃物领域的现状来看，全国剩余的垃圾填埋场使用年限约为 4 年，首都圈仅为约 1 年，形势紧迫面临危机。

物质流领域中，2000 年物质投入总量约为 21.3 亿吨，与此同时约 7.2 亿吨以废弃物等形式排放到环境中，循环利用量约为 2.2 亿吨。有推测数据显示，日本国内伴随资源采集排放的废弃物或废渣等隐性物质流约为 11.2 亿吨，国外约为 28.3 亿吨。

基本计划呼吁，在这种背景下，需要通过“3R”控制物质投入总量、资源开采量、废弃物等产生量、能源消费量，全面推动控制天然资源的消费，降低环境负荷。为此，需要将人们的生活方式从一次性消费造成大量废弃物的“单向型生活方式”转变为“慢节奏”生活方式，在生产制造领域也应推进提供生态设计（Design for Environment，DfE）等绿色产品的商业模式，国家、都道府县、市町村在完善循环型设施的同时，应积极推动与国民、民间团体、企业、非政府组织（NGO）、非营利组织（NPO）等的协作。

上一节也提到，第一次循环基本计划中还列出了具体的数值目标，内容如下：

物质流设定了入口、循环、出口三大环节的数值目标。目标年度设定为 10 年后的 2010 年，并着眼于 20 年后即 2020 年。相当于物质流入口的资源生产率（GDP ÷ 天然资源等投入量）目标为2010年约39万日元/吨。该目标与1990年的约21万日元/吨相比几乎翻倍，与2000年的约28万日元/吨相比提高约四成。物质流中相当于循环的指标的循环利用率［循环利用量 ÷（循环利用量 + 天然资源等投入量）］为到2010年达到约14%。该目标值与1990年的约8%相比提高近八成，与2000年的约10%相比则提高四成。相当于物质流出口的指标最终处置量（废弃物最终处置量）目标为到2010年达到约2 800万吨，这个目标值与1990年的约1.1亿吨相比减少约75%，与2000年约5 600万吨的数值相比减少近50%。

这3个数值目标并非分别确定的，而是按照物质流规律的相互影响进行整合后制定的。例如，循环利用率提高，就会抑制天然资源等的投入，资源生产率也会提高。通过节约资源减少浪费的技术革新提高资源生产率，废弃物等的产生量也将减少，其结果最终处置量也会随之减少。减少废弃物等的产生量是最理想的，与此同时应循环利用的循环资源量也将减少，循环利用率也将朝着减少的方向变化。设定目标值时除了这3个数值，还开发了利用相关变量显示相互依存关系的物质流模型，并将《京都议定书》规定的日本CO_2排放量目标作为制约条件用于模型的开发，具体内容包括将实现《京都议定书》目标时的能源使用量换算成重量单位。因此，设定循环基本计划的同时也涵盖了气候变化相关的目标。

该计划指出，鉴于天然资源等投入量中土石类资源的增减对整体的影响较大，以及在确保环境不被破坏的前提下充分利用回收的生物质的重要性，应分别对天然资源等不同资源的明细进行测算，同时为了全面显示日本国内循环与国际循环的状况，还应对废弃物等的进出口进行测算，对隐性物质流和再利用量、单个品种的物质流和共通的计算方法的“3R”相关指标也加以考虑，但由于数据不充分，将其列为今后探讨的课题。

为了测算循环型社会建设的进展，设计了下述工作指标。目标年度与物质流相同，为2010年。

第一，对于废弃物的意识与行为，设定的目标为问卷调查的结果显示约90%的人具有废弃物减量化和循环利用、绿色采购的意识，约50%的人付诸具体行动。另据2001年的问卷调查（内阁府“循环型社会建设相关的民意测验”）结果显示，废弃物减量与循环利用意识较高的人约占71%，主动购买再生利用产品的约为17%。

第二，设定了废弃物等的减量化指标，一般废弃物中家庭类、办公类与2000年相比均要减量约20%，产业废弃物与1990年相比减量75%。2000年的家庭类一般废弃物排放量为日人均约630克，办公类为每个单位日均约10千克。1990年产业废弃物最终处置量约为8 900万吨，2000年目标是达到约4 500万吨，即减少一半。而日本经济团体联合会则在1999年12月制订的产业废弃物最终处置量相关的自主行动计划中，提出了2010年与1990年相比减少75%的目标。

第三，推动环保商务的目标包括绿色采购的推进、环保经营的推进、循环型社会商务市场的扩大。关于绿色采购的推进，目标是约50%的所有地方公共团体、上市企业以及约30%的员工人数为500人以上的非上市企业有组织地实施绿色采购。关于环保经营的推进，目标是50%的上市企业和30%的非上市企业发布环境报告书，实施环境会计[①]。关于循环型社会商务市场的扩大，目标是其市场规模及就业规模达到1997年的两倍。同时也指出各个回收品种、行业应实现基于各个专项再生利用法和计划等制定的目标。

为了实现以上数值目标，对于国家层面的工作也制订了如下具体计划内容：一是为了保障自然界的物质循环，控制化石燃料、矿物资源等不可再生资源使用量的增加，促进再生资源和生物质的利用，贯彻落实2002年12月内阁会议通过的生物质日本综合战略；二是为了实现生活方式的变革，开展以从儿童到老年人所有年龄层人群为对象的环境教育、环境学习活动，为促进国民、NPO、NGO、企业开展再利用和再生利用活动提供信息和支持；三是为了振兴循环型社会商务，国家实行绿色采购，探讨相关的促进政策，贯彻落实废弃物回收、运输、处置等各种手续的合理化和依法管理，促进企业引进环境管理体系，编制并公布环境报告书、开展环境会计等自主性活动。同时，为了改变废弃物处理行业的市场不透明、不规范处理问题给行业整体

---

① 又称“绿色会计”，是从社会利益角度计量和报道企业、事业机关等单位的社会活动对环境的影响及管理情况的一项管理活动。它旨在指导经济资源做最有效运用及最佳调配，以提高社会整体效益。

带来的不良形象，开展合理再生利用处置相关费用的透明化及其费用征收，开展第三方机构等实施的优秀企业分级制度以及表彰工作。为有助于循环型社会建设的科学技术提供支持。除此以外，还明确提出完善安全安心的废弃物等循环利用与处置措施和循环型社会的制度建设等。

同时，该计划中不仅对国家做出了规定，也要求国民、NPO、NGO、企业、地方公共团体等所有主体相互协作，积极参与循环型社会建设，合理分工并承担相应的费用。国民需要调整生活方式，NPO、NGO 应发挥各主体开展环境保护活动的桥梁作用，企业应承担基于排放者责任和生产者责任延伸制度的废弃物等合理循环利用与处置的责任，地方公共团体不仅要开展废弃物等合理的循环利用与处置，还应发挥在各主体之间的协调作用。

最后，为了推动计划的有效实施，指出应在中央环境审议会中对计划的进展情况进行评估和确认，并每年将确认结果反馈到向国会提交的年度报告（循环型社会白皮书）等文件中。此外，为了灵活合理地应对国内外社会经济的变化，原则上以 5 年为周期对计划进行重新调整。日本政府应确保相关府省（内阁府与各省）之间的协作，制定实施专项法与专项措施的时间表（工作进度表）。

2. 第二次循环基本计划

2008 年 3 月向国会提交的第二次计划中指出，国内每年产生 4.7 亿吨废弃物，与第一次计划相比有所增加，伴随着废弃物等的多样化，处理难度不断增加，不规范处理造成环境负荷增大，全国产业废弃物填埋场的剩余使用年限约为 7.7 年，首都圈仅约 3.4 年，虽然与第一次计划相比剩余年限有所增加，但形势依然紧迫。人们同时还认识到，这种问题不仅限于日本国内，还将对全球社会经济可持续发展带来影响。例如，过量消费社会将引发对以化石燃料为中心的天然资源枯竭的担忧，并产生全球变暖问题，大规模资源开采将造成自然破坏以及自然界物质循环的脱节等。

第二次循环基本计划对于第一次计划及基于该计划开展的各项工作予以肯定，认为其推动了基本法规定的“排放者责任”与“生产者责任延伸制度”的相关法律建设，完成了《废弃物处理法》的修订和各单项再生利用法的制定、评估、调整等工作。同时也肯定了地方公共团体开展的“3R”全面推动工作，以及为了迅速准确地掌握、分析和公开废弃物等相关信息而开展的统计信息建设等。2004 年的 G8 海岛峰会上就旨在实现国际性循环型社会建设的“3R 倡议”达成一致。

第一次计划规定的数值目标相关的进展情况如下：物质流指标，以 2010 年为目标，以 2000 年为基准年，其 5 年后的 2005 年，资源生产率约为 33 万日元 / 吨，循环利用率为 12.2%，最终处置量中一般废弃物为 800 万吨、产业废弃物为 2 400 万吨，基本上按计划顺利进展。但同时也指出，2005 年源于焚烧、填埋、排水处理等废弃物处理的温室效应气体排放量，与《京都议定书》的基准年（1990 年）相比大幅增加约 30%。此外，对各主体致力于循环型社会建设的措施与活动广泛展开，各专项再生利用法目标值也基本实现予以肯定。国民的循环型社会建设意识与采取行动的比例也有所提高，家庭垃圾排放 5 年间减少 10%，办公类一般废弃物排放量也同样减少 10%，产业废弃物最终处置量 15 年间减少 73% 等，第一次循环基本计划的工作目标在目标年度前就已经基本实现。同时，环境报告书的发布、环境会计的实施等环保经营不断普及，2005 年循环型社会商务的市场规模已经达到约 28 万亿日元，就业规模约为 70 万人，与 1997 年的约 12 万亿日元、约 32 万人的规模相比已经实现了翻番的目标。与此同时，在国际性活动中，致力于推动 G8 的相关程序进展，与 UNEP、OECD 等国际组织的对话，与中国、韩国等的双边政策对话，推动了“3R”倡议的国际活动，并加强了巴塞尔公约制度的落实与口岸管理措施。

第二次循环基本计划也明确了面临的课题，指出：①虽然资源生产率有所提高，土石类资源大幅减少，但与此同时，化石燃料与金属资源仍在增加，控制天然资源使用的措施不够充分；②产业废弃物排放量近年呈增加趋势；③对于循环资源的再利用的统计资料的完善未见进展；④循环资源的再生利用中容器及包装废弃物等领域的再生利用未见进展；⑤垃圾填埋场的剩余库容形势依然十分严峻；⑥温室效应气体排放量大幅增加；⑦在发展中国家的人口增长与经济发展的背景下，国际合作的重要性愈加凸显。

作为今后的课题，指出应将可持续社会建设与低碳社会、与自然共生社会的工作进行统筹安排，推动循环型社会建设相关的活动。具体内容如下：

①通过在地区内的资源再生等建设地域循环圈；②可以传承到百年以后的生活方式；③实现环境与经济良性循环的商务模式；④进一步推进以遏制废弃物产生为主的“3R”，确保规范化处理；⑤“3R”技术与体系的深度发展；⑥信息的准确把握、提供与人才培养；⑦国际性循环型社会的建设。针对这些课题，国家、地方公共团体、国民、NGO、NPO、企业等各主体应共享中长期的循环型社会概念，志存高远，积极开展合作，协调联动充分发挥各自的角色，并描绘出到2025年循环型社会的代表性远景概念，即自然界与经济社会均实现良性循环；实现符合地区特点的循环型社会；实现资源消费少、能源效率高的社会经济体系建设；遵循“不浪费”理念的循环活动的推广普及；生产制造等经济活动中“3R”理念的深入渗透；废弃物等的合理循环利用与处置体系的深度发展。

在此基础上，对第一次循环基本计划设定的物质流指标与工作指标进行了重新设定，并引进了辅助性指标，以及不设定目标但监测其变化情况的指标。

物质流指标以2017年为目标，设定资源生产率为42万日元/吨，循环利用率为14%～15%，最终处置量为2 300万吨。关于资源生产率的部分，虽然随着实际GDP的计算，从固定基准年方式修订为连锁方式，对数值进行了下调，但改善比例基本维持现状。2010年修订后的目标约为37万日元/吨，5年后目标值提高了5万日元/吨。与此同时，循环利用率原本目标约为14%，下一个5年目标并非大幅提高而是比较现实的数字，填埋量为2 800万吨，目标值重新设定为5年时间减量500万吨。

作为目标设定的辅助指标包括扣除土石类资源投入量的资源生产率、建设低碳社会的活动与协作。扣除土石类资源投入量的资源生产率，2000年约为59万日元/吨，设定为提高三成，即2015年约为77万日元/吨的目标。建设低碳社会的活动与协作，设定了废弃物领域温室效应气体比2010年削减约780万吨二氧化碳当量的目标。2005年废弃物领域的温室效应气体排放量约为1 200万吨二氧化碳当量，与1990年相比增加了30%，这是在此基础上设定的较高的目标。该目标依据的是“修订后的《京都议定书》目标的达成计划”中规定的2005—2010年将13.6亿吨排放量降低到《京都议定书》基准年，即1990年排放量的-1.8%～-0.8%水平，即5年时间削减1 100万～1 200万吨二氧化碳当量的目标。这意味着修订后的《京都议定书》目标的达成计划规定的温室效应气体减排目标中，实际上有近70%是在废弃物相关领域实现的。

作为不专门设定目标但将监测其变化情况的指标包括：①化石类资源相关的资源生产率；②生物质类资源投入率；③隐性物质流、物质需求总量（Total Material Requirement，TMR）；④基于国际资源循环的指标循环资源的进出口量；⑤不同产业领域的资源生产率。同时也指出，今后将对以下指标是否需要设定指标或监测进行探讨。

①地区的物质流：都道府县之间和市町村之间的物质移动指标中统计信息不充分，难以进行推算，但属于在建设地域循环圈方面所需的指标。

②可以进行国际比较的物质流指标：在建立与发达国家或亚洲各国等之间进行国际比较的数据库时所需的指标。

③一次资源等价换算重量：鉴于加工程度高的材料或产品进口受到过低评价的现状，对于可用进口产品的原材料重量进行判断指标的开发进行探讨。

④环境效率与资源生产率：不只是国内生产总值，还需要利用企业或产品价值，不通过天然资源投入量，而是通过环境负荷来对环境效率进行量化。

⑤国际通用换算系数的设定：提出对于因统计的不完善，无法在国际达成一致意见的系数，需要继续参与国际讨论。此外还指出，利用再使用量、各个回收品种的物质流和通用的计算方法的“3R”相关指标仍不够充分。

作为建设循环型社会的工作指标，将分别设定以下指标的目标值和监测相关的变化情况。设定目标的指标规定，与2000年相比，以下指标要在2015年前实现：①日人均垃圾排放量（目标减少10%）；②日人均家庭垃圾排放量（目标减少20%）；③办公类垃圾总量（目标减少20%）；④产业废弃物最终处置量（目标减少60%）；④循环型社会建设的意识与行为的变化；⑤环保商务的推进；⑥各专项再生利用法、计划等的稳步实施。与第一次循环基本计划相比，其中④的目标设定相同，⑤中绿色采购的推进目标也是相同的，但重新设定后增加了促进取得环境管理体系国际标准 ISO 14001、中小企业环境管理体系 ECO ACTION 21 的目标。同时，循环型社会商务市场的扩大方面还重新设定为与 2000 年相比市场规模达到两倍，即 42 万亿日元的目标。

作为监测变化情况的工作指标包括：①租赁业的市场规模、补充装产品的出货量占比；②免费塑料袋谢绝率、购物袋自带率、一次性商品销售量；③二手货市场规模、可重复利用玻璃瓶的使用率；④使用可重复利用水杯的大型场馆数量等；⑤地区制订循环基本计划等的数量；⑥实施垃圾处理有偿化的自治体比例、减量化活动先进市町村；⑦资源化等的设施数量、再生利用平台等；⑧一般废弃物再生利用率、集体回收量、再生利用工作先进市町村、容器及包装物分类回收自治体比率、各个品种的市町村分类回收量等；⑨地方公共团体等主办的环境学习会、交流会的数量、“循环型社会建设地区支持项目”的应征数量等。

除了上述内容，两次循环基本计划同样规定了“各主体的相互协作以及各自发挥的作用”，提出了国民、NGO、NPO、大学、企业、地方公共团体、国家分别应发挥的作用，第二次循环基本计划内容与第一次循环基本计划大同小异，篇幅有限，不再赘述。与第一次循环基本计划相比，第二次循环基本计划着力于低碳社会与循环型社会的统筹建设，设定了更多的目标指标或监测变化指标，并注重着眼未来统计数据的完善。

3. 第三次循环基本计划

如图 2-1 所示，2013 年 5 月向国会提交的第三次循环基本计划，与第一次循环基本计划和第二次循环基本计划保持了相同的基本路线，强调废弃物等产生量与垃圾填埋场剩余库容有限的困境，但在表述上有所变化，涉及 2011 年东日本大地震带来的大量灾害废弃物、东京电力福岛第一核电站事故暴露出的问题、国际资源价格飙升造成的全球资源制约加大、对天然资源枯竭的担忧以及全球废弃物激增等话题，兼顾了日本国内特殊情况和国际状况两个方面的课题。

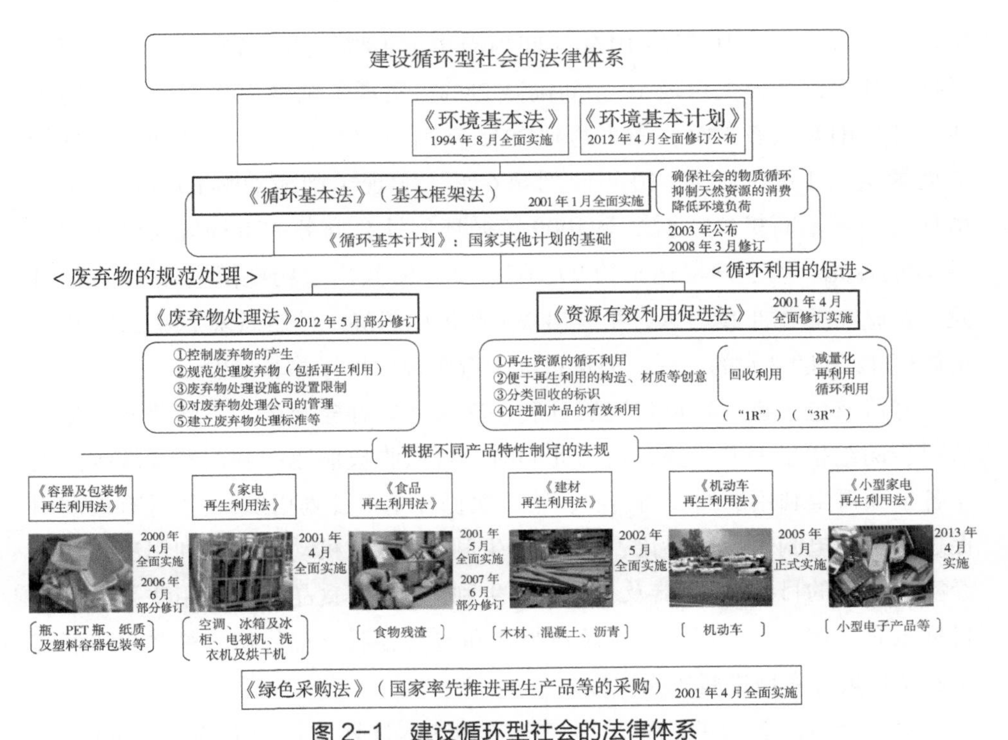

图 2-1　建设循环型社会的法律体系

资料来源：《第三次推进循环型社会建设基本计划》概要。

关于物质流的进展情况，鉴于当时第一次循环基本计划的目标年度 2010 年已经结束，第二次循环基本计划目标 2015 年即将到来，报告涉及以下内容：2010 年资源生产率约为 37.4 万日元 / 吨，循环利用率为 15.3%，最终处置量为 1 900 万吨；循环利用率和最终处置量已经完成 2015 年目标，资源生产率也达到 40.3 万日元 / 吨，按照既定目标进展顺利。扣除土石类资源投入量的资源生产率达到 60.2 万日元 / 吨，10 年时间提高约 10%，但距离 71.4 万日元 / 吨的目标尚有一定的差距。

工作指标的进展情况，第三次循环基本计划的报告内容如下：关于国民对于循环型社会建设的意识和行为的变化，2012 年的“环境问题民意调查”显示，98% 的人表示已经在注意减少垃圾、认识到再生利用的重要性，87% 的人表示已经在生活中付诸实践，实现了设定的目标。一般废弃物的日人均垃圾排放量，到2010年的10年时间内减少了18%，达到976克，也实现了目标。其中，办公类垃圾10年间削减28%，实现了削减20%的目标，但生活类垃圾削减只有18%，尚未达到2015年削减20%的目标。产业废弃物最终处置量为1 426万吨，10年间削减67%，实现了削减60%的目标。循环型社会业务不断扩展，据推测2009年循环型社会商务的市场规模已达到约39万亿日元、就业规模达到约99万人，4年时间内市场规模增加11万亿日元，就业规模增加29万人，呈现出快速扩展的趋势。虽然尚未实现2015年市场规模42万亿日元的目标，但从进度来看实现该目标并非难事。

容器及包装物的轻量化进展顺利，洗衣液等补充装产品不断普及，免费塑料袋谢绝率呈上升趋势，但与此同时，可回收玻璃瓶的利用持续减少。关于各单项再生利用法的实施情况，第三次循环基本计划指出，《资源有效利用促进法》的电脑等再资源化、《家电再生利用法》《机动车再生利用法》均已经实现设定的目标。《容器及包装物再生利用法》《食品再生利用法》设定的目标虽有一定进展，但纸容器及包装物和塑料容器及包装物、餐饮业和家庭类厨余垃圾等领域进展较为缓慢。

对于今后应解决的课题，第三次循环基本计划的报告强调了以下内容：第一，在再生利用之前首先尽可能推动减量化和再利用。日本的资源循环政策以废弃物问题为出发点，与再生利用相比，原本就有更强调“2R”的倾向。但是，从强调“3R”转为以“2R”为基本原则，并非意味着回归原点，因为该目标的着眼点在于“控制天然资源的消费，尽最大可能降低环境负荷”。特别强调了对于工作指标显示进展不够顺利的家庭垃圾日人均排放量削减、容器及包装物削减、重复利用玻璃瓶的使用、减少食品浪费等方面，需要重点推动相关政策。此外，鉴于以生活用品为核心的再利用产品不断普及，指出建立健全和扩大再利用市场是当下面临的课题。第二，指出了循环资源的深度利用与资源保障的必要性。近年来金属价格高涨，城市矿产的利用、稀有金属的稳定供给问题日益凸显。因而指出为了培育不易受经济变化影响，且具有竞争力的循环产业，推动环境负荷与经济发展脱钩，应促进绿色创新。第三，保障安全、安心的必要性。东日本大地震与东京电力福岛第一核电站的事故、PCB废弃物处理和石棉废弃物处理等大规模灾害引发的废弃物处理体制和有害物质的处理体制等需要强化，致力于环境保护与确保安全、安心方面的工作。第四，指出要实现循环型社会、低碳社会、自然共生社会的统筹建设与地区循环的深度发展等。与第二次循环基本计划相比，第三次循环基本计划提出与自然共生社会的统筹建设是新的亮点。第五，废弃物的规范化处理。报告指出，虽然垃圾填埋场的剩余库容年数近年来呈增加趋势，但仍存在家庭类垃圾的非法倾倒增多、出口后不规范处理的现象，发现非法倾倒、不规范处理后，责任追究与恢复原状、整改等都还有众多课题尚未解决。第六，国际性活动的强化。2013 年制定了今后推动亚太地区“3R”建设的 10 年政策目标，并通过了监测各项目标完成情况的指标——“河内‘3R’宣言”等，顺利达成了国际共识。国际化学品管理战略方针（Strategic Approach to International Chemicals Management，SAICM）提出了电器电子产品生命周期的有害物质管理，国际资源专家委员会（International Resource Panel，IRP）提出削减单位经济活动的资源消耗，减轻资源利用造成的环境负荷，实现两种含义上的脱钩，表明了积极参与国际性活动的方针。

在报告的基础上，提出了重新设定的物质流工作指标与持续监测目标：物质流指标以 2020 年为目标年度，规定资源生产率为 47 万日元 / 吨（20 年增加八成），循环利用率为 17%（20 年提高七成），最终处置量为 1 700 万吨（20 年降低七成）。目标设定的辅助指标和监测变化情况的指标如下所示。

物质流入口相关的指标：

①一次资源等价换算的资源生产率：由于在海外生产产品时投入的天然资源无法测算，因此上溯至进口产品等生产所需原材料，推算出其重量，作为天然资源等投入量（Raw Material Input，RMI），监测资源生产率的变化情况。

②扣除土石类资源投入量的资源生产率：2020 年的目标为 68 万日元 / 吨。该目标与第二次循环基本计划中 2015 年达到 77 万日元 / 吨的目标值相比大幅降低，是比较现实的数值目标。

③化石类资源相关的资源生产率：从资源枯竭与全球变暖对策的视角监测变化情况。

④生物质类资源投入量：鉴于贯彻环保收集等的生物质利用更为理想，

将监测天然资源等投入量中，监测日本国内产生的生物质类资源的占比的变化情况。

⑤生产制造业的资源生产率、不同产业领域的资源生产率：鉴于资源生产率具有从资源高消费产业向资源低消耗产业转换时能够得到提高的特点，需要特别掌握二次产业的资源生产率。虽然不适于进行基础条件各异的产业之间的比较，但将监测不同产业领域的资源生产率变化情况。

对于物质流循环设定以下指标：

①出口（排放）方面的循环利用率：日本的循环利用率是作为入口（投入）方面的一种指标，以物质投入总量为分母而设定的。这是由于日本旨在实现的循环型社会将不是大量生产、大量消费、大量废弃、大量再生利用的社会，而是适度控制天然资源投入的社会，但与此同时，也需要准确测算废弃物排放者和再生利用企业的努力情况。因此，将各国常用的废弃物等产生量为分母的循环利用率设为辅助指标，设定将从 2000 年的约 36% 提高到 2020 年的 45%。2010 年的实际值为 43%。

②循环资源的进出口量：为了掌握国际性循环资源的移动，将监测其变化情况。

③包括隐性物质流的金属资源基于 TMR 的循环利用率：通过使用包括资源的采集、挖掘时产生的矿石、土沙等隐性物质流的 TMR，天然资源投入量的测算可以更好地体现环境影响，并能够更准确地掌握金属再生利用的情况。因此将监测基于 TMR 的循环利用率变化情况。除此之外，还将源于废弃物领域的温室效应气体排放量等作为监测指标以了解其变化情况。

关于控制物质流入口的工作指标共 5 项，设定如下：

①国民人均资源消费量：对于从一次资源等价换算的天然资源等投入量扣除出口部分再除以人口的指标，进行变化情况的监测。

②日人均垃圾排放量：与 2000 年相比减量约 25%，即约 890 克设为 2020 年目标。其中，日人均家庭类垃圾排放量同样减少 25%，约为 500 克；办公类垃圾总量约减少 35%，约为 1 170 万吨。

③实施生活类垃圾处理有偿化的地方公共团体比例：鉴于垃圾处理有偿化是控制地区废弃物产生的有效手段，将监测该指标的变化情况。

④耐用消费品的平均使用年数：鉴于与全球变暖的关联性，机动车和家电等耐用消费品的长期使用将有助于抑制天然资源的消费，将监测平均使用年数的变化情况。从更综合的角度出发，将住宅等建筑物的平均使用年数监测作为今后的课题。

⑤“2R”领域的进展情况：为了测算“2R”领域的进展情况，将监测免费塑料袋谢绝率（购物袋自带率）、补充装产品的出货率、瓶子的重复利用率、再利用与物品共享市场规模的变化情况。

对于物质流循环相关的工作指标提出了以下 3 点：

①一般废弃物的循环利用率：作为地方公共团体开展的循环利用的指标，监测其变化情况。对民间企业等的循环利用率的掌握将作为今后探讨的课题。

②回收废旧小型电子设备等地方公共团体的数量、实施人口的比例：鉴于 2013 年开始实施《小型家电再生利用法》，将其作为主要的再生利用制度贯彻落实，将监测根据该法开展回收工作的地方公共团体数量和回收实施人口比例的变化情况。

③废弃物焚烧设施的发电、热利用情况：为了测量对于低碳社会建设活动的贡献程度，将监测发电设施数量、发电装机容量、总发电量、热利用设施数量、热利用量的变化情况。

对于物质流出口相关的工作指标提出了以下 3 点：①被认定为优良的产业废弃物企业数量；②电子转移联单的普及率；③非法倾倒。电子转移联单是指排放企业进行废弃物处理委托时向处理业者提交转移联单，并在处理结束后收取由处理业者填写好相关事项的联单复印件，通过电子化的信息管理进行规范管理，且难以伪造，有助于都道府县开展废弃物处理的监管和及时查明不规范处理的责任人。2011 年普及率约为 25%，设定 2016 年要达到 50% 的数值目标。

其他目标包括：①地区开展循环型社会建设活动的数量；②国际性活动的进展情况相关指标；③循环型社会相关的意识与行为的指标；④实施环境管理等的指标；⑤循环型社会商务市场规模的指标；⑥对于各项再生利用法的目标的完成情况，规定也要进行工作指标的目标设定或监测变化情况。

同时，作为今后进行探讨的课题，列出以下内容，将完善相关统计和指标的开发与探讨：①可进行国际比较的物质流指标；②环境效率指标；③日本的资源储备相关的指标；④国际性活动的指标。

第三次循环基本计划参考了第一次循环基本计划设定的目标值的完成情况，以及各单项再生利用法的实施情况，对于从宏观视角设定的数值目标的补充性指标，在其利用方面有了大幅进展。从整体上看基本上按照计划顺利展开，但同时也有部分特定领域，循环型社会的贯彻落实明显滞后。同时，在更强烈的国际性活动需求、资源价格高涨的背景下，与废弃物政策相比也不难看出，是由于天然资源节约的需求更为强烈等情况带来的影响。

4. 第四次循环基本计划

2018 年 6 月内阁会议通过第四次循环基本计划，表明了对大量生产、大量消费型经济社会活动带来的对物质循环的阻碍以及对全球变暖、天然资源的枯竭、自然遭到破坏等各种环境问题的担忧。将建设循环型社会作为解决多种环境问题的必要途径，可以说比第三次循环计划的路线更加迈进了一步。通过建设循环型社会的各种举措，实现了资源生产率和入口的循环利用率的大幅提升以及最终处置量的大幅下降后，近年却看不到指标得到改善的现状，要求进一步推动强化“3R”等措施。

第四次循环基本计划在继承了第三次循环基本计划提出的以提高“质量”为核心的循环型社会建设、低碳社会建设、与自然共生社会建设的整合措施的同时，强调了要以 2015 年 9 月联合国峰会上通过的《2030 年可持续发展议程》的实施为目标加强国际合作，以及在日本人口逐渐减少的社会背景下实现 Society5.0 和第四次工业革命的必要性。关于国际合作，在以下国际公约的落实上已经取得了进展，包括以 2030 年为期限的 17 个可持续发展目标（SDGs）和 169 个具体目标、2015 年 12 月联合国气候变化框架公约第 21 次缔约方大会通过的《巴黎协定》、2015 年艾尔冒峰会上达成的《G7 海洋垃圾行动计划协议》、2016 年富山 G7 环境部长会议上通过的《富山物质循环框架》、2017 年 5 月的《博洛尼亚五年路线图》和 7 月的 G20 汉堡会议上通过的《G20 资源效率性对话》及《关于海洋垃圾的 G20 行动计划》等国际性协议，以及在亚太“3R”推进论坛、中日韩三国环境部长会议（TEMM）、西北太平洋行动计划（NOWPAP）、国际化学品管理战略方针（SAICM）等多个框架下的合作也在持续推进。

放眼日本国内，计划指出，可以预见在人口减少、老龄化社会步伐加快、地区发展衰退的社会背景下，今后一般废弃物的产生量和产业废弃物的最终处置量的持续减少已成定局，但从事废弃物处理和资源循环利用的劳动力不足和循环资源不足，资源循环比率的增长停滞等问题也令人担忧。在这种背景下出现的 Society5.0 和第四次工业革命的概念让人们寄予厚望。所谓 Society5.0 是指继狩猎社会、农耕社会、工业社会、信息社会之后的社会形态，试图通过“最大限度地将物品和服务在需要的时候提供给需要的人”解决各种社会问题。继水利和蒸汽技术带来工厂机械化的第一次工业革命、使用电力进行大批量生产的第二次工业革命、电子工程学和信息技术使自动化得到发展的第三次工业革命之后，第四次工业革命是物联网技术（Internet of Things，IoT）及大数据、AI 等技术革新的新时代。

第四次循环基本计划中提出以下 7 个通过 Society5.0 和第四次工业革命实现的发展方向。①与可持续发展的社会建设相整合的举措；②通过建设地区循环型环境共生圈提升地区的活力；③贯彻全生命周期的资源循环；④推进规范处理和环境再生；⑤构筑灾害废弃物处理体制；⑥建设合理的国际资源循环体制，向海外扩展循环产业；⑦为达成以上目标的信息、技术、人才等循环领域的基础建设的推进。这 7 个发展方向在第三次循环计划中也曾被提及，这次再次重申可认为是出于为实现循环型、低碳型、与自然共生社会，将计划内容修改得更加全面和更加有深度的目的。针对 7 个发展方向分别设定了具体的数值目标，规定了各主体的协作配合和各自应发挥的作用，以及国家应采取的政策措施。

此外，第四次循环基本计划还指出了目前存在的具体问题。①仍存在废塑料和食品废弃物等应进一步推动“3R”工作的领域；②仍有非法倾倒问题未彻底解决，食品废弃物的非法倒卖、石棉、PCB 等 POPs 废弃物、汞废弃物、残留农药等有害物的库存及废物储存地不明，以及未得到恰当的处理处置等，规范化管理和处理措施滞后仍令人担忧；③核电站事故释放的放射性废物造成的环境污染的治理恢复；④对于在大规模灾害频发状况下产生的大量灾害废弃物的处理问题，市町村的灾害废弃物处理计划的制订工作滞后；

⑤在美化环境、废物循环利用等生态环境保护方面的国民意识的下降，人们对于垃圾问题的关注程度自 2013 年以后逐渐有所下降，不购买一次性产品和多余的东西、尽量购买环保再生产品等市民活动未见进一步普及；⑥在劳动力人口减少带来的企业人手不足加剧，从事行政服务的人员减少的背景下，出现从事资源循环的专业人员不足的问题等。

如表 2-3 所示，基于这些情况，对于物质流和措施指标，第四次循环计划重新设定了以下目标值，并规定了继续监测的内容。物质流指标是以 2025 年为目标年度，规定资源生产率目标为 49 万日元 / 吨，循环利用率为 18%，最终处置量为 1 300 万吨。第四次循环计划还对需设定目标的辅助指标和需监测其变化情况的指标等，结合 SDGs、G7 和 G20 的讨论结果，进一步研究后进行修订。

表 2-3　表示循环型社会整体概念的物质流指标（代表性指标）和目标

指标	数值目标	目标年度	备注
资源生产率	约 49 万日元 /t	2025	入口
入口的循环利用率	约 18%	2025	循环
出口的循环利用率	约 47%	2025	循环
最终处置量	约 1 300 万 t	2025	出口

资料来源：第四次循环基本计划。

具体为：①在兼顾环境性和经济性的统筹措施方面，在各产业领域的资源生产率（一次资源等价换算、各产业分别设定）和循环型商务市场规模（2025 年比 2000 年增加 1 倍）之外，加上了家庭废弃食物（2030 年比 2000 年减少 50%）和企业废弃食物（在《食品再生利用法》的基本方针中设定）指标；②在循环和低碳的统筹措施方面，设定了废弃物领域的温室效应气体减排量，以及将废弃物作为原料和燃料使用并利用垃圾发电等其他部门的温室效应气体减排量，计划实施期间建设的垃圾焚烧设施的平均发电效率（2020 年为 21%）；③在循环和与自然共生的统筹措施方面，设定了日本国内产生的生物质资源投入率、为实施森林经营制定了具体方案的森林面积；④在通过多样化的地区循环共生圈的建设增加地区发展活力方面，设定了日人均垃圾排放量［2025 年约 850 克 /（人・天）］、日人均家庭垃圾排放量［2025 年约 440 克 /（人・天）］、办公类垃圾排放量（2025 年约 1 100 万吨）、参加地区循环共生圈建设工作的地方公共团体数量；⑤在贯彻全生命周期的资源循环方面，设定了一次资源等价换算后的国民人均天然资源消费量、物质流出口的循环利用率（2025 年达到 47%）、再利用市场规模、共享市场规模、产品评估指南的编制状况；⑥在贯彻各材料等的全生命周期过程的资源循环方面，设定了各种资源在物质流入口的循环利用率、废弃物等按种类的物质流出口循环利用率、废弃物等按种类的最终处置量、食品循环资源的再生利用等实施率（2019 年食品制造业为 95%、食品批发业为 70%、食品零售业为 55%、餐饮业为 50%）、家庭和办公类废弃食物（再次规定）各处理设施的长寿命化计划的制订率（2020 年为 100%）；⑦在进一步推动规范处理和环境再生方面，设定了非法倾倒量和不规范处理量、非法倾倒件数和不规范处理件数、电子转移联单的普及率（2020 年为 70%）、一般废弃物最终处置场剩余库容的可用年数［2022 年维持 2017 年的水平（可用 20 年）］、产业废弃物最终处置场剩余库容的可用年数（2020 年为需要最终处置量的大约 10 年的量）；⑧在建设灾害废弃物处理体制方面，设定了灾害废弃物处理计划制订率（2025 年都道府县为 100%，市町村为 60%）；⑨在构筑合理的国际资源循环体制，向海外扩展循环产业方面，设定了包括资源循环领域在内的环境合作相关备忘录等的签署国家数量、为促进向海外扩展循环产业的实施项目数量；⑩在循环领域的信息建设方面，设定了电子转移联单的普及率（再次规定）；⑪在循环领域的技术开发、最新技术的利用与应对方面，设定了环境研究综合推进费 S—A 评价的研究课题数比率；⑫在循环领域人才培养和宣传普及方面，设定了对于废弃物的减量、循环利用以及绿色消费的意识（2025 年约 90%），具体的“3R”行为的实施率（2025 年比 2012 年的民意调查时上升约 20%）。与第三次循环基本计划相比，第四次循环基本计划领域范围扩大，增加了更多单项指标，以及在指标设定上更加精细化。此外，对于基于 SDGs 指标的国际可比指标的研究，以及地区存量的相关指标等新指标的开发的必要性也在积极进行探讨。可以说通过对第三次循环计划指标的进一步修订，指标的多样化和精细化得到了提高。

图 2-2 资源生产率的变化

资料来源：第四次循环基本计划。

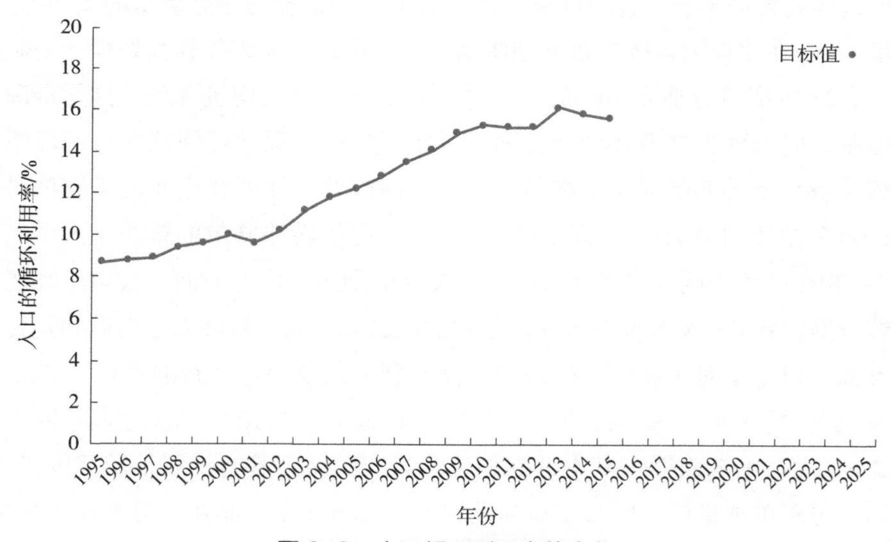

图 2-3 人口循环利用率的变化

资料来源：第四次循环基本计划。

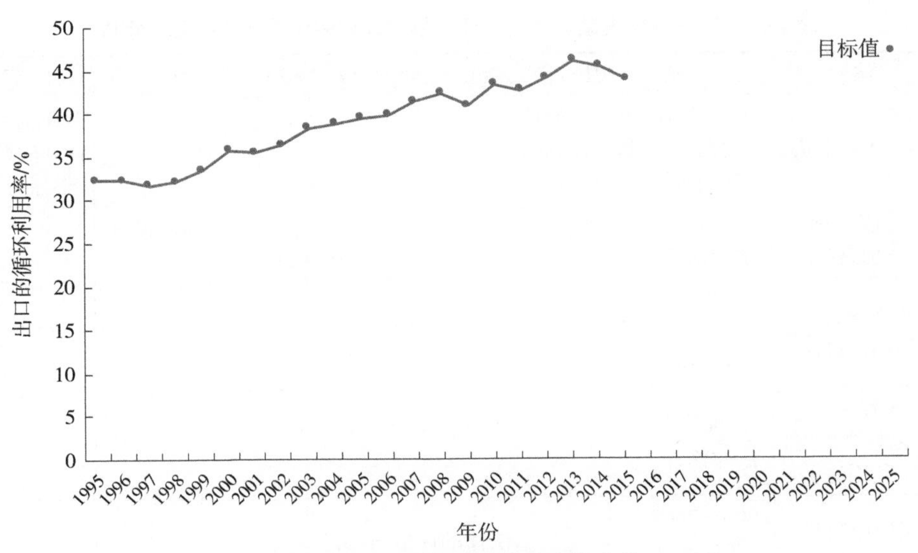

图 2-4　出口的循环利用率的变化

资料来源：第四次循环基本计划。

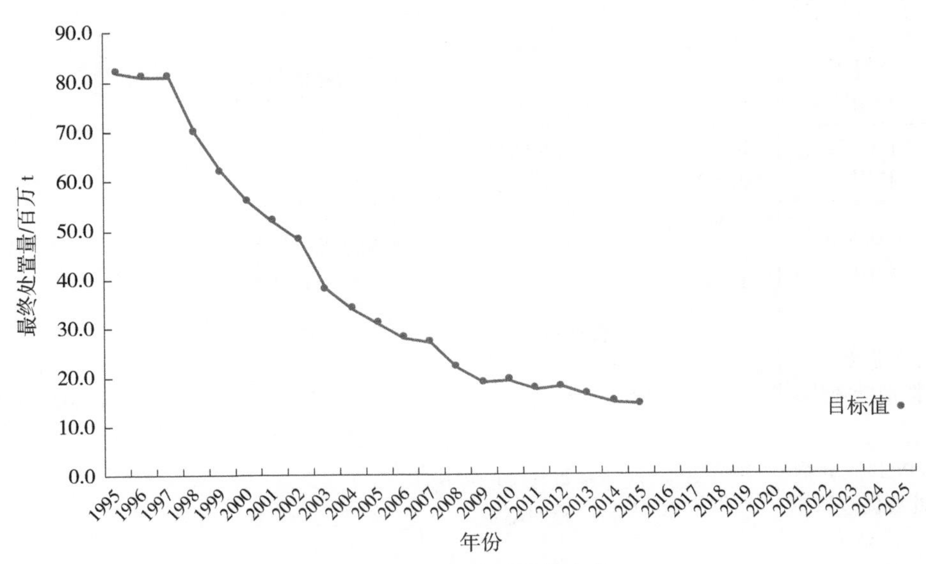

图 2-5　最终处置量的变化

资料来源：第四次循环基本计划。

表 2-4 第三次推进循环型社会建设基本计划中单项法实施时间安排

法律	2012 年前	2012 年	2013 年	2014 年	2015 年	2016 年	2017 年
《循环基本法》	2008 年第二次循环基本计划制订	第三次循环基本计划的制订					循环基本计划的调整探讨
《废弃物处理法》	2010 年法律修订				法律的评估与探讨		
《资源有效利用促进法》	2007 年法律的评估与探讨						
《容器及包装物再生利用法》	2006 年法律修订		法律的评估与探讨				
《家电再生利用法》	2006—2007 年法律的评估与探讨		法律的评估与探讨				
《小型家电再生利用法》		国会通过成立	2013 年 4 月开始施行				
《建材再生利用法》				法律的评估与探讨			
《食品再生利用法》	2007 年法律修订	法律的评估与探讨					
《机动车再生利用法》	2009 年法律的评估与探讨			法律的评估与探讨			
《产业废弃物特别措施法》		国会通过修订法、成立、施行					延长至 2022 年
《PCB 废弃物处理促进特别措施法》	2001 年法律施行	法律施行状况的探讨、今后措施的制定					
《绿色采购法》	2003 年法律修订	国家等应重点推动的特定采购品种及其标准等的调整					

表 2-5　第四次推进循环型社会建设基本计划中单项法实施的时间安排

法律	2018 年前	2019 年	2020 年	2021 年	2022 年	2023 年	备注
《循环基本法》	第四次循环基本计划制订					第四次循环基本计划的调整探讨	
《废弃物处理法》							2025 年以后根据 2017 年修订后的法律附则进行法律的评估和探讨
《资源有效利用促进法》							
《容器及包装物再生利用法》			法律的评估与探讨				
《家电再生利用法》		法律的评估与探讨					
《小型家电再生利用法》	法律的评估与探讨						
《建材再生利用法》			法律的评估与探讨				
《食品再生利用法》	法律的评估与探讨						
《机动车再生利用法》			法律的评估与探讨				
《产业废弃物特别措施法》						截至 2022 年的时限立法	
《PCB 废弃物处理促进特别措施法》				法律的评估与探讨			
《绿色采购法》	国家等应重点推动的特定采购品种及其标准等的调整						

注：法律的评估与探讨为大约的时间。

（二）回收政策

通过了解日本的废弃物行政与再生利用行政的历史、循环基本法的政策体系，日本的回收政策主体可以分为两个部分，即肩负着回收政策重任的市町村等地方公共团体和企业。

具体的内容如下：根据排放者负责的原则，企业伴随生产活动排放的垃圾或循环资源，由企业负责进行回收，家庭排放的垃圾和大宗垃圾，原则上由地方公共团体进行回收。这意味着按照《废弃物处理法》的规定进行分类，一般废弃物中家庭类垃圾的回收由市町村等地方公共团体承担，而一般废弃物中办公类垃圾的回收在市町村的管理下，产业废弃物的回收在都道府县的管理下，由企业负责进行。实际上，一般废弃物中办公类垃圾的收集，有些是由市町村有偿进行的，地方公共团体不负责回收的也基本上是由经市町村批准的回收企业来承担企业的排放者责任，通过其承担的费用和规范回收业者之间的合约来实现。另外，地方公共团体的家庭类一般废弃物回收、循环资源回收，还有部分办公类一般废弃物与循环资源的回收，存在某个地方公共团体单独开展的和几个市町村联合开展的情况，由此可见，地方公共团体的回收政策也呈现出多样性。

在各单项再生利用法先后制定出台的过程中，与回收政策有关的主体也呈现出多样且错综复杂的关系。各项再生利用法对于回收主体的具体记述分布于本书各章，既包括《资源有效利用促进法》或《容器及包装物再生利用法》中以地方公共团体为回收主体的情况，也有家电、机动车、食品、建材等以企业为回收主体的情况。从《小型家电再生利用法》来看，地方公共团体的回收方法各不相同，具有鲜明的多样化特色，同时行政与企业的广泛合作也非常突出。

（三）再利用政策

如表 2-6 所示，再利用政策的内容在《资源有效利用促进法》《容器及包装物再生利用法》《家电再生利用法》《建材再生利用法》《食品再生利用法》《机动车再生利用法》《小型家电再生利用法》7 个再生利用相关法律中分别做出了相关规定。对于再资源化，《资源有效利用促进法》规定由制造业者等负责,《容器及包装物再生利用法》则是以再商品化企业等为主体,《家电再生利用法》是以制造业者等和指定法人为主体,《食品再生利用法》以再利用企业为主体,《建材再生利用法》是以拆除施工企业为主体,《机动车再生利用法》由拆解、粉碎、氟利昂类回收企业等为主体,《小型家电再生利用法》则是以认定企业等为主体。对于如此多样的再资源化企业来说，促进贯彻规范化处理的机制可以分为 3 种：第一是由行政对进行再资源化的主体进行认定的方式；第二是建立对不规范处理的罚则；第三是确认规范处理和防范不规范处理的监督机制。有关各项法律的具体内容将在下一章中进行说明。

表 2-6　各项再生利用法中规定的承担回收与再利用的主体

法律	承担主体	
	回收政策	再利用政策
《资源有效利用促进法》	制造业者等	制造业者等
《容器及包装物再生利用法》	市町村、企业	再商品化企业等
《家电再生利用法》	市町村、零售企业	制造业者等、指定法人
《食品再生利用法》	食品相关企业	再生利用企业
《建材再生利用法》	拆除施工企业	拆除施工企业
《机动车再生利用法》	回收业者等	拆解、粉碎、氟利昂类回收企业等
《小型家电再生利用法》	市町村、零售企业	认定企业等

（四）投融资政策

涉及推进循环型社会建设的投融资政策，即使是社会资本建设已经相当完善的今天仍然不多。然而通过税收方面的优惠、以补贴引导投融资、财政投融资这 3 个渠道，可推动资源循环市场的扩大和规范化处理，以及行政开展的促进体制建设。本节将特别聚焦其中税收方面的优惠和财政投融资两个方面进行说明。

在《环境基本法》中以法律的形式为利用市场机制的环境政策奠定了基础，所以减税成为促进环境投资的主要政策手段。2013 年进行税制修订时，确定“缩短废弃物处理行业用设备的法定使用年限”。总体来说，原来设定的废弃物处理行业用设备的法定使用年限为 17 年，鉴于该年限与现实情况不符，结合实际情况缩短了所得税和法人税中的法定使用年限。由此，大约有 9 500 家企业可以结合现状进行铲车等设备的折旧，这也将有助于促进废弃物的规范化处理。这项改革并非减税措施，因而从中长期来看并不会造成税收的减少。其后在 2014 年税制修订中，规定将“废弃物处理设施课税标准的特例措施”及“垃圾填埋场的维护管理公积金制度特例措施”的适用期限延长两年。延长废弃物处理设施课税标准的特别措施，使固定资产税中垃圾处理设施及一般废弃物垃圾填埋场的课税标准变为原来的 1/2，PCB 废弃物处理设施和含有石棉的产业废弃物处理设施课税标准变为原来的 1/3，以此促进废弃物的规范化处理。减税额达到 8.6 亿日元 / 年。这些利用税收优惠引导投资的方式，与其说是主要政策，不如说带有更明显的辅助性政策性质。

与此同时，财政投融资的有效利用是地方公共团体开展废弃物处理行政和再生利用行政的主要投融资政策。财政投融资是为了促进公共基础设施建设，由国家以“财政投融资特别会计”形式为企业或地方公共团体提供贷款的机制。财政投融资的详细历史在此就不再赘述，当初是将邮政储蓄资金等用于社会基础设施建设，而现在由信用度高的政府负责筹措资金，以政府担保的方式为大型公共项目实施机构、融资机构、地方公共团体提供低息贷款。其中面向地方公共团体的贷款应用在灾后重建、废弃物处理等政策方面重要性较高，属于国家责任的投资性项目。2015 年预算包括了用于环境保护复兴政策费（30 项）中推动废弃物、再生利用对策所需的经费（95 事项），预算额达到约 105 亿日元。该金额与前一年度相比减少了 131 亿日元，这是由于东日本大地震产生的废弃物的处理有所减少造成的。除此之外，还列出了放射性物质环境污染防治所需的经费 6 319 亿日元；结合大地震的经验教训，开展废弃物处理设施建设所需经费 126 亿日元；但这些内容与循环基本计划的宗旨本身并没有直接的关联，属于非常规预算科目。

（五）其他政策

如表 2-7～表 2-9 所示，最后介绍其他相关政策，主要针对国家、都道府县、市町村等行政支出的预算进行说明。

国家的环境相关预算的核心是推进循环型社会建设相关的领域。由于统计方法上的差异，表中剔除了相关内容，2000 年为 3 825 亿日元的循环型社会建设相关预算，到 2001 年猛增到了 4 214 亿日元。其中大部分是用于建设循环型社会的基础建设的预算，包括废弃物处理场和垃圾填埋场建设相关的补贴。补贴支付给都道府县和市町村等地方公共团体。从最终的支出来看，在一般废弃物处理领域承担具体的收集和焚烧等工作的市町村的年支出额比其他要高得多。

由此可见，始于废弃物处理行政，并逐渐转向再生利用等循环型社会建设的日本政策体系，行政所扮演的角色及其在费用负担方面发挥的作用依然至关重要。

表 2–7　国家最初的建设循环型社会相关预算　　单位：亿日元

	2002 年	2003 年	2004 年	2005 年	2006 年	2007 年	2008 年
自然界的物质循环保障	45	74	1 129	1 221	1 146	1 440	1 526
生活方式的变革	16	15	8	16	11	10	12
循环型社会商务的振兴	176	51	49	29	30	8	13
实现安全、安心的废弃物等的循环利用与处置	99	124	108	119	130	134	140
建设循环型社会的基础建设	3 636	3 231	2 951	2 230	14 15	1 277	6 430
合计	3 973	3 494	4 245	3 614	2 732	2 869	8 120

资料来源：根据环境白皮书各年度版编制而成。

注：1. 2008 年建设循环型社会基础建设的数字与合计值包含下水道相关费用。

2. 由于末位四舍五入等原因，存在总计与分项之和不等的情况。

表 2-8　国家最初的建设循环型社会相关预算

单位：亿日元

	2008 年	2009 年	2010 年	2011 年	2012 年	2013 年	2014 年	2015 年	2016 年	2017 年	2018 年	2019 年
地球环境的保护	6 597	6 780	6 194	5 833	5 661	4 916	4 955	4 456	5 541	5 166	4 844	5 816
生物多样性的保护及可持续利用	2 796	2 612	1 472	1 447	1 393	1 399	1 379	1 431	1 450	1 422	1 552	1 805
确保物质循环及建设循环型社会	1 206	1 140	858	717	4 284	1 936	982	877	975	808	1 018	1 024
水环境、土壤环境、地面环境的保护	7 868	7 432	1 026	664	627	712	923	906	894	878	791	952
大气环境的保护	2 821	2 342	2 121	2 304	2 228	2 302	2 031	2 198	1 886	1 826	1 777	1 887
综合性化学物质对策的确立及推进	92	82	80	128	68	67	61	60	49	46	49	52
各项政策措施的基础措施等	761	780	845	997	1 058	1 014	1 283	1 249	1 256	1 268	1 325	1 484
合计	22 141	21 168	12 596	12 091	15 318	12 346	11 613	11 176	12 051	11 413	11 356	13 019
放射性物质环境污染防治	—	—	—	—	—	6 980	5 568	6 893	9 286	7 371	6 641	5 652
总计	22 141	21 168	12 596	12 091	15 318	19 326	17 182	18 069	21 337	18 784	17 997	18 671

资料来源：环境省网站（http：//www.env.go.jp/policy/kihon_keikaku/keihi.html）。

注：由于末位四舍五入等原因，存在总计与分项之和不等的情况。

表 2-9　国家、都道府县、市町村环卫费的财政支出　　单位：亿日元

	2007 年	2008 年	2009 年	2010 年	2011 年	2012 年	2013 年	2014 年	2015 年	2016 年
国家	1 321	1 206	1 140	858	717	4 284	1 936	982	—	—
都道府县	623	489	466	497	611	582	669	620	625	464
市町村	21 314	20 931	20 800	20 395	20 617	20 448	20 972	22 413	22 796	23 129

资料来源：根据地方财政白皮书各年度版编制而成。

第三章

日本重点再生资源品种回收利用的现状

齐藤　崇　杏林大学综合政策学部教授
中谷　隼　东京大学大学院工学系研究科讲师
山本雅资　东海大学政治经济学部经济学科教授
平沼　光　公益财团法人东京财团政策研究所研究员
泽田英司　九州产业大学经济学部经济学科副教授
山田智子　农林水产省大臣官房数据战略小组企划官

一、报废机动车的回收利用

（一）管理现状

本节梳理了日本的报废机动车处理及再生利用的相关法律制度和现状。《机动车再生利用法》于2002年7月制定，2005年施行。该法的目的是促进报废机动车的规范处理，具体来讲是确保需要专业处理的安全气囊类、报废车的拆解及产生的破碎残余物（Automobile Shredder Residue，ASR）的再资源化，以及作为机动车空调制冷剂的氟利昂类物质的销毁。

为顺利推动报废机动车的规范处理和再资源化，《机动车再生利用法》中明确了相关主体的责任分担，图3-1为2017年报废机动车的收取及交付的情况。

首先机动车的车主需要把报废机动车交付给收取企业（销售、维修企业等），同时缴纳回收处理费。关于这一点，下面还要在分析资金流向时加以说明。收取企业将报废机动车交给氟利昂收取企业及拆解企业，回收零件等之后交付给破碎企业。需要进行规范处理的氟利昂类物质及安全气囊等在此过程中被回收，交给制造企业（如制造企业、进口企业等）。另外ASR也交给制造企业。制造企业有收取和进行再资源化（氟利昂须进行销毁）的义务。

报废机动车再资源化的费用由机动车所有者在购入新车时支付。日本的《家电再生利用法》规定家电是在作为垃圾排放时支付处理费，而《机动车再生利用法》则规定机动车是在购买时支付处理费，这一点上有很大不同。

机动车的再资源化费用由资金管理法人进行管理，从中支付氟利昂类物质等及安全气囊等的回收和处理费用。图3-2为报废机动车再生利用相关的资金和信息的流向，上面部分表示的是再资源化费用的流向。报废机动车的收取和交付等信息由信息管理中心进行管理。

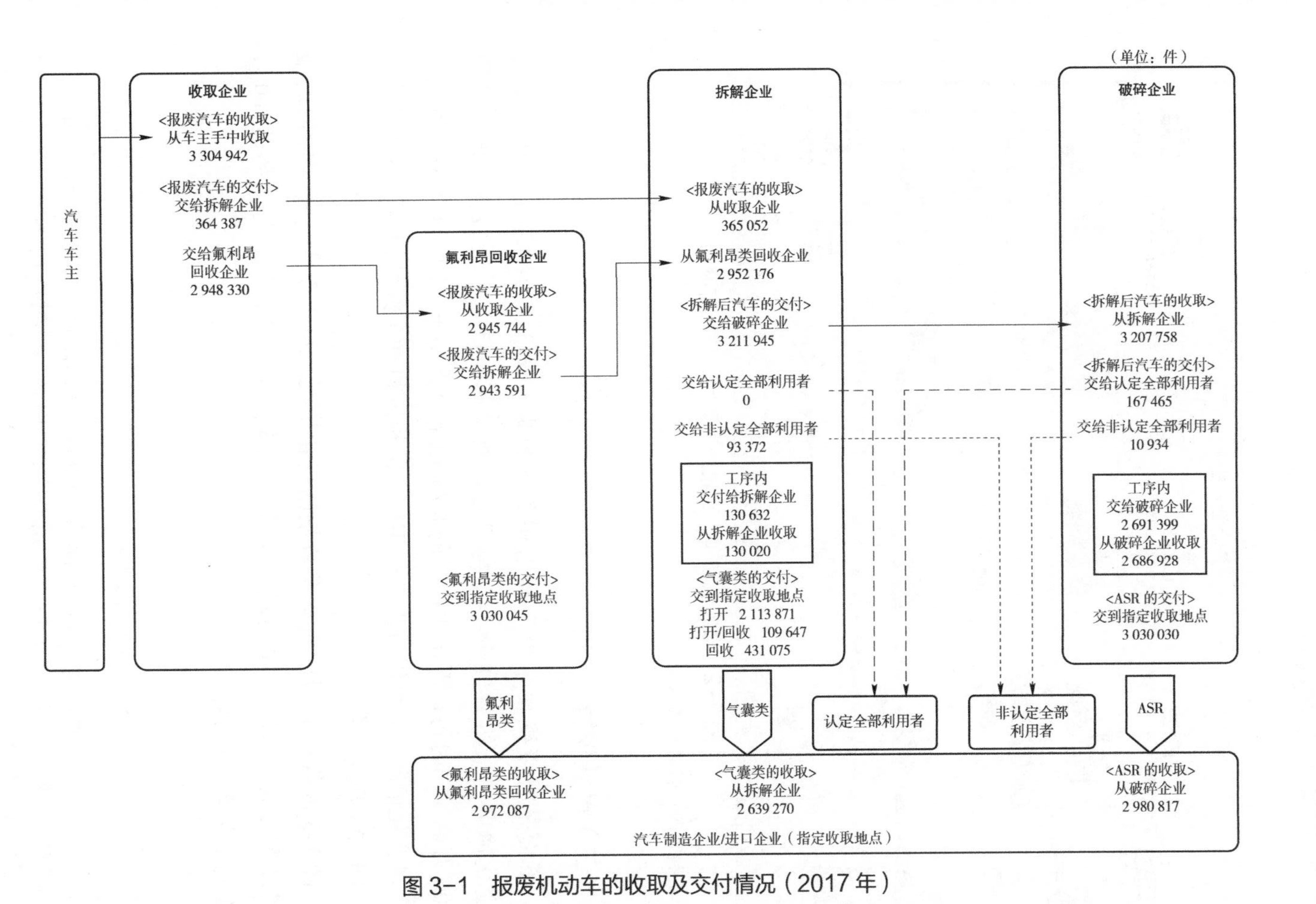

图 3-1　报废机动车的收取及交付情况（2017 年）

资料来源：根据产业构造审议会、中央环境审议会（2018）10 编制。

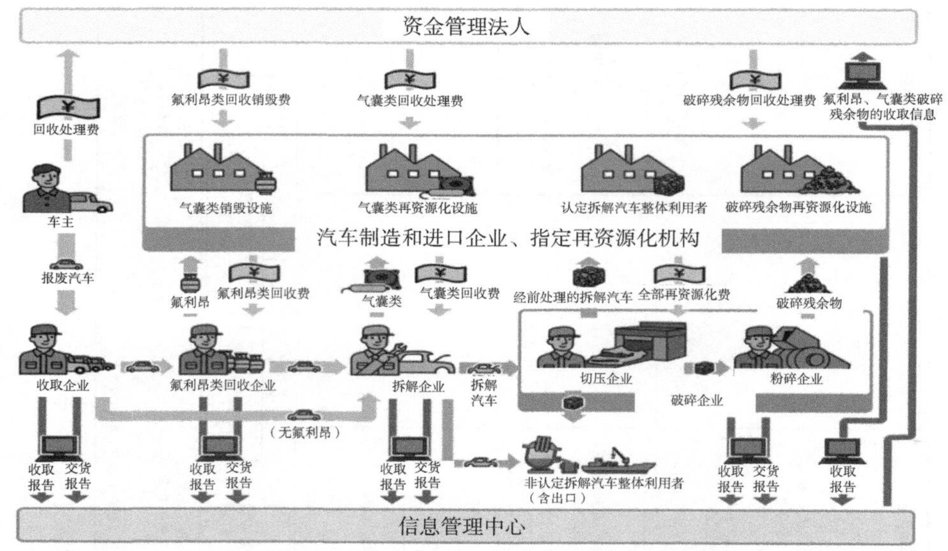

图 3-2　报废机动车、回收处理费用、信息的流向

资料来源：转载环境省资料。

（二）产业规模

下面是报废机动车再生利用相关的数据。图 3-3 为机动车生产量的历年变化情况。虽然 2008 年金融危机之后机动车生产量有所减少，但也约有 1 000 万辆。同时可以看出生产量的 80% 以上是乘用车。图 3-4 为报废机动车的数量变化情况[①]。可以看出，每年产生的报废机动车数量相当于生产量的一半，即 500 万辆左右。

图 3-5 为收取的报废机动车数量的变化情况。可以看出，每年收取的报废机动车数为 300 万～350 万辆。与图 3-4 比较，可以推测出一年有超过 100 万辆作为二手车出口到国外。

① 这里的报废机动车数量引用的是产业管理协会（2018）推算的数据，是上一年年末的保有量加上新注册登记数量，再从中减去当年年末的保有量计算得出的。数字中除了报废车，还包含了作为二手车出口的部分。

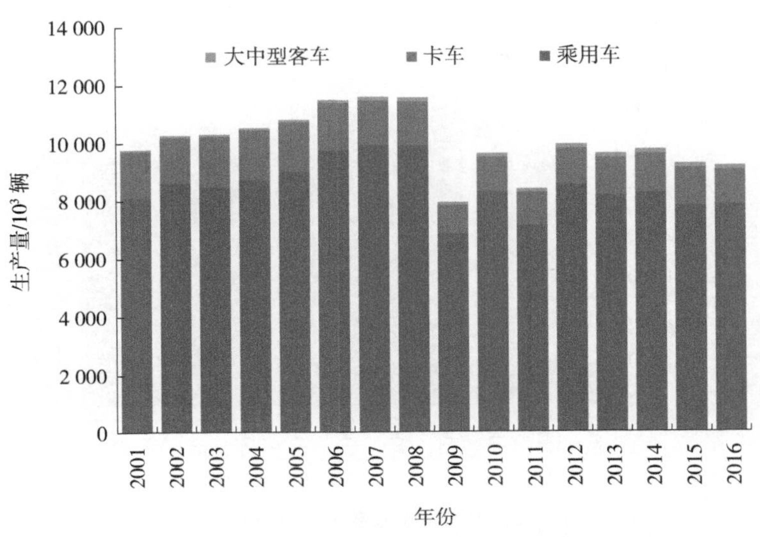

图 3-3　机动车生产量（2001—2016 年）

资料来源：根据产业管理协会（2018）118 页编制。

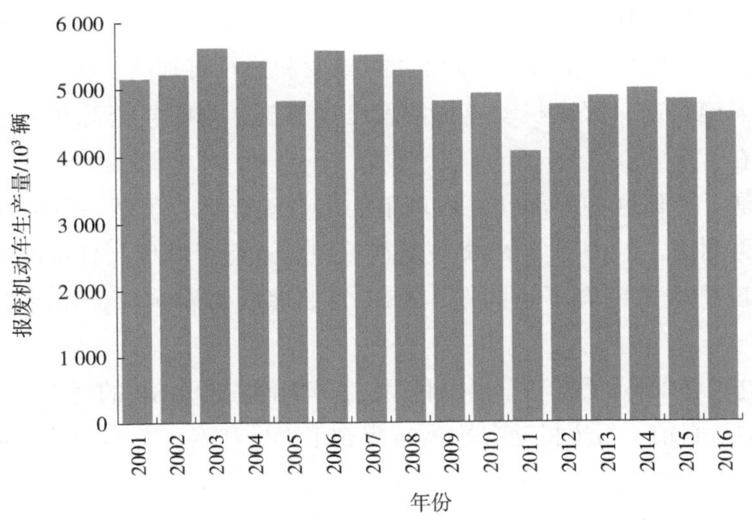

图 3-4　报废机动车产生量（2001—2016 年）

资料来源：根据产业管理协会（2018）118 页编制。

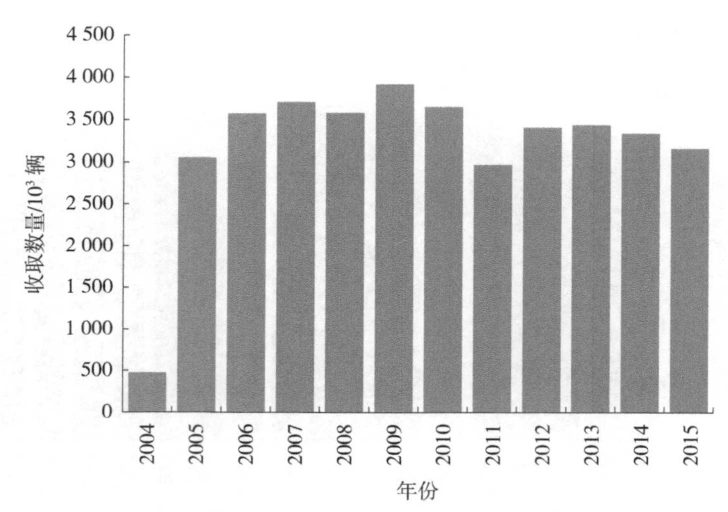

图 3-5 报废机动车收取数量（2004—2015 年）

资料来源：根据环境省（2017）表 4.44 编制。

收取的报废机动车，按图 3-1 的流程进行氟利昂类和安全气囊类的回收。图 3-6 为 2016 年报废机动车的处理流程。拆解企业拆下的发动机和车身零部件、催化剂、轮胎等作为零配件或材料进行再利用。在《机动车再生利用法》施行前，报废机动车拆解就已经实施，当时再资源化率已经达到 83% 左右。

但是，拆除这些零部件之后剩下的车身破碎后，虽然一部分作为材料得到了再利用，但大部分 ASR 被运往填埋场进行了填埋。日本的垃圾填埋场已出现严重的库容不足问题，ASR 的处理成为影响降低填埋量的重要课题。

在这种背景下，《机动车再生利用法》开始实施，ASR 的再资源化得到进一步发展。目前，报废机动车的 99% 得到了再生利用。表 3-1 为 ASR 及安全气囊类的再资源化率。从表中可以看出，法律开始实施时，ASR 再资源化率为 50%～70%，2012 年达到 90% 以上。安全气囊类的再资源化率也一直维持在 90% 以上。如此看来，《机动车再生利用法》实施后，ASR 及安全气囊类等逐渐得到规范化处理。

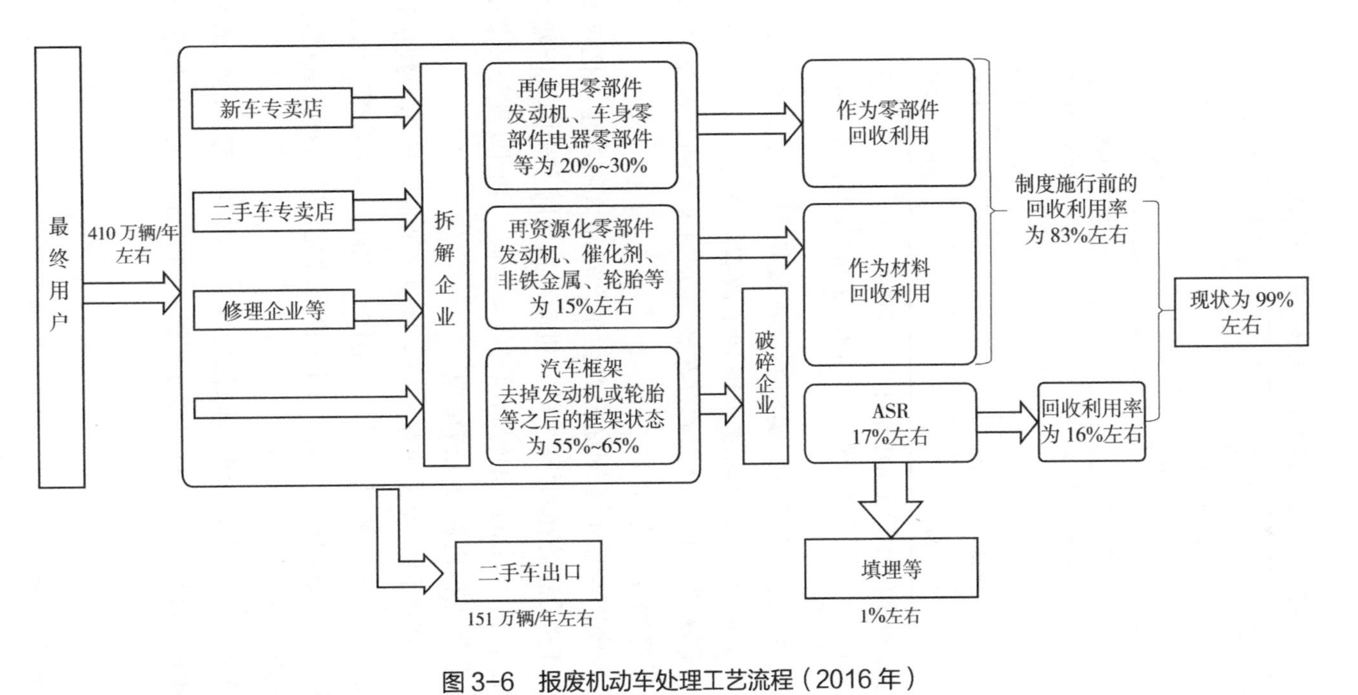

图 3-6　报废机动车处理工艺流程（2016 年）

资料来源：根据环境省（2018）图 3-1-12 编制。

表 3-1　ASR 及安全气囊类的再资源化率（2004—2016 年）

年份	ASR（目标：30% → 50%）	安全气囊类（目标：85%）
2004	49%～69.1%	91.6%～100%
2006	63.7%～75.0%	93.5%～95.1%
2008	72.4%～80.5%	94.1%～94.9%
2010	79.9%～87%	93%～100%
2012	93%～96.8%	93%～95%
2014	96.8%～98.1%	94%～95%
2016	97.3%～98.7%	93%～94%

资料来源：根据环境省（2017）表 4.45 编制。

注：ASR 的再资源化目标，法律施行最初时为 30%，2010 年以后提高到 50%。

另外，《机动车再生利用法》实施后，不仅填埋量减少了，报废机动车的非法丢弃及不恰当贮存的问题也得到了改善。根据环境省资料显示，2004 年，日本的非法丢弃及不恰当贮存车辆数为 21.8 万辆，到 2017 年年末达到 4 833 辆，下降幅度高达 98% 左右[①]。

图 3-7 所示为废旧轮胎的不同途径产生量，每年大约产生 1 亿条废旧轮胎。其中 80% 以上是替换轮胎时产生的，机动车报废时产生的废旧轮胎数只有整体的 10% 左右[②]。产生的废旧轮胎通过收集运输、中间处理等环节由轮胎销售店或拆解企业等进行再资源化或填埋。

废旧轮胎的再资源化分为 3 种方式：一是原形改制，即作为翻新轮胎的原料及再生橡胶和橡胶粉等加以利用。二是作为热能，用于造纸、水泥烧成、气化炉、化学工厂等。这两种方式属于国内再资源化。第三种方式就是出口，指的是作为二手轮胎或切割轮胎出口。

表 3-2 为 2017 年废旧轮胎的再资源化情况。以重量计算，63% 的废旧轮胎进行了热能利用，若与原形改制的部分相加，约有 80% 的废旧轮胎在日本

① 根据环境省资料。

② 根据日本机动车轮胎协会资料显示，2017 年替换了 8 300 万条轮胎（占比为 86%），相比之下报废车时拆解了 1 400 万条轮胎（占比为 13%）。

国内得到了再资源化，再加上出口部分，93% 的废旧轮胎得到了再资源化。

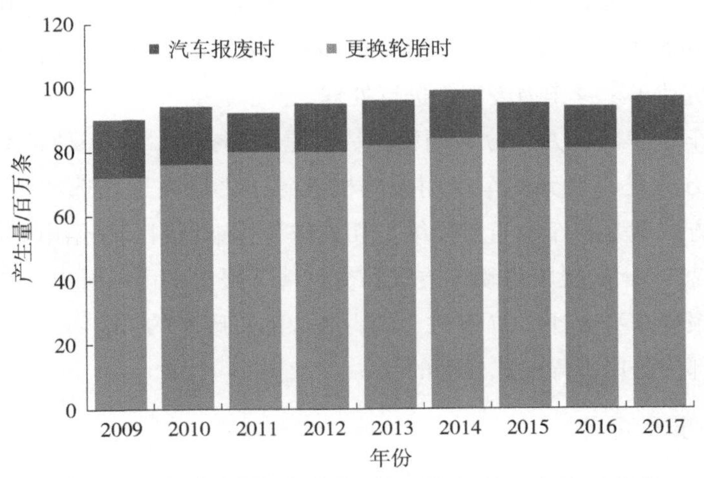

图 3-7　废旧轮胎的不同途径产生量（2009—2017 年）

资料来源：根据日本机动车轮胎协会资料编制。

表 3-2　废旧轮胎的再资源化情况（2017 年）

	重量 /kt	占比 /%
原形改制	178	17
热能利用	652	63
出口	135	13
填埋	1	1

资料来源：根据日本机动车轮胎协会资料编制。

（三）技术水平

本节将介绍具有代表性的报废机动车拆解处理技术[①]。在拆解过程中，优先拆解可再利用的零部件，作为二手零部件或再制造用零部件加以再利用。之后，回收无法再利用的零件类，作为材料进行再资源化。其流程包括先进

① 本节的说明内容主要参考了机械系统振兴协会、清洁日本中心（2009）的 24-29 页及经济产业省中国经济局（2011）的 18-28 页的内容。另外也参考了机动车再生利用促进中心网站的信息。

行规范处理，即将轮胎、轮毂、引擎罩、保险杠等拆解，回收燃料、液油类及电池等，接下来拆除内装物、外装物、传动系等零部件，能再利用的进行再利用，同时拆卸冷媒及线束等用于再资源化的零部件。经过这些工序后，拆剩下的机动车车身作为废钢铁进行处理。

机动车车身回收方法分为两种：一种是破碎方式，另一种是整体利用方式。破碎方式是将废弃的车身用破碎机破碎，之后通过风选和磁选回收铁。整体利用方式就是将车身直接压缩剪切，作为炼钢原料出售给电炉炼钢企业。例如，从2013年的报废机动车收取和交付情况报告中可以看出，交给整体利用企业的报废车身合计23.7万件，约占收取的报废车的7%①。可见机动车车身回收大部分是用破碎方式处理的。

（四）典型企业

《机动车再生利用法》实施后，很多企业参与报废机动车的处理和再资源化活动。2016年年末注册并获得许可的企业数量如下：收取企业约3.5万家，氟利昂类回收企业约1.1万家，拆解企业约5 000家，破碎企业约1 100家，合计约5.2万家②。

具体以丰田汽车株式会社（丰田）及日产汽车株式会社（日产）为例，正如第一节所介绍的那样，机动车制造企业负有回收氟利昂类、安全气囊类、ASR并予以再资源化的义务，这是基于生产者责任延伸制度（EPR）的思路。基于这样的努力，ASR的再资源化率等数字也达到了较高水平。丰田在2013年的ASR再资源化率为96%，实际再生利用率达到99%。日产的ASR再资源化率也达到97.2%，实际再生利用率达到99.5%。另外，从报废机动车中回收的零部件等的利用也得到加强。例如，除了将回收的保险杠加工成再生树脂作为机动车零件的材料使用，修理时替换下的零部件也可作为二手配件及再制造零部件使用。

除以上介绍的再利用和再生利用外，在机动车开发阶段也有很多措施。

---

① 依据环境省（2014c）的数据。也参考了图3-1。

② 依据环境省资料，同一个企业在多个自治体注册并获得许可的，各自治体均将其纳入各自的统计。

例如，将机动车设计成在拆解时更易拆卸的结构，且生产汽车时使用易再生处理的材料等。在 EPR 思路的推动下，可以期待在生态设计（DfE）上取得更多进展。

参考文献

［1］【日】环境省．机动车再生利用法概要．环境省网站，http：//www.env.go.jp/recycle/car/outline2.html［2014-12-16］．

［2］【日】环境省．2012. 机动车再生利用法的实施状况．环境省网站，http：//www.env.go.jp/recycle/car/situation1.html［2014-12-26］．

［3］【日】环境省．2019. 2018 年版环境、循环型社会、生物多样性白皮书．环境省网站，http：//www.env.go.jp/policy/hakusyo/h30/pdf/full.pdf［2019-04-21］．

［4］【日】环境省．2018. 2017 年版环境统计集．环境省网站，http：//www.env.go.jp/doc/toukei/contents/pdfdata/h29/2017_all.pdf［2019-04-21］．

［5］【日】环境省．2014. 关于 2013 年度报废机动车、拆解后机动车及特定再资源化等物品的收取及交付情况的公布．环境省网站，http：//www.env.go.jp/recycle/car/situation2.html［2014-12-26］．

［6］【日】机械系统振兴协会，清洁日本中心．2009. 铜类废有色金属的深度分离分选技术调查研究报告书要点．机械系统振兴协会网站，http：//www.cjc.or.jp/modules/incontent/0902.pdf［2015-05-10］．

［7］经济产业省，中国经济产业局．2011. 报废机动车产生的线束中的铜资源及贵金属的高效回收体系产业化可行性调查．经济产业省中国经济产业局网站，http：//www.chugoku.meti.go.jp/research/kankyo/110411_2.html［2015-05-10］．

［8］【日】产业管理协会．2018. 再生利用数据手册 2018. 产业管理协会网站，http：//www.cjc.or.jp/data/pdf/book2018.pdf［2019-04-20］．

［9］【日】产业构造审议会环境分会废弃物及再生利用小委员会、机动车再生利用工作组、中央环境审议会废弃物及再生利用分会、机动车再生利用专门委员会联合会议．2010. 机动车再生利用制度的施行状况评价研究报告书．环境省网站，http：//www.env.go.jp/recycle/car/pdfs/h2201report.pdf［2015-03-27］．

［10］【日】产业构造审议会环境分会废弃物及再生利用小委员会、机动车再生利用工作组、中央环境审议会废弃物及再生利用分会、机动车再生利用专门委员会第 46 次联

合会议 . 2018. 参考资料 10 移动报告情况（2017 年 4 月—2018 年 3 月）. 经济产业省网站，http：//www.meti.go.jp/shingikai/sankoshin/sangyo_gijutsu/haikibutsu_recycle/jidosha_wg/046.html［2019-02-27］.

［11］【日】机动车再生利用促进中心网站 . http：//www.jarc.or.jp/［2015 年 5 月 10 日阅览］.

［12］【日】丰田汽车株式会社 . 2014. 机动车和再生利用 . 丰田汽车株式会社网站，http：//www.toyota.co.jp/jpn/sustainability/report/vehicle_recycling/pdf/vr_all.pdf［2015-05-10］.

［13］【日】丰田汽车株式会社 . 2014. 为了地球环境——丰田的环保措施 . 丰田汽车株式会社网站，http：//www.toyota.co.jp/jpn/sustainability/report/er/pdf/environmental_report14_fj.pdf［2015-05-10］.

［14］【日】日产汽车株式会社 . 2014. 可持续发展报告书 2014. 日产汽车株式会社网站，http：//www.nissan-global.com/JP/DOCUMENT/PDF/SR/2014/SR14_J_All.pdf［2015-05-10］.

［15］【日】日产汽车株式会社 . 机动车再生利用法 . 日产汽车株式会社网站，http：//www.nissan-global.com/JP/ENVIRONMENT/A_RECYCLE/R_FEE/［2015-05-10］.

［16］【日】日本机动车工业会 . 2015. 环境报告书 2014. 日本机动车工业会网站，http：//www.jama.or.jp/eco/wrestle/eco_report/pdf/eco_report2014.pdf［2014-05-10］.

［17］【日】日本机动车轮胎协会 . 2019. 废轮胎（旧轮胎）的再生利用状况 . 日本机动车轮胎协会网站，http：//www.jatma.or.jp/environment/report01.html［2019-04-21］.

（齐藤　崇　杏林大学综合政策学部教授）

二、废旧电器电子产品回收利用

（一）管理现状

本节梳理了日本的废旧家电处理及再生利用方面的法律制度和现状。在日本，不同的废旧家电种类适用不同的法律。具体来讲有《家电再生利用法》《资源有效利用促进法》《小型家电再生利用法》等。

日本的《家电再生利用法》于 1998 年 6 月制定，2001 年开始实施。该法的对象产品为空调、电视机、冰箱、洗衣机四大家电。2009 年 4 月起又加上了液晶和等离子电视及衣物烘干机。

《资源有效利用促进法》于 1991 年 4 月制定，2001 年 4 月进行了修订。该法指定电脑（台式、笔记本式）和小型二次电池为“指定再资源化产品”，规定制造企业等有再资源化的义务。中国的《家电再生利用法》的对象为上述 4 种大型家电加上 5 种电脑产品，不同的是日本将电脑列入另外的法律范畴。

除此之外还有对应小型家电的法律，即《小型家电再生利用法》。该法于 2012 年 8 月制定，2013 年 4 月施行。该法的对象产品为电话机、手机、数码相机、游戏机等 28 类产品，到 2015 年的目标是每年回收 14 万吨。

在此，为了与中国进行比较，再进一步深入了解一下《家电再生利用法》。该法规定了废旧家电相关各主体需要分担以下责任。图 3-8 中表示了这一点，并显示废旧家电的回收走向。该图从上向下是废旧家电的流向。让我们沿着这个流向，按顺序看一下排放者、零售商、制造商等担负的责任。

废旧家电的排放者（消费者、企业）需要支付为保障废旧家电的规范交付、收集搬运及再商品化等的实施的相关费用。该费用在更新购买新家电或废弃旧家电时支付。

零售商有收取以往自身销售的家电以及消费者在更新购买家电时要求收取的旧家电的义务，并且要将收取的家电交付到制造商等指定的收取场所。

制造商等（制造商、进口商）有收取以往自身制造或进口的家电并将其再商品化等的义务。再商品化等的标准依产品种类而不同，规定空调为 80%、显像管电视为 55%、液晶和等离子电视为 74%、冰箱和冰柜为 70%、洗衣机和烘干机为 82%。

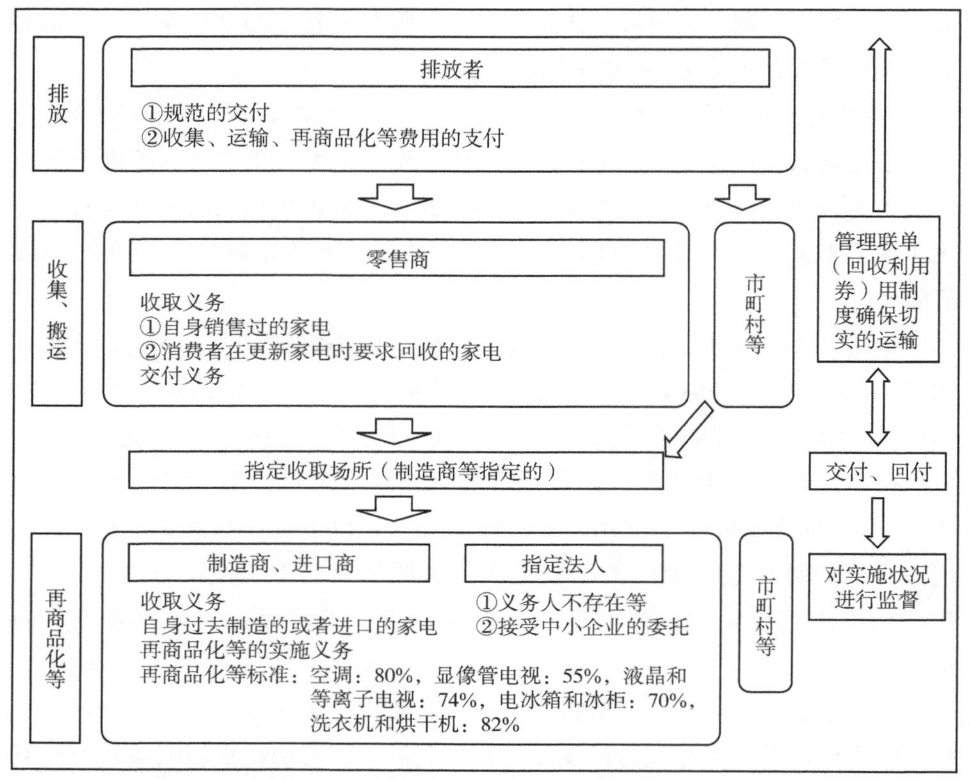

图 3-8 《家电再生利用法》的架构

资料来源：根据环境省资料编制。

日本的《家电再生利用法》规定制造企业等有再商品化的义务，是基于生产者责任延伸制度（EPR）的理念规定的。EPR 分为物理责任和经济责任，也就是 physical EPR 和 financial EPR,《家电再生利用法》适用于 physical EPR[①]。

另外关于回收处理费用的支付，规定排放者即家电的所有者在排放时支付。第三章（一）中讲到的《机动车再生利用法》是购买机动车时支付，而《家电再生利用法》是排放时支付，在这一点上有所不同。

① 《机动车再生利用法》采用的也是 physical EPR,《容器及包装物再生利用法》则是 financial EPR。

（二）产业规模

家电再生利用的产业规模以从生产到排放，以及处理相关的近年数据为基础进行说明。图 3-9 为《家电再生利用法》的对象产品在日本国内的出货量的变化。

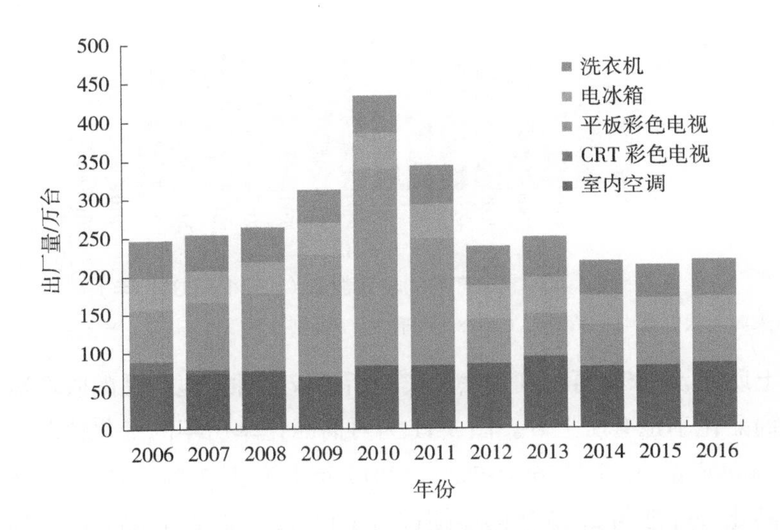

图 3–9　4 种家电产品在日本国内的出货量（2006—2016 年）

资料来源：根据产业管理协会（2018）73 页编制。

4 种家电产品中，平板电视和电冰箱出货量的增幅较大。另外，从 4 种产品的合计数量来看，2006 年之后一直在 250 万台左右，但 2009 年和 2010 年的出货量有了大幅增长。其背景是 2009 年 5 月—2011 年 3 月实施了家电环保积分制度，促使了家电销售量的增加。这是因为电视节目从模拟信号改为地面数字信号播放，促使了家电的更新换代，类似于中国的“以旧换新”制度。

图 3-10 为《家电再生利用法》实施后 4 种对象产品的收取数量的变化。2001 年以后，4 种家电产品的出货量合计一直在 100 万台左右，与上面提到的出货数量变化趋势相同，也在 2009 年和 2010 年大幅增加，特别是显像管电视垃圾排放量较大。

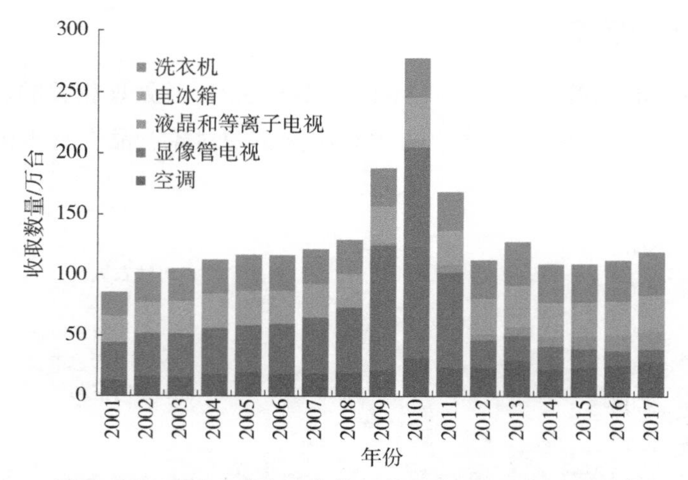

图 3-10　4 种家电产品的收取数量（2001—2017 年）

资料来源：根据家电产品协会（2018）图表Ⅱ-1 编制。

如上所述，《家电再生利用法》实施后不仅 4 种家电产品的收取数量增加了，再商品化率也有所上升。图 3-11 为再商品化率历年的变化情况。法律开始施行时再商品化率为 56%～78%，2017 年上升到 73%～92%。另外表 3-3 将再商品化等标准与 2013 年的实绩进行了比较。4 种产品都远高于标准，特别是空调，九成以上得到再商品化。

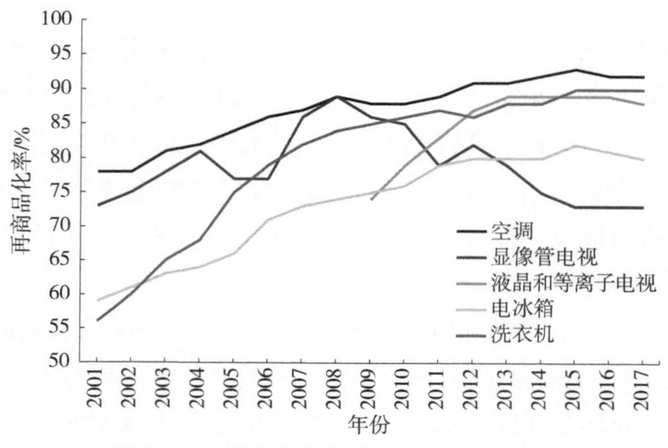

图 3-11　再商品化率（2001—2017 年）

资料来源：根据家电产品协会（2018）图表Ⅱ-3 编制。

表 3-3　再商品化等标准与实绩（2017 年）

	目标值	实绩
空调	80% 以上	92%
显像管电视	55% 以上	73%
液晶、等离子电视	74% 以上	88%
电冰箱、电冰柜	70% 以上	80%
洗衣机、烘干机	82% 以上	90%

资料来源：根据家电产品协会（2018）编制。

以上可见，《家电再生利用法》实施后 4 种家电的再生利用均得到加强，回收数量切实增加，但也有一些问题存在，其中之一就是一部分废旧家电被出口到国外。图 3-12 为推定的 2017 年 4 种废旧家电的流向。从家庭和企业排放的 1 848 万台家电中，按照《家电再生利用法》规定被零售商收取的有 1 023 万台，而占排放量大约 20% 的家电，即 370 万台被废品回收企业回收。

如图 3-12 右侧部分显示的是 91 万台二手家电以及相当于 512 万台的废金属被出口到了国外。如果这些二手家电和废金属在出口对象地不能得到恰当的处理和再生利用，将会导致其周边环境污染等问题。家电中有大量有价值的金属，从确保资源的角度也应该加强在日本国内的规范处理和再生利用。

图 3-13 为废旧电脑回收数量的历年变化情况。从 2017 年的回收数量来看，企业和家庭排放量约为 40 万台，回收重量为 2 728 吨。2007—2014 年回收量一直保持在 60 万～70 万台，2016 年降到约 40 万台。以前以台式电脑居多，近些年笔记本电脑更多些。另外，有关电脑显示器，以前以显像管居多，近年来液晶占了更大的比例。

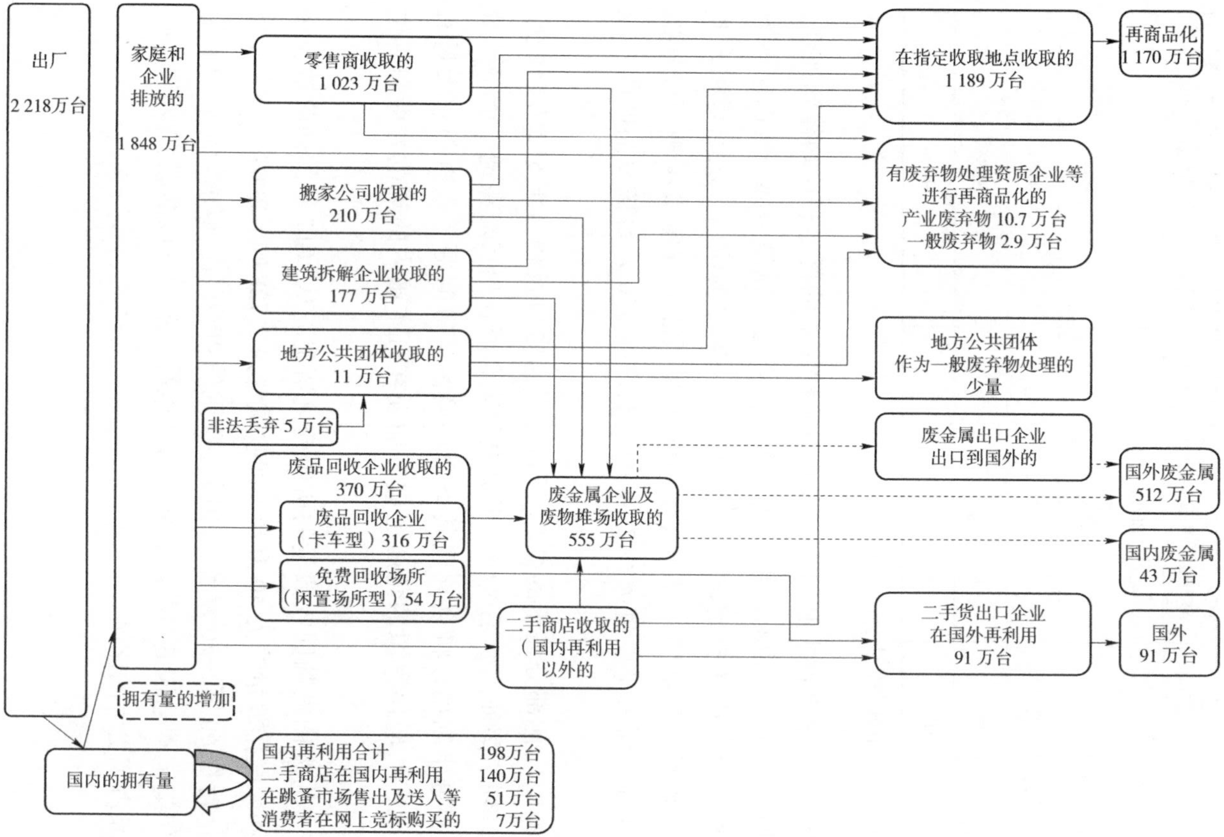

出厂
2 218万台

家庭和
企业
排放的
1 848 万台

零售商收取的
1 023 万台

搬家公司收取的
210 万台

建筑拆解企业收取的
177 万台

地方公共团体收取的
11 万台

非法丢弃 5 万台

废品回收企业收取的
370 万台

废品回收企业
（卡车型）316 万台

免费回收场所
（闲置场所型）54 万台

废金属企业及
废物堆场收取的
555 万台

二手商店收取的
（国内再利用
以外的

在指定收取地点收取的
1 189 万台

再商品化
1 170 万台

有废弃物处理资质企业等
进行再商品化的
产业废弃物 10.7 万台
一般废弃物 2.9 万台

地方公共团体
作为一般废弃物处理的
少量

废金属出口企业
出口到国外的

国外废金属
512 万台

国内废金属
43 万台

二手货出口企业
在国外再利用
91 万台

国外
91 万台

拥有量的增加

国内的拥有量

国内再利用合计 198万台
二手商店在国内再利用 140万台
在跳蚤市场售出及送人等 51万台
消费者在网上竞标购买的 7万台

图 3-12 废旧家电的流向推定（2017 年）

资料来源：根据产业构造审议会、中央环境审议会（2018）编制。

注：由于各项数值来源不同以及末位四舍五入等原因，存在总计与分项不等的情况。

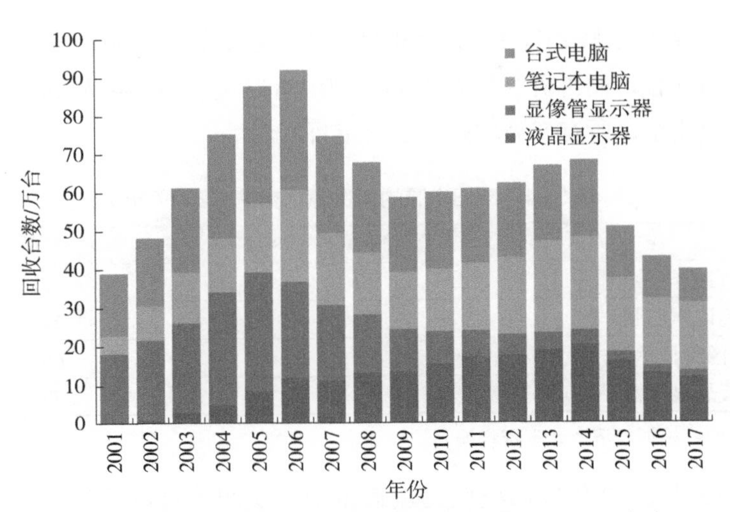

图 3-13　废旧电脑的自发回收数量（2001—2017 年）

资料来源：根据经济产业省资料编制。

注：来自企业和家庭的实际回收量的合计。

图 3-14 为废旧电脑的再资源化率的历年变化情况。台式电脑、显像管显示器、液晶显示器有 70%～80% 得到再资源化，2017 年的再资源化率分别为台式电脑 78%、显像管显示器 69%、液晶显示器 77%。此外，虽然笔记本电

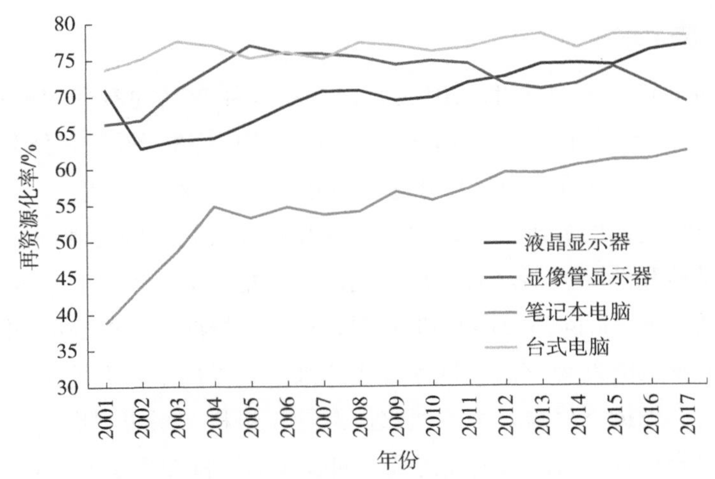

图 3-14　废旧电脑的再资源化率的变化（2001—2017 年）

资料来源：根据经济产业省资料编制。

脑比其他产品再资源化率偏低，但也处于上升趋势，2017 年达到 62%。电脑和显示器两项合计的再资源化量 2017 年为 1 887 吨。表 3-4 为 2017 年废旧电脑的再资源化率，所有产品均超过了法定目标值。

表 3-4　废旧电脑的再资源化实绩（2017 年）　单位：%

	目标值	实绩
台式电脑	50	78
笔记本电脑	20	62
显像管显示器	55	69
液晶显示器	55	77

资料来源：根据经济产业省资料编制。

图 3-15 为 2012 年废旧电脑的流通渠道。从图中可以看出，家庭和企业合计排放 1 023 万台，其中在国内进行再利用、再资源化、最终处置的部分估计为 622 万台。另外，正如图 3-15 所示的《家电再生利用法》规定的 4 种家电的流向一样，回收的电脑一部分以二手货或废金属的形式出口到国外，估算出口的二手电脑为 114 万台，以废金属的形式出口为 234 万台。日本国内排放的废旧电脑有三成以上被出口到了国外。电脑中也含有金等有价值的金属，所以强化日本国内规范处理和再生利用措施极为重要。

（三）技术水平

本节将介绍《家电再生利用法》规定的 4 种产品的有代表性的处理技术[①]。在商品化设施中，为高效处理多种机型，手工进行拆解和分类，回收零部件等之后，用机械进行破碎和分选，再分类回收各种金属等。

首先介绍空调的处理。空调的室内机和室外机是分别处理的。拆除室内机的风机马达和热交换器之后，投入到破碎机里。对于室外机，先回收作为制冷剂的氟利昂，拆除热交换器和压缩机等后，同样投入到破碎机里。

对于电视机的处理方法，显像管式和液晶、等离子式有所不同。对于显像管式电视，先拆下后盖，手工回收显像管和塑料。用切割机将显示屏玻璃和锥管玻璃分割后，用机械破碎清洗，回收玻璃。将塑料投入到破碎机破碎。

① 本节的说明主要参考了家电产品协会（2014）38-43 页的内容。

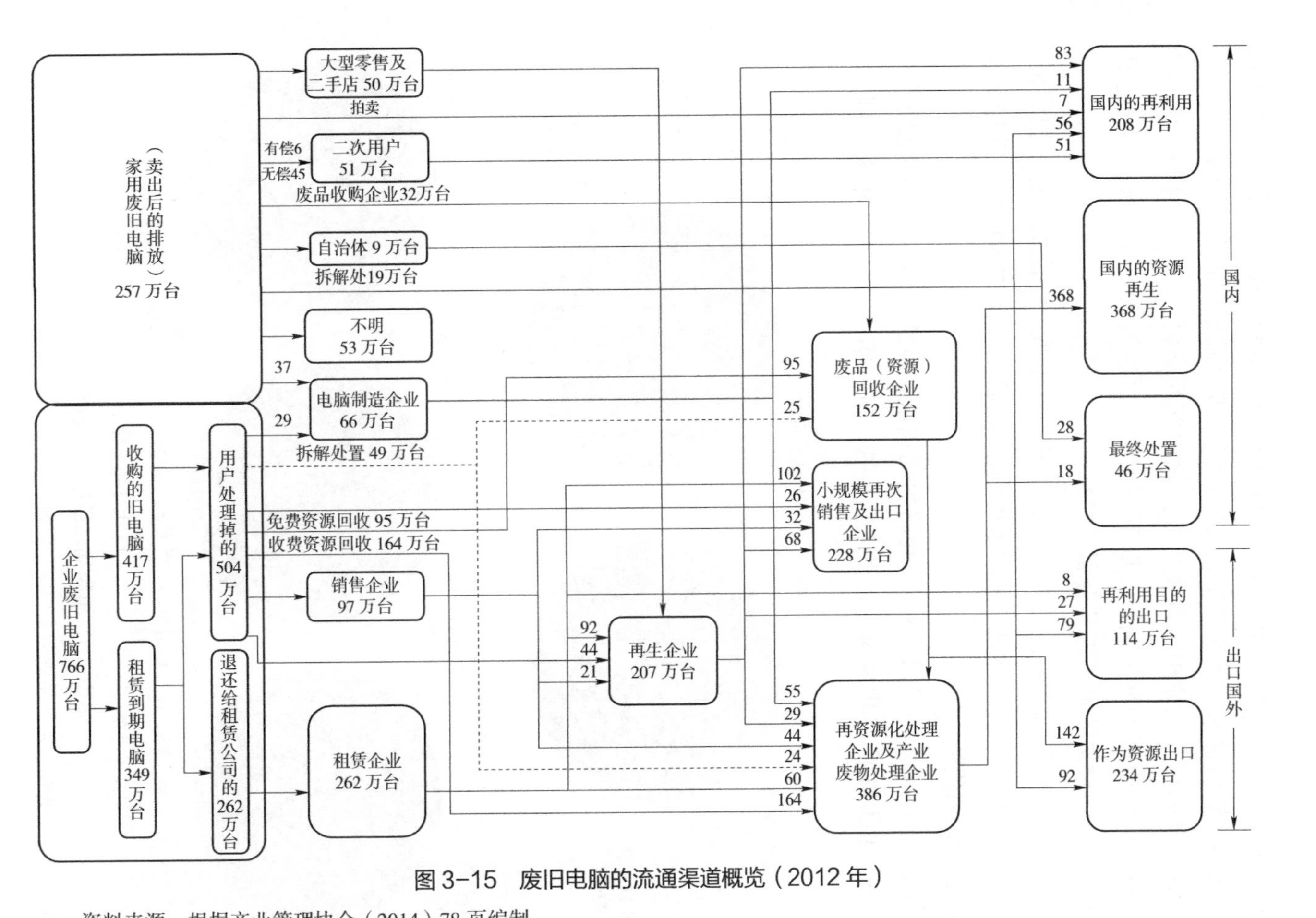

图 3-15 废旧电脑的流通渠道概览（2012 年）

资料来源：根据产业管理协会（2014）78 页编制。

注：由于各项数值来源不同以及末位四舍五入等原因，存在总计与分项不等的情况

对于液晶、等离子电视，则要先手工拆除零件、印刷电路板等以及显示屏玻璃，同样将塑料投入到破碎机中。之后用机械破碎筛选回收金属及塑料。

对于电冰箱和电冰柜，首先手工拆除内部的塑料、门的密封条、后面的铁质背板，回收制冷剂氟利昂，取下压缩机。之后投入到破碎机，用分选机回收作为隔热材料的氟利昂及金属、塑料。

对于洗衣机和烘干机，首先手工拆下基板、上盖、洗涤桶马达、铝底板、不锈钢内桶等，然后去除洗涤桶中的盐水，最后投入到破碎机里，并用分选机回收金属和塑料。

图 3-16 为 2017 年进行再商品化材料的重量。虽然不同种类产品之间有一定差异，但从再商品化材料的重量来看，铁、铜、铝等金属占了很大比例。

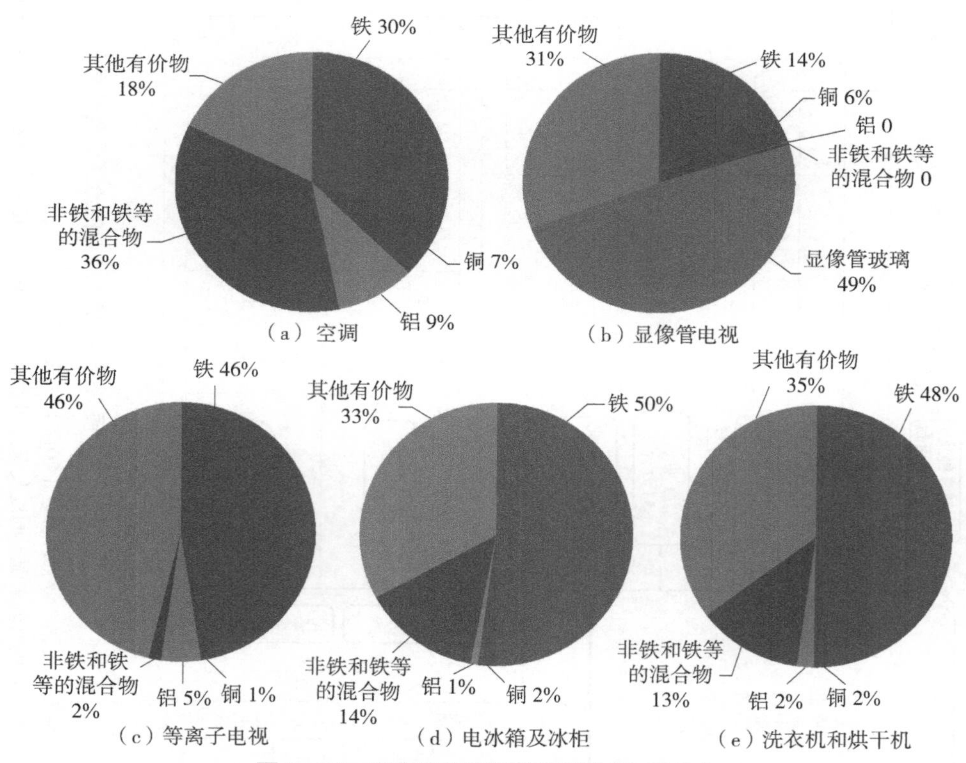

图 3-16　再商品化重量的明细（2017 年）

资料来源：根据家电产品协会（2018）编制。

（四）典型企业

最后介绍典型企业事例。《家电再生利用法》实施后，制造商等的回收及循环利用体制得到建立，并汇集成A和B两个组。A组包括了松下株式会社、东芝生活方式株式会社、三星电子日本株式会社等公司，截至2018年7月共有19家企业。B组包括了夏普株式会社、索尼株式会社、日立家电株式会社、三菱电机株式会社等18家企业。

A组和B组在全国设有47座再商品化设施，以履行再商品化等义务。A组充分利用现有的再生利用企业的设施，同时新建了作为核心设施的家电再生利用设施，截至2017年7月，在全国有28座再商品化设施。B组的方式是与材料企业联手新建家电再生利用设施，在全国有17座设施。此外还有2座两个组共用的设施。

另外，履行收取义务所需的指定回收场所，以前是各组分别设置，在2009年10月实现了设施共享。截至2017年7月，全国共设置了340个回收场所。

以A组的松下株式会社为例[①]，该公司设立了松下生态技术中心株式会社（PETEC）等作为再生利用工厂进行再商品化。配合2001年4月《家电再生利用法》的实施开始生产，预计到2014年全厂的累计废旧家电处理数量达到2 000万台，回收的金属数量预计为铁35万吨、铜5万吨、铝2.9万吨。

另外，在将废旧家电回收的材料用于本企业的产品生产方面也有很大进展。例如废钢铁，提供给电炉钢厂加工成钢板后，用于洗衣机及住宅天井材料等。此外，从废旧家电的破碎残余物中分选出PP、PS、ABS 3种树脂，作为再生树脂用于空调的过滤网框架、冰箱内部部件、电磁炉的内部部件等。

本节（三）中介绍了在再商品化设施中实施手工拆解等作业。在作业中获得的信息，也被反馈到产品设计中。反映零部件不易拆卸的信息被传达到制造环节，促进了产品改良，变成更易拆解的构造。另外，促进减量化、再生零部件的使用及长期使用等的生态设计（DfE）的实施也逐渐扩大。

如本节（一）中所介绍的，在《家电再生利用法》中，遵循EPR的理念，规定制造企业等有实施再商品化的义务。推行EPR可以促进DfE的发展，同时在实践中DfE也以上述形式得以实施。

---

① 这里的说明参考了松下株式会社（2014）的57-62页。

参考文献

［1］【日】家电产品协会 . 2018. 家电再生利用年度报告书 2017 年度版 . 家电产品协会网站，http：//www.aeha.or.jp/recycling_report/pdf/kadennenji29.pdf［2019-04-21］.

［2］【日】环境省 . 家电再生利用法概要 . 环境省网站，https：//www.env.go.jp/recycle/kaden/gaiyo.html［2019-04-21］.

［3］【日】环境省 . 2014a. 2014 年版环境、循环型社会、生物多样性白皮书 . 环境省网站，http：//www.env.go.jp/policy/hakusyo/h26/pdf.html［2015-03-27］.

［4］【日】环境省 . 2014b. 2014 年版环境统计集 . 环境省网站，http：//www.env.go.jp/doc/toukei/contents/pdfdata/H26_all.pdf［2015-03-27］.

［5］【日】环境省 . 2014c. 2013 年度家电再生利用实绩 . 环境省网站，http：//www.env.go.jp/press/press.php?serial=18323［2015-03-27］.

［6］【日】经济产业省 . 2019. 有关按照资源有效利用促进法进行自主回收及再资源化的各企业等的实施情况的公布事宜 . 经济产业省网站，https：//www.meti.go.jp/policy/recycle/main/data/statistics/pdf/pcbattery.pdf［2019-04-22］.

［7］【日】经济产业省编 . 2010. 家电再生利用法（特定家用电器再商品化法）的解释 . 东京，经济产业调查会 .

［8］【日】产业管理协会 . 2014. 再生利用数据手册 2014. 产业管理协会网站，http：//www.cjc.or.jp/data/pdf/book2014.pdf［2015-03-27］.

［9］【日】产业管理协会 . 2018. 再生利用数据手册 2018. 产业管理协会网站，http：//www.cjc.or.jp/data/pdf/book2018.pdf［2019-04-21］.

［10］【日】产业构造审议会产业技术环境分会废弃物及再生利用委员会、电器电子设备再生利用工作组、中央环境审议会循环型社会分会家电再生利用制度评价研究委员会联合会议 . 2014. 有关家电再生利用制度施行状况的评价及研究报告书 . 经济产业省网站，http：//www.meti.go.jp/press/2014/10/20141031004/20141031004.html［2015-01-26］.

［11］【日】产业构造审议会产业技术环境分会废弃物及再生利用委员会、电器电子设备再生利用工作组、中央环境审议会循环型社会分会家电再生利用制度评价研究委员会第 37 次联合会议 . 2018. 按照家电再生利用法进行再生利用的实施情况等 . 经济产业省网站，https：//www.meti.go.jp/shingikai/sankoshin/sangyo_gijutsu/haikibutsu_recycle/denki_wg/pdf/037_02_00.pdf［2019-04-21］.

［12］【日】松下电器株式会社 . 2014. Sustainability Report 2014. 松下电器株式会社网站，

http：//www.panasonic.com/jp/corporate/sustainability/downloads.html［2015-05-10］.

（齐藤　崇　杏林大学综合政策学部教授）

三、废塑料的回收利用

（一）管理现状

1. 家庭产生的容器及包装物塑料

日本在《循环基本法》的框架下，塑料再生利用遵循《家电再生利用法》《食品再生利用法》等专项法规。其中，家庭产生的容器及包装废弃物依照《容器及包装物再生利用法》进行再生利用，本节所述的“特定企业”有再商品化（再生利用）义务的物品，包括玻璃瓶、纸质容器及包装物、PET瓶、塑料制容器及包装物（图3-17）。

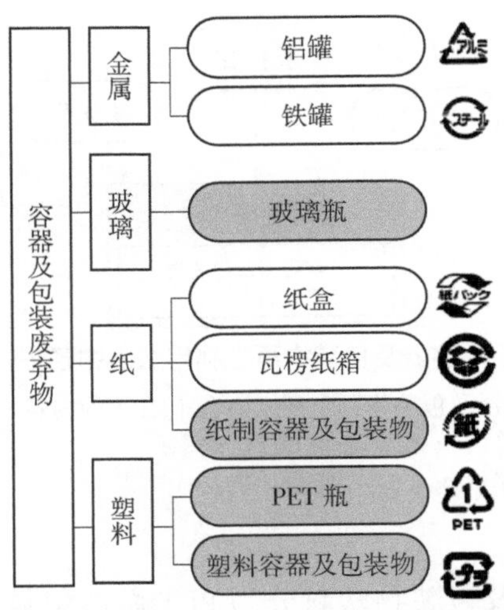

图3-17　作为《容器及包装物再生利用法》控制对象的容器及包装物

资料来源：根据日本容器及包装物再生利用协会网页（HP）内容，由笔者编制。

注：加底纹的框中的容器及包装物为有再商品化义务的特定企业处理的对象。其他的容器及包装物在法律实施前已经有作为有价物再生利用的市场存在，因此不在《容器及包装物再生利用法》的对象之内。

在容器及包装物的再生利用中，有消费者、市町村（自治体）、再商品化企业（再生利用企业）等多方主体（利益相关方）参与，分别承担分类排放、分类收集、再生利用等责任（图 3-18）。其中，基于产品再生利用及处置的责任在于生产者（EPR）的观点，规定再生利用义务由被称为“特定企业”的容器及包装物制造企业及利用企业承担。实际做法是以特定企业经由指定法人（日本容器及包装物再生利用协会）向再商品化企业支付委托费用的形式，履行其再生利用义务。特定企业的再生利用义务范围是市町村将收集及分选的“符合分类标准的物品”交给再商品化企业后，分类收集和分选贮存为市町村的责任，其费用也由市町村负担。市町村分类收集的容器及包装废弃物经由指定法人交给再商品化企业回收，再委托再商品化企业进行再生利用。

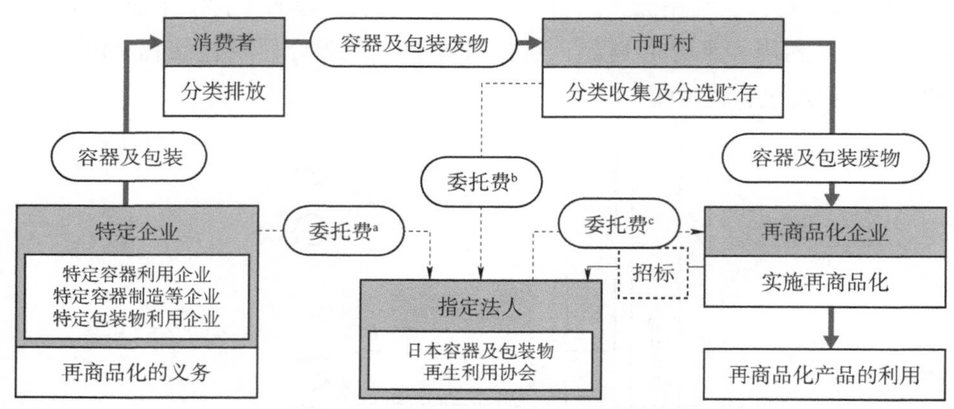

图 3-18 《容器及包装物再生利用法》中各主体的责任

资料来源：根据日本容器及包装物再生利用协会（HP）的内容，由笔者编制。

注：a—再商品化委托单价 × 特定企业的责任比率；

b—再商品化委托单价 ×（1- 特定企业的责任比率）；

c—中标单价。

家庭产生的容器及包装物塑料分为 PET 瓶和塑料制容器及包装物两种（图 3-17）。规定 PET 瓶必须予以再商品化是在 1997 年《容器及包装物再生利用法》实施后。2008 年增加了回收范围，目前除了装软饮料的 PET 瓶，装酒类、酱油、奶制品饮料、其他调味品的 PET 瓶也是回收的对象。另外，被称为“其他塑料”的塑料制容器及包装物是指除 PET 瓶以外的容器及包装塑料，也是2000年《容器及包装物再生利用法》实施时新增的种类。

近年来，日本国内家庭废PET瓶的再生利用途径有两种，一种是利用《容器及包装物再生利用法》框架的“指定法人途径”，另一种是不通过指定法人，市町村直接委托企业“独自处理的途径”。第二种途径在日本国内只进行部分再生利用，剩余部分出口，在国外进行再生利用（中谷等，2008；中谷，2010）。虽然，部分PET瓶未被分类回收，而是和市町村的可燃垃圾或不可燃垃圾一起被焚烧或填埋处理，但是来自家庭的PET瓶大部分已进行再生利用。

有关塑料制容器及包装物，在目前阶段实施分类收集的市町村数量仅占六成（日本容器及包装物再生利用协会HP）。塑料容器包装材质多样，且为多用途树脂的混合物，容易因附着食品等混入异物，再生利用的阻碍因素较多（森口，2005；中谷等，2011）。因此，即使在开展分类收集的市町村，家庭排放的塑料制容器及包装物中被分类回收的比例也仅占一半左右，剩下部分被作为可燃垃圾或不可燃垃圾处理。

2. 其他废塑料

家庭排放的容器及包装物以外的废塑料、企业事业单位等排放的废塑料、工厂废料等产业废塑料没有作为专项再生利用法的对象。若对上述废塑料进行再生利用，需根据市场原则进行回收，也可由市町村或企业等自发地进行回收。

关于家庭排放的废塑料，虽然在收集容器包装塑料的同时，也可以看到塑料产品分类收集的案例，但这仍然只是部分自治体采取的措施。对于消费者来说，不区分容器包装和塑料产品的分类收集更为方便，塑料产品中还含有较多的可回收树脂。但是，开展塑料产品分类回收的自治体被要求在将塑料产品交付给再生利用企业之前的分拣存放过程中，要对容器包装塑料和塑料产品进行分类，这种体系的效率并不高。其原因并不是再生利用技术上的制约，而是《容器及包装物再生利用法》中规定的市町村必须以标准包的形式向再商品化企业交付“符合分类标准物品”。分类的目的与其说是分拣适合再生利用的回收物，还不如说是测算特定企业在其财务责任范围内的回收量。

在产业类废弃物中，企业排放的未被分类为产业废弃物的废弃物称为“企业一般废弃物”。企业一般废弃物中的废塑料虽然也含有和家庭类废弃物一样的容器及包装物塑料，但由于其处理属于排放企业的责任范围，因此不在《容器及包装物再生利用法》的对象范围内。企业类废塑料排放源及回收的情况不明确，大部分没有把容器及包装物塑料和塑料产品等区分处理。工厂废料等被分类为产业废弃物的废塑料，包括在工厂内部进行再生利用的部分，进行再生利用、能源利用或处理处置都属于排放企业的责任。

作为家电及机动车零部件使用的塑料，分别在《家电再生利用法》和《机动车再生利用法》的框架下，为达到法律规定的循环利用率，实现了一定比例的再生利用［参考本节一（二）、二（二）］。除了在分解和拆解的过程中作为单一树脂分选出的零部件得到再生利用，其他零部件中使用的塑料也和其他材料一起进行破碎，以破碎残余物形式作为能源得到了利用。

3. 日本的废塑料在国外的再生利用

在日本，以物料形式回收后进行再生利用的废塑料约八成被出口到国外（塑料循环利用协会，2014）。其中大部分可以认为是具有再生资源利用价值的产业类废塑料单一材料。近年来，部分家庭类及企业类的废 PET 瓶也出口到了国外，经常成为容器及包装物再生利用问题的议论焦点。据推测，2013 年相当于销售量一半左右的废 PET 瓶被出口到了国外（图 3-19）。

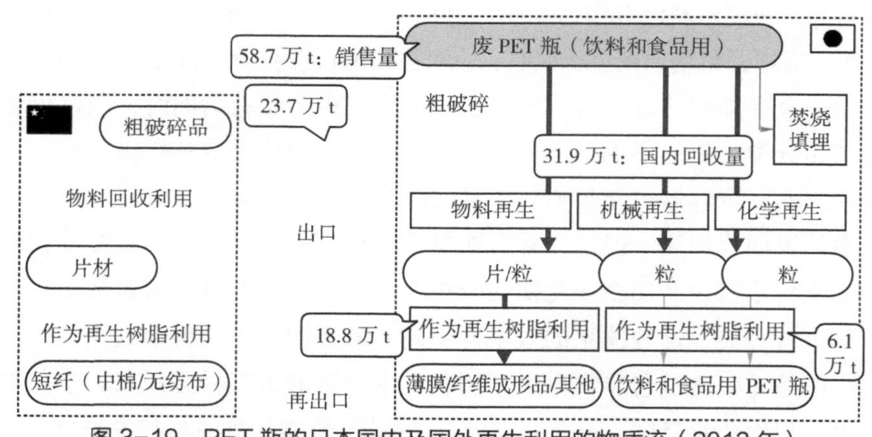

图 3-19　PET 瓶的日本国内及国外再生利用的物质流（2013 年）

资料来源：根据 PET 瓶再生利用推进协议会（2014）资料，由笔者编制。

注：深灰色粗线表示在国内的再生利用，浅灰色粗线表示在国外的再生利用。但国内回收量及出口量中包含瓶盖、标签和异物。

按照规定，通过指定法人途径的 PET 瓶的再商品化产品（片材）在日本国内必须作为再生原料使用，因此出口到国外的PET瓶的主要来源为家庭类自行处理途径处理的PET瓶或企业类的废PET瓶。据2006—2007年调查（中谷等，2008）显示，从日本出口的废PET瓶大多数经由香港到达中国华东地区或广东省，被作为短纤（中棉等）原料使用。

PET瓶之所以被出口到国外，是因为国外的再生利用企业普遍认为日本的PET瓶是高品质的再生资源（中谷，2010）。由于制造和利用企业积极推动适于再生利用的设计，废PET瓶作为再生资源的利用价值已经提高到《容器及包装物再生利用法》制定时无法想象的程度，反而给按照《容器及包装物再生利用法》进行再生利用带来了障碍。

PET瓶出口到国外进行再生利用经历了几次大的波折。例如，从日本出口到中国山东省的废塑料混入了大量的不可循环利用的废弃物，中国政府于2004年5月—2005年9月暂时禁止从日本进口废塑料（吉田，2005）。2008年10月之后的世界经济危机带来的急剧的经济状况的变化，导致出口价格暴跌，以致影响到出口国外的废PET瓶的收购。受此影响，2009年经指定法人途径的平均中标单价一时间上涨（图3-20）。然而，废PET瓶的出口量一直没有出现减少的趋势（PET瓶再生利用推进协议会，2014）。

（二）产业规模

1. 废塑料的排放量

分析废塑料的排放量可推测塑料再生利用的潜在产业规模。2016年的排放量为899万吨，其中家庭类（一般类）和产业类各占一半（附图3-3-1）。PE（聚乙烯）、PP（聚丙烯）、PS（聚苯乙烯）类、PVC（聚氯乙烯）等各种常用合成树脂占75.4%（附图3-3-2）。产业类废塑料中，工厂废料等单一素材（树脂）的废塑料占多数，品质和排放量都比较稳定，通过物料再生进行再生利用的比例较大（2016年为138万吨）。其余290万吨左右的废塑料通过热能回收作为能源利用，未加以利用的量，即单纯进行焚烧或直接填埋处理处置的量占整体的1/8左右（塑料循环利用协会，2014a）。

家庭类废塑料中容器及包装物所占比例大约为七成。在容器及包装废弃物的再生利用方面，由于不同产品的特性不同，需要单独进行研究。以下主要就 PET 瓶和塑料容器及包装物的产业规模进行论述。

2. PET 瓶的回收

《容器及包装物再生利用法》的对象之一 PET 瓶［参照本节（一）1］，近年销售量约为 60 万吨，大部分为软饮料瓶（PET 瓶再生利用推进协议会，2014），其中，50% 左右由日本国内的再生利用企业进行处理（图 3-18），日本国内 PET 瓶再生利用的产业规模约每年 30 万吨。

自 1997 年以来，市町村分类收集的家庭类废 PET 瓶以指定法人途径再生利用为主，回收量逐年增加（图 3-20）。近年来，由于向国外出口废 PET 瓶［参考本节（一）3］的原因，指定法人途径回收的中标单价甚至有跌至负数的情况，以至于再商品化企业需要购买 PET 瓶，即有偿投标。因此，对于市町村来说，通过指定法人回收的积极性相对较低，相反不通过指定法人直接委托给企业进行再生利用，即独自处理途径的回收量增加。2006 年《容器及包装物再生利用法》修订，要求促进市町村分类收集的 PET 瓶向指定法人的顺利交付，以及确立了指定法人通过有偿招投标获得的收入支付给市町村的制度，2009 年以后，出现了从独自处理途径向指定法人途径的回流趋势。

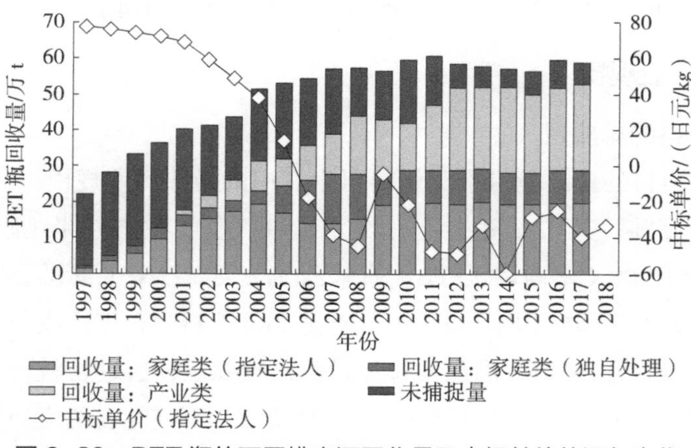

图 3-20 PET 瓶的不同排出源回收量及中标单价的逐年变化

资料来源：根据 PET 瓶再生利用推进协议会（2014）、日本容器及包装物再生利用协会（HP）、环境省（HP）资料，由笔者编制。

注：未捕捉量指的是 PET 瓶用 PET 树脂的生产量与回收量之差（截至 2004 年）或 PET 瓶销售量与回收量之差（从 2005 年开始）。中标单价（指定法人）用的是日本容器及包装物再生利用协会的实绩值的加权平均值。

再生树脂用于鸡蛋盒等的薄膜（2013 年为 38.5%）及机动车的内装材料等纤维（40.4%）的用途占了很大比例（PET 瓶再生利用推进协议会，2014）。然而，这种国内开环式的再生利用在再生利用率无限提高时，可能会出现再生原料供给量大于需求量的可能性。PET（聚对苯二甲酸乙二醇酯）树脂的国内需求量为 182.0 万吨，其中 60.9 万吨用于 PET 瓶，物料再生［参照本节（三）2］的主要用途，即纤维用和薄膜用 PET 树脂的国内需求量合计 56.6 万吨（PET 瓶再生利用推进协议会，2014）。从中可看出，假设达到接近 100% 的再生利用率时，仅日本国内并不具备足够的需求量来吸收物料再生的再生树脂。

近年来，运用机械再生及化学再生［参照本节（三）2］技术，将再生树脂作为饮料及食品用 PET 瓶原料加以利用的“瓶到瓶”（闭环）再生利用已经开始执行。化学再生在 2004 年实现实用化，与物料再生相比处理费用高，通过指定法人途径的中标量 2008 年和 2009 年连续两年为零（日本容器及包装物再生利用协会 HP），一时间“瓶到瓶”再生利用处于岌岌可危的状态。之后，由于一部分饮料制造商加快推动用再生树脂生产饮料用 PET 瓶的生产，随着 2011 年机械再生企业的加入，“瓶到瓶”再生利用的产业规模也不断扩大。2013 年再生树脂利用量为机械再生达到 2.2 万吨、化学再生达到 1.9 万吨（PET 瓶再生利用推进协议会，2014）。

3. 塑料制容器及包装物的回收

有关塑料制容器及包装物，自 2000 年《容器及包装物再生利用法》将其纳入法律范畴以来，以指定法人途径的再生利用为核心，回收量持续增长（图 3-21）。然而，尽管塑料制容器及包装物的潜在年排放量约 200 万吨，但实施分类收集的市町村数量仅占约六成，即便是这些市町村，分类收集率也只有一半左右，因此推算通过指定法人途径交付给再商品化企业的部分有 1/3 左右。

塑料制容器及包装物的再生利用方法可分为物料再生、化学再生、热能回收［关于再生利用方法的分类在本节（三）1 中有详细的论述］。现行的《容器及包装物再生利用法》将物料再生和化学再生作为再商品化的措施，将热能回收定位为紧急情况下的措施或者补充性措施。另外，还规定在进行再商品化企业的招投标时优先采纳满足一定条件的物料再生企业。然而，在处理费用（中标单价）上，物料再生比化学再生还要高（图 3-21）。因此，优先物料再生的做法造成了特定企业费用负担的加大，这已成为一个显著的问题。从近年的中标单价来看，物料再生约为 70 日元 /kg，化学再生约为 40 日元 /kg。

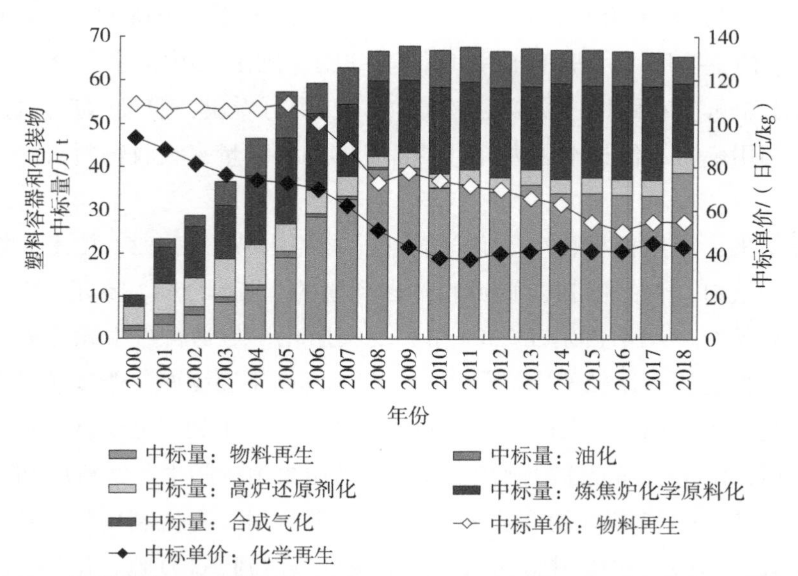

图 3-21 塑料制容器及包装物的不同再商品化方法的中标量及中标单价的逐年变化

资料来源：根据日本容器及包装物再生利用协会（HP）资料，由笔者编制。

注：中标单价为日本容器及包装物再生利用协会的实绩值的加权平均值。

从中标量的逐年变化情况来看，截至 2008 年，物料再生一直处于增加状态。这期间众多企业参入，物料再生的产业规模也得到扩大。2007 年通过指定法人进行物料再生的登记企业数量增加到 95 家。一方面，化学再生以较大规模的设施为核心开展，2007 年的登记企业数量为 10 家。另外，《容器及包装物再生利用法》的框架下根据设施能力确定的“可再商品化量”，从整体来看，从 2000 年的 15.3 万吨 / 年到 2011 年的 153.6 万吨 / 年，增加了约 9 倍。然而，之后由于物料再生企业的淘汰及部分化学再生企业的退出，2015 年的可再商品化量减少到 134.9 万吨 / 年，登记企业数量也有所减少，物料再生企业剩下 54 家，化学再生企业剩下 7 家。

（三）技术水平

1. 再生利用方法的分类

迄今为止，有多种废塑料再生利用方法已经实用化。在日本，塑料的再生利用方法一般分为物料再生、化学再生、热能回收等。化学再生有时也称为 Feedstock 再生，热能回收则称为能源回收或热能再生。《容器及包装物再生利用法》中将油化及合成气化也归类为化学再生，但如果作为燃料使用，有时也将这些方法归类到热能回收。另外，PET 瓶的化学再生和塑料制容器、包装物的化学再生，在再商品化产品的用途上有很大差异。

森口（2005）把废塑料的再生利用方法（循环利用的方法）从核心的基础技术和用途的角度重新进行了整理。表 3-5 为废塑料的再生利用方法分类、基础技术及用途的对应关系。

表 3-5　日本已实用化的废塑料再生利用方法

<table>
<tr><th>分类</th><th>基础技术</th><th>用途</th><th>再生利用方法</th></tr>
<tr><td rowspan="2">物料再生</td><td rowspan="2">机械：破碎、再成形等</td><td>树脂原材料：本来用途</td><td>机械再生处理（PET 瓶）
物料再生处理（白色托盘）</td></tr>
<tr><td>树脂原材料：其他用途</td><td>物料再生处理（PET 瓶）
物料再生处理（塑料制容器及包装物）</td></tr>
<tr><td rowspan="5">化学再生</td><td rowspan="7">分解、还原等</td><td>树脂原材料：本来用途</td><td>化学再生处理（PET 瓶）</td></tr>
<tr><td rowspan="4">原料：其他原材料</td><td>油化*：用作石油化学原料</td></tr>
<tr><td>用作高炉还原剂</td></tr>
<tr><td>合成气化：用作化学原料</td></tr>
<tr><td>用作炼焦炉化学原料</td></tr>
<tr><td rowspan="5">热能回收</td><td rowspan="5">能源：热、电</td><td>油化*：用作燃料</td></tr>
<tr><td>合成气化：用作燃料</td></tr>
<tr><td rowspan="3">燃烧、烧成等</td><td>用作水泥的原燃料</td></tr>
<tr><td>固体燃料化：RPF、RDF</td></tr>
<tr><td>垃圾发电</td></tr>
</table>

资料来源：根据森口（2005）、塑料循环利用协会（2014b）资料，由笔者编制。

注：* 截至 2014 年，大规模油化设施还未开工。

2. PET 瓶的再生利用

物料再生处理、机械再生处理及化学再生处理 3 种 PET 瓶的再生利用技术已经实用化。虽然都是生产再生 PET 树脂的技术，但是根据质量的差异用途有所不同。《容器及包装物再生利用法》中，物料再生处理及机械再生处理也称为加工成片化或造粒化，化学再生处理也称为聚酯原料化，分别规定塑料片材或粒材、聚酯原料（化学分解后的单体）为再商品化产品（日本容器及包装物再生利用协会 HP）。

物料再生是指通过分选、破碎、洗净等物理作业制造再生树脂的过程。主要将压缩成大包状态进货的废 PET 瓶通过风力分选、比重分选、温碱水冲洗等工序去除瓶盖、标签等异物及污物，再加工成片材（将瓶子破碎成大约 8 毫米的方形粉碎料）或粒材（将瓶片熔融挤出造粒）。片材出售给制造短纤、薄膜、洗涤用品瓶、成形品等的企业，粒材出售给制造长纤及薄膜等产品的企业（开环再生利用）。机械再生处理是指在物料再生的基础上，加上缩聚合及结晶化工艺后生产可用作饮料和食品用 PET 瓶原料的再生树脂技术（古泽，2011）。

化学再生处理是把破碎、清洗、分选后的片经过化学分解（解聚合），精制成作为 PET 树脂原料的单体。化学分解成单体后，通过再聚合再次变回 PET 树脂。化学再生处理技术包括分解、再聚合成对苯二甲酸二甲酯（Dimethyl Terephthalat，DMT）后用作纤维用 PET 树脂原料的技术，从 DMT 经过精对苯二甲酸（Purified Terephthalic Acid，PTA）再聚合技术，以及分解并再聚合成精对苯二甲酸双羟基乙二醇酯［Bis（2-hydroxyethyl）Terephthalate，BHET］的技术等。目前，饮料和食品用 PET 瓶经过 BHET 回收后的再生 PET 树脂已被用作饮料 PET 瓶的原料（闭环再生利用）。

有关 PET 瓶的再生利用，2013 年通过指定法人途径生产的再商品化产品的销售量为 16.9 万吨（日本容器及包装物再生利用协会 HP），占通过指定法人途径回收的 PET 瓶量（交付量实绩）的 80% 左右，也意味着再生利用工艺的收率约为 80%。这个比例在 1997 年约为 60%，可以看出再生利用工艺的收率得到了提高。其原因不仅是再生利用工艺的技术改善，易于再生利用的 PET 瓶设计也起了很大作用（中谷，2010），即制定了促进制造和使用企业（树脂、容器、饮料厂家）自发地开展行动的《自主设计指南》（PET 瓶再生利用推进协议会，2014）。指南中规定：在物料再生中，为制造出无色透明且高纯度的片材和粒材，瓶本身必须是PET单体且是无色透明的；标签必须是可以物理剥离的，且剥离后瓶身不留任何胶黏剂，可以通过风力分选或比重分选去除；瓶盖必须是PE或PP等比重不足1的材质，可以通过比重分选去除等。鼓励使用有针孔的标签，便于消费者剥离。

3. 塑料制容器及包装物的物料再生

根据现场调研及国立环境研究所资料，塑料制容器及包装物的物料再生典型工艺如图3-22所示。这种工艺不用把塑料制容器及包装物按形状分离，是一种混合在一起进行破碎、清洗、分离的物料再生方式。

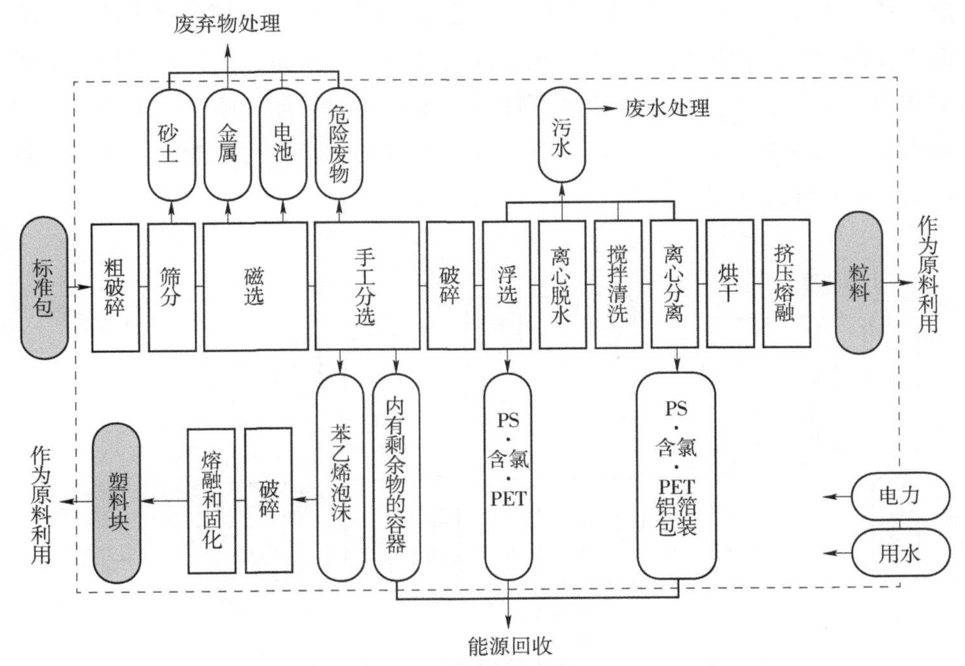

图3-22　塑料制容器及包装物物料再生的典型工艺

资料来源：根据中谷等（2011）资料翻译制作。

注：工艺中的投料（塑料制容器及包装物压缩成捆的大包）、《容器及包装物再生利用法》定义为“再商品化产品”的产出物（再生树脂），用带底纹的格表示。

具体的工序为首先从投料的大包中经过筛选、磁选、人工手选等方法去除杂物。然后用浮选及离心分离从比重小于1的PE树脂及PP树脂中分离出

PS 树脂、含氯树脂、PET 树脂、铝箔包装等，得到以 PE 及 PP 作为主要成分的再生树脂（粒材）。销售到外部的粒材用作日用杂货、土木工程材料、物流材料等的原料。其他在手工分选过程中去除的苯乙烯泡沫（EPS：发泡聚苯乙烯；PSP：聚苯乙烯发泡片）可作为塑料锭销售，其主要成分是 PS。

4. 油化

根据现场调查和国立环境研究所（HP）资料，塑料容器及包装物油化工艺如图 3-23 所示。该工艺先用风选和磁选等前处理工艺去除杂物，然后在大约 350℃下分解含氯树脂，去除掉脱离的氯化氢（脱氯化氢）。接下来在大约 400℃下分解，再冷却到大约 110℃后，在蒸馏工序中再加热到约 230℃，分离和精制成 3 种碳化氢油（轻质油、中质油、重质油）。一部分轻质油作为蒸馏工序的燃料在内部加以利用，剩余的对外销售，作为石化原料使用。中质油和重质油除了作为燃料供给外部使用，重质油的一部分还可以作为自备发电机发电用的燃料。另外，热分解工序及蒸馏工序产生的废渣主要作为固体燃料提供给外部使用。

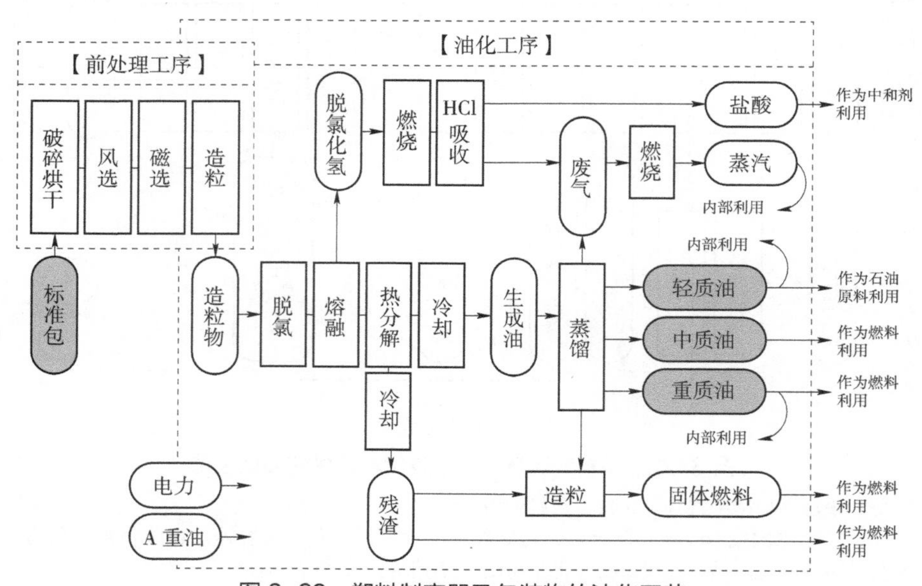

图 3-23 塑料制容器及包装物的油化工艺

资料来源：根据中谷等（2011）资料翻译制作。

注：工艺中的投料（塑料制容器及包装物压缩成捆的大包）、《容器及包装物再生利用法》定义为“再商品化产品”的产出物（碳化氢油），用带底纹的格表示。

关于废塑料的油化，虽然已有可用技术，但应用过程中还面临诸多问题。尤其是热分解工序需要加热到大约400℃，需要很多能源，经济效率不高。包括采用了如图3-23所示工艺的油化企业在内的所有企业，截至2010年已经全部退出市场（塑料循环利用协会，2014b）。

5. 高炉还原剂化

在炼铁厂，从高炉上部轮番投入铁矿石和焦炭，通过还原和溶解铁矿石炼出粗钢。焦炭被气化为一氧化碳（CO），并作为从铁矿石的主要成分氧化铁（Fe_2O_3）中去除氧气（O_2）的还原剂使用。塑料的主要成分是碳（C）和氢（H），废塑料的高炉还原剂化则是将其作为高炉还原剂使用（大垣，1999）的技术。《容器及包装物再生利用法》中，将从塑料制容器及包装物去除杂物到加工成作为还原剂的粒材为止的前处理工序定义为再商品化（日本容器及包装物再生利用协会HP）。

投入到高炉的废塑料进行能源换算后，大约60%作为铁矿石的还原剂，大约20%作为高炉气（Blast Furnace Gas，BFG）用在炼铁的热风炉或加热炉，以及作为炼铁厂内部自备发电机的燃料使用，有效利用率达到80%左右（大垣，1999）。废塑料和煤粉被一起从风嘴吹进高炉，所以可以说是替代了煤粉，也可以说是替代了焦炭（稻叶等，2005；日本容器及包装物再生利用协会，2007）。

6. 炼焦炉化学原料化

炼焦炉化学原料化是指利用废塑料替代煤炭，生产在炼铁中作为还原剂使用的焦炭的技术，与高炉还原剂化相同，属于钢铁厂进行塑料再生利用的方式。在前处理工序中，废塑料被粗略粉碎，去除金属等杂物及含氯树脂后，制成粒状物。在《容器及包装物再生利用法》中，到这里为止的工序被定义为再商品化（日本容器及包装物再生利用协会网站）。

成形后的废塑料按1%～2%的比例与煤炭混合，投入到炼焦炉进行干蒸馏（干馏）。在炼焦炉中煤炭和废塑料大约被加热到1 200℃，热裂解后分离成焦炭、碳化氢油（轻质油、焦油）及焦炉煤气（Cokes Oven Gas，CFG）。比例因煤炭和废塑料的不同而有差异，前者的焦炭占70%～75%，碳化氢油占5%左右，CFG占20%～25%，相比之下，后者的比例分别是20%、40%及40%（加藤等，2006；日本容器及包装物再生利用协会，2007）。焦炭被作为高炉的还原剂，碳化氢油作为塑料等的化学原料，CFG作为能源用于发电等（加藤等，2006）。

7. 合成气化

合成气化是指从废塑料中提取以氢（H_2）和一氧化碳（CO）为主要成分的气体的技术，其合成气体被用作化学原料或能源。合成气体作为能源的利用也被分类为热能回收，将在本节（三）8中详细叙述。下面将根据企业采访和现场调查结果，对气化改性合成以氨气为主的化学原料的利用方式加以说明。

首先，将家庭类塑料制容器及包装物和企业类废塑料一起在前处理工序中粗略破碎，去除金属等杂物后加工成粒状物。此处与其他化学再生处理不同，其特点是不需要去除含氯树脂。接下来，在被称为加压二段式气化炉的温度约为600℃的低温气化炉以及约1 400℃的高温气化炉中加热分解，进行部分氧化，改性为以H_2和CO为主要成分的合成气。之后，在气体清洗工序经过氯化氢的中和（作为碳酸钠原料加以利用）和CO转化后，再用于同一工厂内制造氨气的原料。《容器及包装物再生利用法》中将合成气定义为再商品化产品（日本容器及包装物再生利用协会HP）。

一般以化石燃料（城市煤气或石脑油）为原料的工艺中，制造氨气需要一次改性和二次改性、高温和低温CO转化、CO_2去除、甲烷气化、氨合成等一系列的工序。在高温CO转化和低温CO转化之间，将约占60%的以化石燃料为原料的合成气与40%左右的以废塑料为原料的合成气混合。制造出的氨气除用作生产丙烯酸纤维、尼龙纤维以及氮肥的原料外，CO_2去除工序中分离出的碳酸气经过精制后，可以作为生产碳酸饮料等的原料以及作为干冰加以利用。

8. 热能回收

废塑料的热能回收技术包括作为水泥的原燃料使用、RDF（Refuse Derived Fuel）及RPF（Refuse Paper and Plastic Fuel）等固体燃料加工、垃圾发电等。水泥制造企业很早就利用废塑料、污泥、废轮胎等各种废弃物作为烧成工序的原燃料（国立环境研究所HP）。尤其是废塑料热值高，作为燃料有很高的利用价值。RPF是将废塑料和废纸混合，调整其发热量后，加工成固体燃料，作为煤炭替代燃料使用的技术，近年来造纸企业等对此需求有所增加（塑料循环利用协会，2014b）。垃圾发电是利用垃圾焚烧设施的余热发电技术。关于一般废弃物，截至2012年，全国27%的焚烧设施具有发电能力，这些设施的发电效率并不是很高，大部分都达不到20%（塑料循环利用协会，2014b）。

另外，油化及合成气化后的产品作为燃料使用，也被归类为热能回收（表3-5）。通过合成气化实现能量回收的热解气化方式的技术已经实用化。

《容器及包装物再生利用法》中，有关塑料制容器及包装物的固体燃料化等，作为直接的再商品化方法，被定位为紧急时使用的补充性手段（参考本节（二）3），截至2014年还没有过中标的实绩（日本容器及包装物再生利用协会HP）。然而，由于物料再生及化学再生的残渣（塑料类）的简单焚烧和直接填埋等处理处置方法受到限制，2013年，18.1万吨中的24.1%作为水泥的原燃料使用，48.4%通过固体燃料化（RPF）实现热能回收（日本容器及包装物再生利用协会HP），对于塑料制容器及包装物的有效利用起到了一定的作用。

（四）典型企业

1. PET瓶的再生利用

在日本，最早（1993年）建成开工的PET瓶再生利用设施是WITH PET-BOTTLE RECYCLE公司（PET瓶再生利用推进协议会，2014）。包括该公司在内，进行物料再生的企业多是设施能力为数千吨/年的中小企业。具有较大规模设施能力的企业有：All Waste Recycle的鹿岛工厂（茨城县神栖市），大约60吨/天（2.0万吨/年）；东京PET瓶再生利用公司的总厂（东京都江东区），大约43吨/天；JFE环境的川崎PET瓶再生利用工厂（神奈川县川崎市），大约1.0万吨/年。

PET瓶的机械再生企业有协荣产业的小山工厂及MR Factory（枥木县小山市）。利用集团公司Japan Tech及东京PET瓶再生利用公司回收的家庭类废PET瓶加工的片材，通过缩聚合及结晶化等生产可用作饮料及食品用PET瓶原料的再生PET树脂。设施能力截至2013年约为3.0万吨/年。通过机械再生的再生树脂已被用作三得利食品国际公司及麒麟饮料公司的茶类饮料的PET瓶（协荣产业HP），意味着“瓶到瓶”的再生利用已经实用化。

另外，关于PET瓶的化学再生，帝人公司研发出将PET瓶分解成DMT后加工成纤维用PET树脂原料的技术，帝人纤维公司（现为帝人FRONTIER，英文名：TEIJIN FRONTIER Co.，Ltd.）将先合成PTA后再聚合成用于饮料和食品用PET瓶原料的再生PET树脂的技术实用化（塑料循环利用协会，2014b）。但该公司终止了“瓶到瓶”的再生利用业务，目前只有PET REFINE TECHNOLOGY Co.，Ltd.总公司的工厂（神奈川县川崎市）通过BHET进行PET化学回收的设备在运行，设施能力约为2.8万吨/年，再生树脂作为饮料用PET瓶原料使用。

2. 塑料制容器及包装物的物料再生

与PET瓶的物料再生相同，塑料制容器及包装物的物料再生也是设施能力在数千吨/年的中小企业居多。较大规模的企业有：ECOS FACTORY的埼玉工厂（埼玉县本庄市），设施能力约为120吨/天；广岛再生利用中心的久井工厂（广岛县三原市），设施能力约为187吨/天（约4.3万吨/年）。

3. 油化

目前在日本没有运营中的塑料制容器及包装物的油化工艺设备，即大规模设施（参照本节（三）4）。最后（2010年）撤出该行业的札幌塑料再生利用的札幌工厂（北海道札幌市）当时的设施能力约为1.5万吨/年（塑料循环利用协会，2014b）。

4. 高炉还原剂化

关于高炉还原剂化，1996年日本钢管（现为JFE钢铁）的京浜制铁所，以产业类废塑料为对象实现了实用化。截至2014年，JFE Plastic Resource的水江原料化工厂（神奈川县川崎市）及福山原料化工厂（广岛县福山市）将家庭类塑料制容器及包装物进行了高炉还原剂化利用。这些设施的生产能力均为4.0万吨/年（塑料循环利用协会，2014b）。另外，神户制钢所的加古川制铁所（兵库县加古川市）到2013年也注册为高炉还原剂化设施指定法人（日本容器及包装物再生利用协会HP）。

5. 炼焦炉化学原料化

将废塑料作为炼焦炉的化学原料使用的技术，由新日本制铁（现为新日铁住金）开发，于2000年在世界上首次实现了实用化。截至2014年，已在该公司的5家工厂（北海道室兰市、千叶县君津市、爱知县东海市、福冈县北九州市、大分县大分市）实施。设施能力共计16.5万吨/年（塑料循环利用协会，2014b）。JFE Plastic Resource 的水江原料化工厂也有炼焦炉化学原料化工艺的设备在运行（设施能力为3.0万吨/年）。

在新日铁住金的部分工厂，一般在炼焦炉里加入1%的废塑料与煤炭混合。然而，根据企业调查结果，在成型工序中，根据操作情况，将其比例加大到2%在技术上是可行的，因此可认为其潜在的接受能力比现状要强。

6. 合成气化

合成气化中的气体改性技术开始时是由荏原制作所及宇部兴产进行的试验示范（塑料循环利用协会，2014b）。目前有昭和电工的川崎工厂（神奈川县川崎市）设施在运行，设施能力为195吨/天（6.4万吨/年）。合成气被用作该工厂内的氨气制造工艺的原料，而在该工艺中分离出的碳酸气又被同一集团企业昭和电工 GAS PRODUCTS 川崎工厂用于生产碳酸饮料等的原料或用作干冰（昭和电工 HP）。

7. 热能回收

作为塑料制容器及包装物的固体燃料化等的企业注册为指定法人的设施（2015年）有关商店的茨城工厂（茨城县古河市）、Eco Mining 的总厂（千叶县八千代市）、上越 MATERIAL 的吉川 RPF 工厂（新潟县上越市）、ECO CLEAN 的二日市工厂（福井县福井市）、三幸 CLEAN SERVICE CENTER 的 MARINPIA 第二工厂（德岛县德岛市）、Ebisu-Siryo 的四国工厂（香川县观音寺市）及爱媛工厂（爱媛县四国中央市）等（日本容器及包装物再生利用协会 HP）。这些均为 RDF 年生产能力3万～8万吨的设施，产品被用作钢铁企业、水泥企业、造纸企业、石灰企业等的燃料。

参考文献

[1]【日】古泽荣一. 2011. PET 瓶再生利用的现状及问题　用过的 PET 瓶 = 实现城市油田在国内的进一步循环. 季刊环境研究，2011，162：37-48.

[2]【日】稻叶陆太，桥本征二，森口祐一. 2005. 钢铁产业塑料制容器及包装物再生利用

的 LCA—系统边界的影响 . 废弃物学会论文志，16（6）：467-480.
[3]【日】日本容器及包装物再生利用协会 . 2007. 有关塑料制容器及包装物再商品化方法的环境负荷等的研究 .
[4]【日】日本容器及包装物再生利用协会（HP）：http：//www.jcpra.or.jp/［2021-01-10］.
[5]【日】加藤健次，野村诚治，福田耕一，等 . 2006. 利用炼焦炉的废塑料化学原料化技术 . 新日铁技报，（384）：69-73.
[6]【日】协荣产业（HP）：http：//www.kyoei-rg.co.jp/［2021-01-10］.
[7]【日】环境省（HP）. 2015. 根据容器及包装物再生利用法规定进行的分类收集和再商品化的实绩等 . http：//www.env.go.jp/recycle/yoki/dd_3_docdata/docdata_02.html［2021-01-10］.
[8]【日】森口祐一 . 2005. 从循环型社会思考废塑料问题 . 废弃物学会志，16（5）：243-252.
[9]【日】中谷隼，藤井实，吉田绫，等 . 2008. 废旧 PET 瓶的国内再生利用与日中再生利用的比较分析 . 废弃物学会论文志，19（5）：328-339.
[10]【日】中谷隼 . 2010. PET 瓶再生利用之十年兴衰 . 日本能源学会志，89（6）：537-544.
[11]【日】中谷隼，平尾雅彦 . 2010. 容器及包装物塑料再生利用带来的环境负荷削减效果 . 废弃物资源循环学会志，21（5）：309-317.
[12]【日】中谷隼，铃木香菜，平尾雅彦 . 2011. 对基于生命周期评价的对塑料制容器及包装物再生利用的利害相关方间问题解决的支援 . 废弃物资源循环学会论文志，22（3）：210-224.
[13]【日】国立环境研究所（HP）. 塑料、容器及包装物的再生利用数据集 . http：//www-cycle.nies.go.jp/precycle/index.html［2021-01-10］.
[14]【日】大垣阳二 . 1999. 塑料制容器及包装物的高炉原料化 . 都市清扫，52：461-463.
[15]【日】PET 瓶再生利用推进协议会 . 2014. PET 瓶再生利用年度报告书 2014 年度版 . 东京 .
[16]【日】塑料循环利用协会 . 2014a. 2013 年 塑料制品的生产、废弃、再资源化、处理处置的状况 .
[17]【日】塑料循环利用协会 . 2014b. 塑料再生利用的基础知识 2014.
[18]【日】昭和电工（HP）. 塑料 - 化学 - 再生处理 . http：//www.sdk.co.jp/kpr/index.html［2021-01-10］.
[19]【日】吉田绫 . 2005. 第 4 章　作为再生资源和旧货贸易中转站的香港 . 小岛道一编《亚洲的循环资源贸易》. 亚洲经济研究所 .

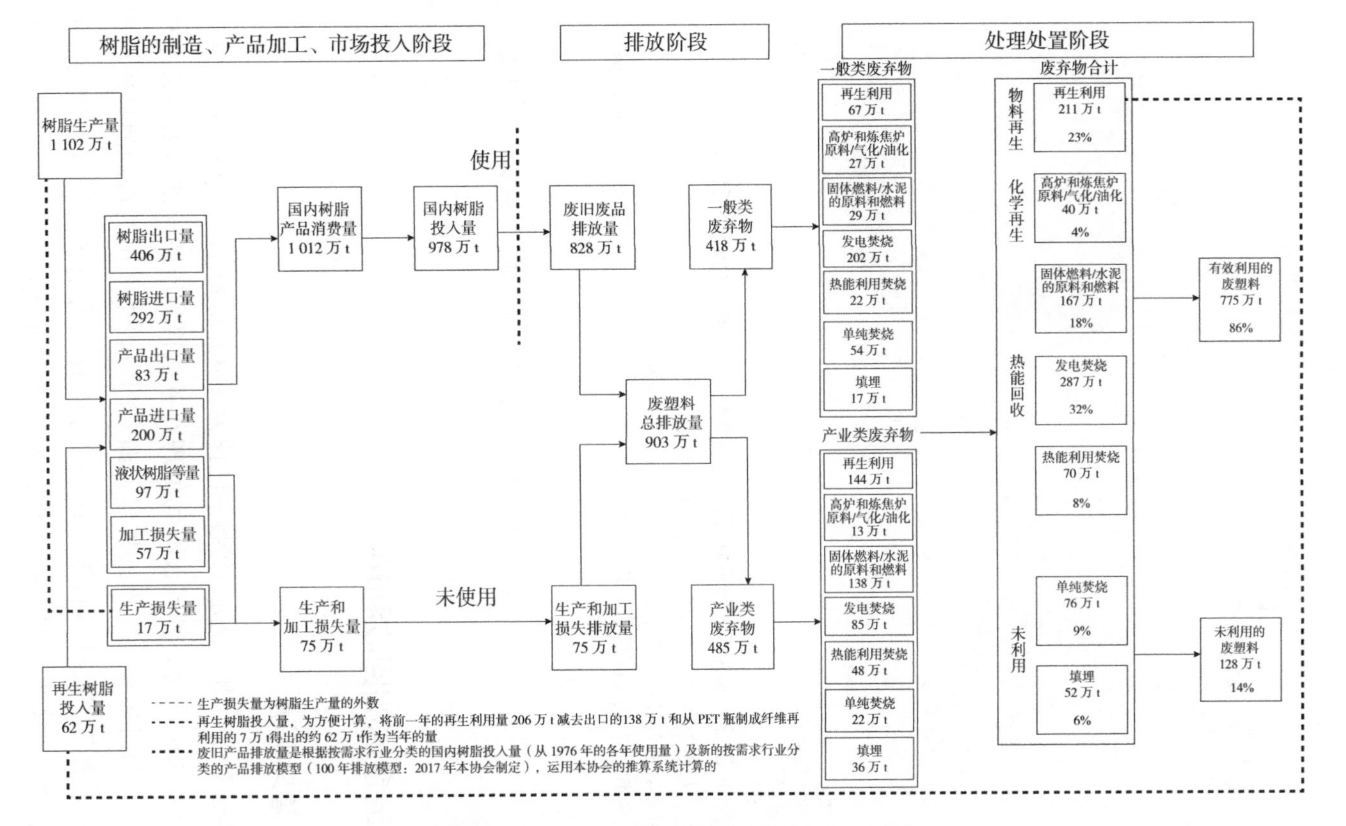

附图 3-3-1　日本的塑料的物质流（2013 年）

资料来源：根据塑料循环利用协会（2014a）资料编制。

注：因每项数据都经过四舍五入，故合计数不一定一致。

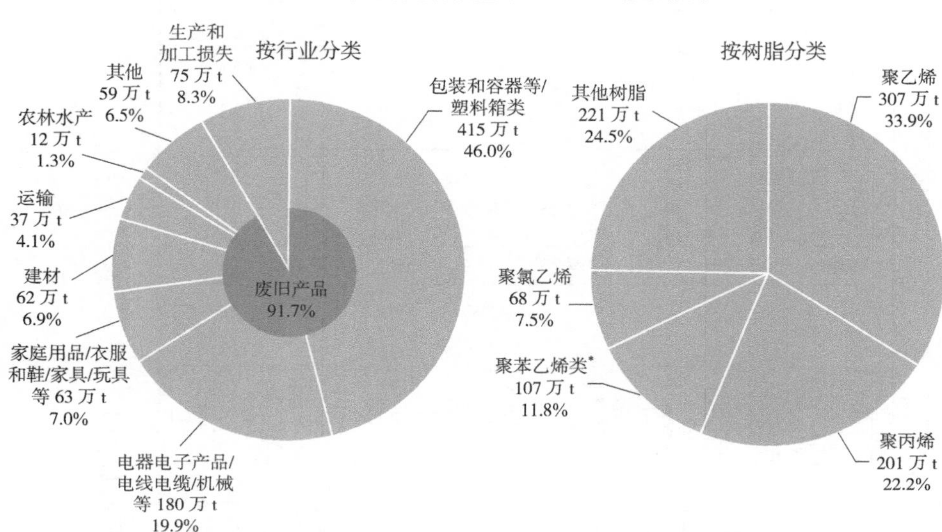

附图 3-3-2　日本不同行业和不同树脂类型的废塑料排放量（2013 年）

资料来源：根据塑料循环利用协会（2014a）资料编制。

注：因每项数据都经过四舍五入，故合计数不一定一致。

* 聚苯乙烯类包含 AS（丙烯腈－苯乙烯共聚物）及 ABS（丙烯腈－丁二烯－苯乙烯共聚物）。

（中谷　隼　东京大学大学院工学系研究科讲师）

四、废金属的回收利用

（一）管理现状

在日本，对废弃物产业进行管控的法律为《废弃物处理法》。该法的第 14 条第 1 款、第 6 款中规定，开展废弃物处理业务须得到所属地都道府县知事的批准。但是，同时还有一项例外规定，即专门以再生利用为目的的只进行产业废弃物的处置不需要获得批准。这是基于法律制定前作为经营业务进行了再生利用的物品为有价物的假设条件，为尊重过往历史而特意将其划为例外规定的对象。

例外规定的对象被称为“例外规定物品”，根据1971年10月16日环整43号通知规定，“例外规定物品”有废纸、废铁（包括废铜等）、空瓶类、废纤维。本节要阐述的废金属正是属于“例外规定物品”，即废弃后也不作为《废弃物处理法》的对象。因此，原则上废金属的再生利用一直依赖民间企业的自由竞争[①]。

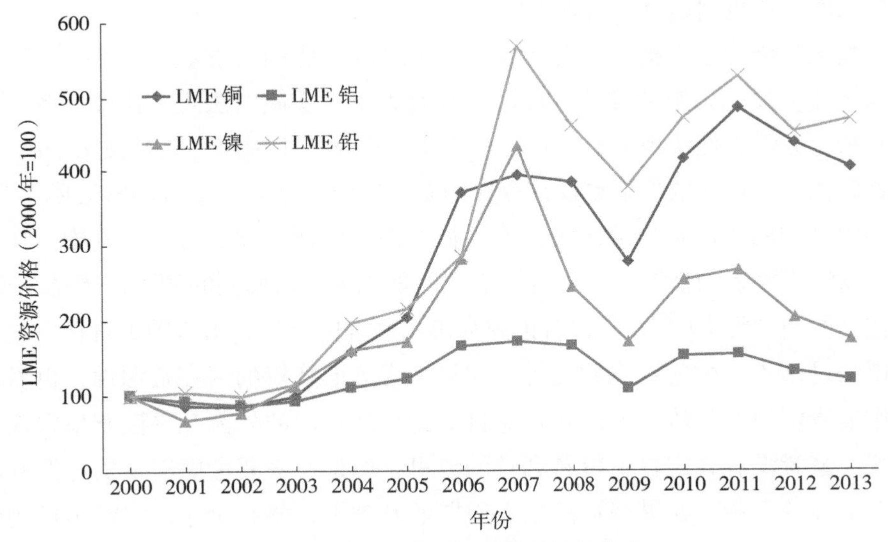

图 3-24 有色金属的国际价格的变化

资料来源：日刊市况通信社（2011，2014）。

有色金属交易以伦敦金属交易所（London Metal Exchange，LME）的交易价格为基础，在世界各地广泛进行。图3-24为主要有色金属的LME交易价格年平均值的变化情况，图中以2000年=100为基准。从图中可以看出，截至2013年，4种有色金属均超越了2000年的水准，特别是铜、铅，一直维持在2000年的4～5倍的高水平。交易价格居高不下的趋势也体现在其他金属资源上。

资源价格在世界上高涨所带来的问题是，作为再生利用原料的废旧物品流向国外的现象非常严重。细田（2008）指出，很多资源具有潜在污染性和

---

① 很多时候是已经形成了行业团体，由行业团体开展自主控制。

潜在资源性两面性。一方面，铁和铝属于潜在污染性较低而潜在资源性较高的优良资源。如果不考虑资源的安全保障问题，这些资源若能随着资源价格的上升，按照市场原理在世界范围交易，单从经济效率的角度来看未尝不是好事。另一方面，以铅为代表的重金属，虽然潜在资源性很高，但其潜在污染性也非常高。这些资源如果得不到规范处理，则会产生巨大的外部成本，需要保障市场机制运行的管理措施。

如果是跨境自由交易，则因国家不同，其管理手段的强弱存在很大差异。一般来说，发达国家的硬法（以国家强制力保证实施的法规）比较完备，同时软法（非强制性法规）也往往比较充实，而发展中国家要么是硬法未制定，或者即使有，在实效性上也往往存在问题。回收处理多属于劳动密集型产业，可再生利用的废旧物资流向工资水平低的国家的例子比比皆是。其中，在硬法或软法不完善的情况下，通过不恰当的处理来牟取暴利的例子也屡见不鲜。这就是所谓“污染的出口”，若推究为市场原理的结果，出口国无责任，这样的说法是站不住脚的。除此之外，如果考虑废旧物资的潜在资源性，也可以看作宝贵资源的外流，但现状是对目前的循环资源的外流几乎没有采取任何政策。笔者没有否定自由贸易利益的意思，但是有必要考虑潜在资源性和潜在污染性的平衡，在纵观资源生命周期的基础上，研究对循环资源出口的管理政策和措施。

（二）产业规模

作为日本的主要废金属产业，下面概要说明一下废铁、有色金属（铜、铝、铅）再利用的产业规模[①]。

1. 废铁产业

正如“钢铁产量是国力象征”所表达的，钢铁生产量随着国家的发展而上升。钢铁生产工艺分为两大类：一类是使用高炉从铁矿石中炼出粗钢，再在转炉中从粗钢中去除碳，从而炼成钢；另一类是用电炉将废铁再溶解后炼成钢。

---

① 除此之外，报废机动车、废旧电子电气设备等的再生利用也是废金属产业的重要部分，关于这些将另辟章节专门论述。

日本2013年的粗钢产量约是1.1 059亿吨，约占世界粗钢产量（约16.6亿吨）的7%[①]。图3-25为日本累计钢铁蓄积量的年度变化。累计蓄积量是指已经流入社会的，被用于机动车或建筑物等的钢铁的蓄积量（存量）。从图3-25中可以看出，2016年的累计钢铁蓄积量约为13.7亿吨。虽然比前一年增加了大约10万吨，但其增加量与20世纪70年代相比微乎其微，表明钢铁使用量已进入成熟期。同时，2015年年末韩国的钢铁蓄积量约为6.5亿吨，中国为73亿吨，美国为46.4亿吨[②]。

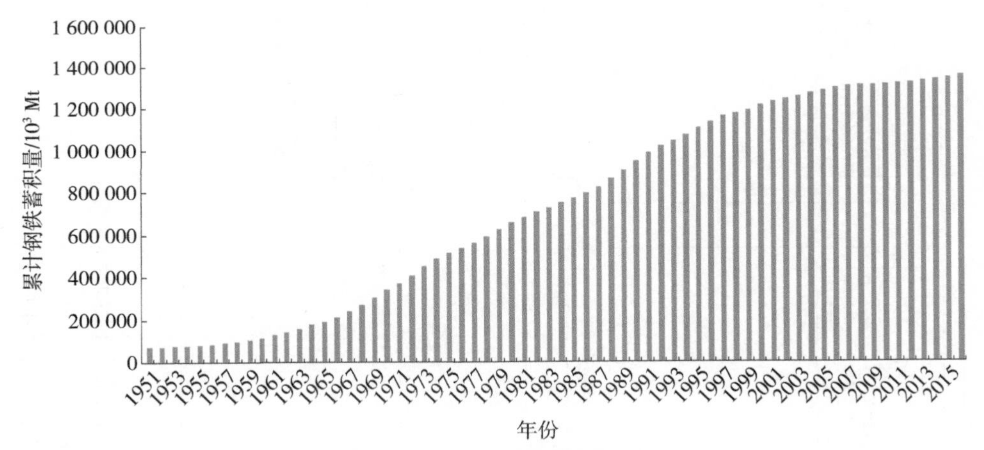

图3–25　日本累计钢铁蓄积量

资料来源：日本铁源协会网站。

累计钢铁蓄积量最终会成为老旧物品，变成废铁被回收，因此可看作潜在的废铁供给量。废铁大致有3个来源，分别为钢铁生产过程中产生的废铁（产业自身产生的废铁）、机动车制造等加工过程中产生的废铁，以及从家庭回收的使用过的产品产生的废铁等。

图3-26为日本的铁的物质流。2012年钢铁产业的情况是，进口约8 000万吨铁矿石，生产约1亿吨粗钢。其中，以废铁为主要原料的电炉炼钢产量约2 000万吨。图3-27为实际废铁产生量的年度变化。根据此图，进入

① 1996年中国超越日本荣登世界第一宝座，其粗钢产量约占世界生产量的48%。

② 所有数字均来自钢铁循环利用调查（2016、3页）。

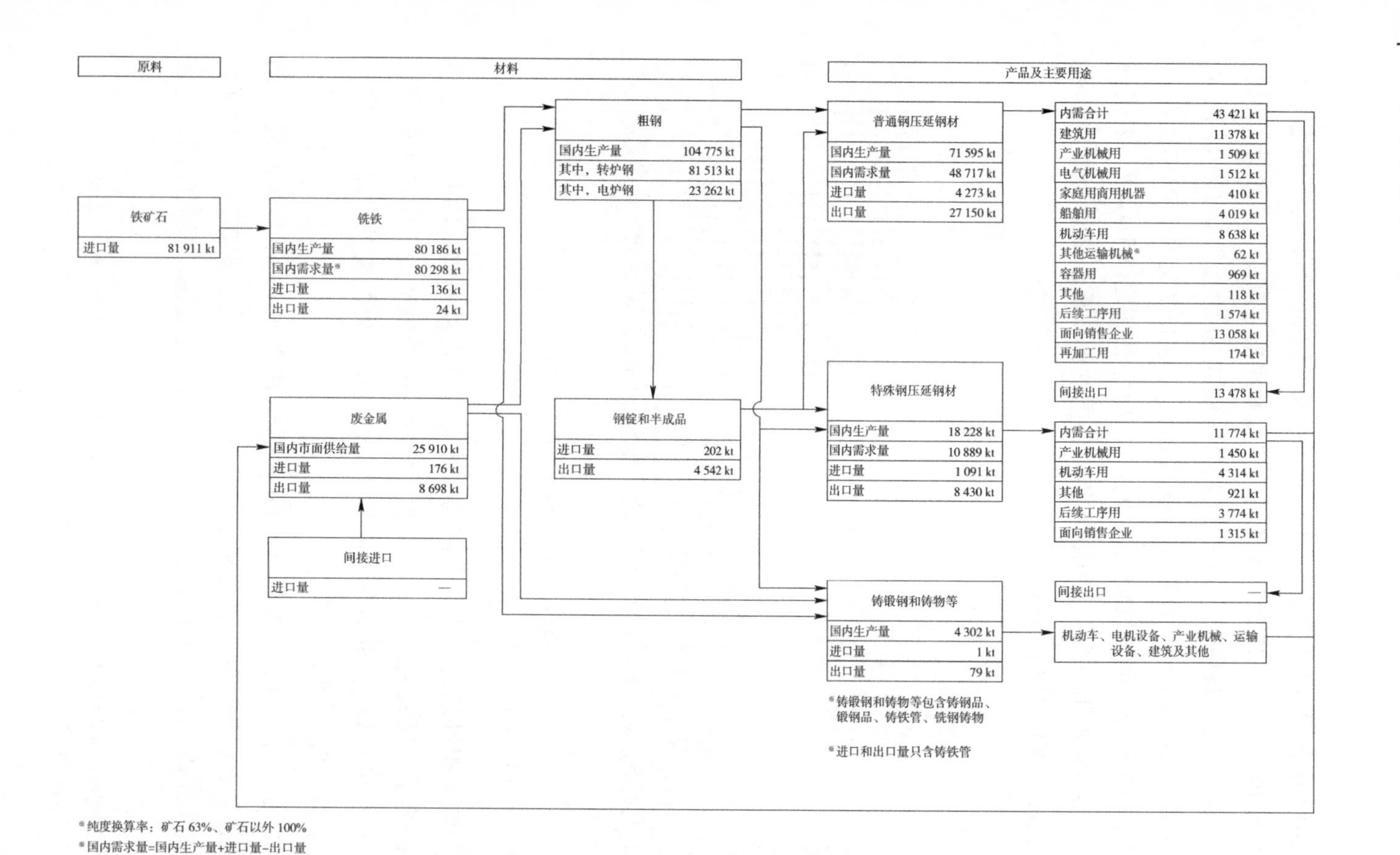

图 3-26　日本的铁的物质流

资料来源：石油天然气及金属矿物资源机构（2016）。

注：由于各项数值来源不同以及末位四舍五入等原因，存在总计与分项不等的情况。

21 世纪后，日本的废铁产生量为 4 000 万～5 000 万吨。其中，产业自身产生的废铁为 1 200 万～1 500 万吨[①]。

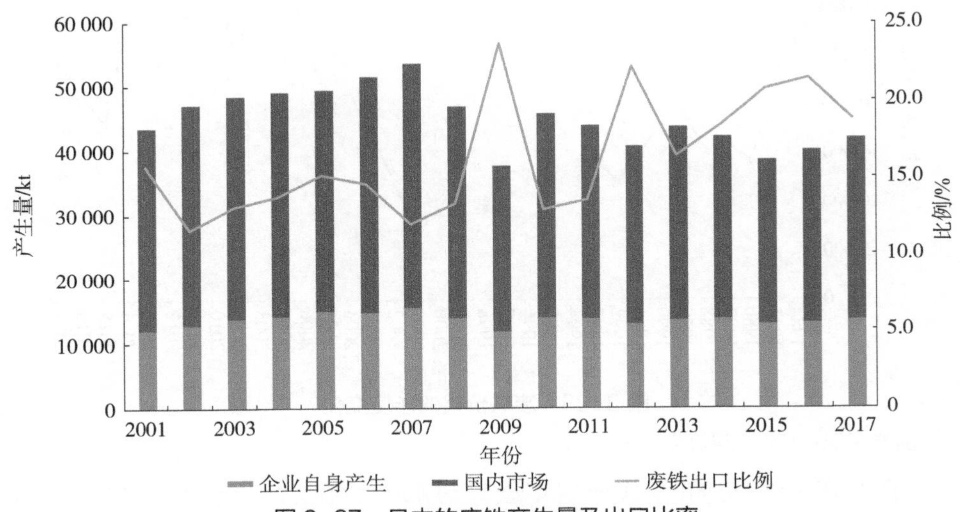

图 3-27　日本的废铁产生量及出口比率

资料来源：日本铁源协会网站。

随着新型工业国家经济的发展，废铁的贸易量呈增加趋势。根据日本铁源协会的资料，世界的废铁进口量从 1999 年的 5 537 亿吨增加到 2009 年的 8 515 亿吨，增加了大约 3 000 亿吨。其中，中国的进口增长量约 1 000 亿吨，约占 1/3。同时，土耳其在这期间的进口量也增加了约 800 亿吨。这两个国家约占整体进口增长量的六成。20 世纪 80 年代中期，日本的废铁价格为 25 000 日元 / 吨左右，2000 年前后降到低于 10 000 日元 / 吨的水平（图 3-28）。受巨大的国际购买量的影响，最近价格呈上升趋势，到目前已上升到约 25 000 日元 / 吨的水平。

① 图 3-26 的物质流中，将日本社会库存的废铁作为废铁量计算。

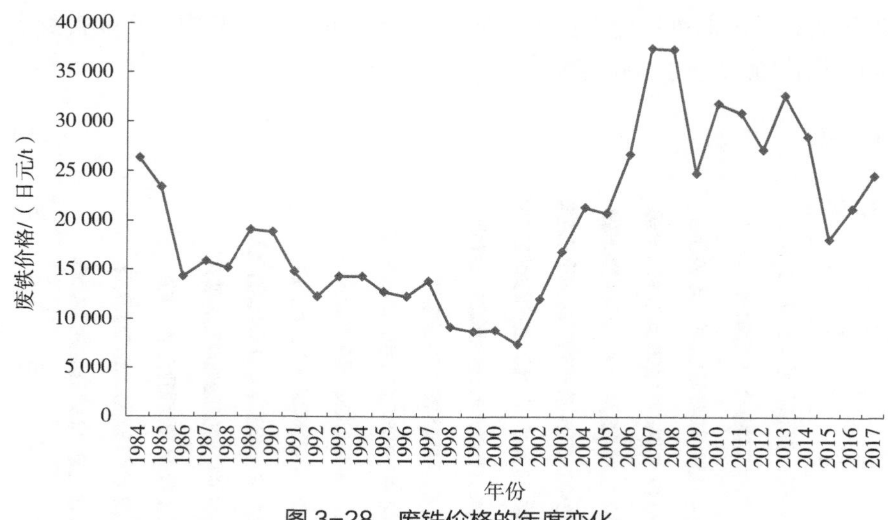

图 3-28　废铁价格的年度变化

资料来源：日本铁源协会网站。

日本在 20 世纪 80 年代前期年进口约 400 万吨废铁，至 90 年代几乎不再进口。近年来，产生的废铁中有 15%～25% 出口到以亚洲为中心的各个国家和地区。图 3-29 为日本向不同国家和地区的废铁出口量的年废变化情况。20 世纪 90 年代以出口韩国最多，进入 21 世纪后出口中国的量和韩国基本相等，其结果是出口量大幅增加。这两个国家是世界上废铁的进口大国，日本作为出口国，其出口量仅次于美国，居世界第二位[①]。

无论来自钢铁产业自身的废铁，还是来自社会的，均建立了回收处理渠道，拥有极高的再生利用率。其中特别值得一提的是铁易拉罐的再生利用。根据铁罐再生利用协会的统计，2017 年铁罐的回收处理率为 93.4%（图 3-30），仅次于回收处理率最高的 2016 年，连续 17 年超过经济产业省产业构造审议会指南目标（85% 以上）[②]。

具体来看，2013 年铁罐的消费量约为 61 万吨。家庭产生的使用过的铁罐主要通过自治体的回收途径回收，自动售货机等产生的部分属于企业类，主要通过民间企业进行回收，回收量约为 60 万吨。其中，减掉一体式铝制拉环

---

① 根据日本铁源协会《世界废铁供求状况》。

② 2014 年将指南目标提升到 90% 以上。

的量 2.7 万吨、杂质 6 000 吨，所剩下的大约 57 万吨为从铁罐回收的废铁量。回收的废铁主要用途有多种，除了用于饮料罐钢板，还广泛用于机动车及家电、建材、轨道等。

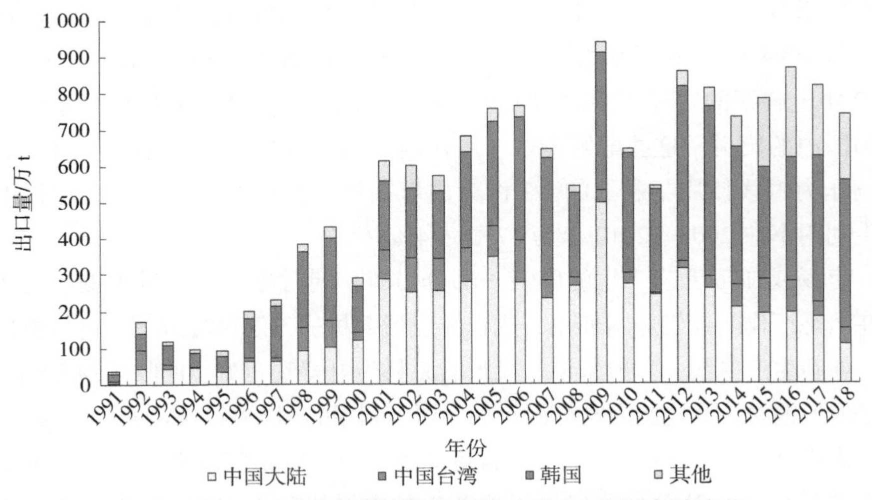

图 3-29　日本向不同国家和地区的废铁出口量的年度变化

资料来源：贸易统计。

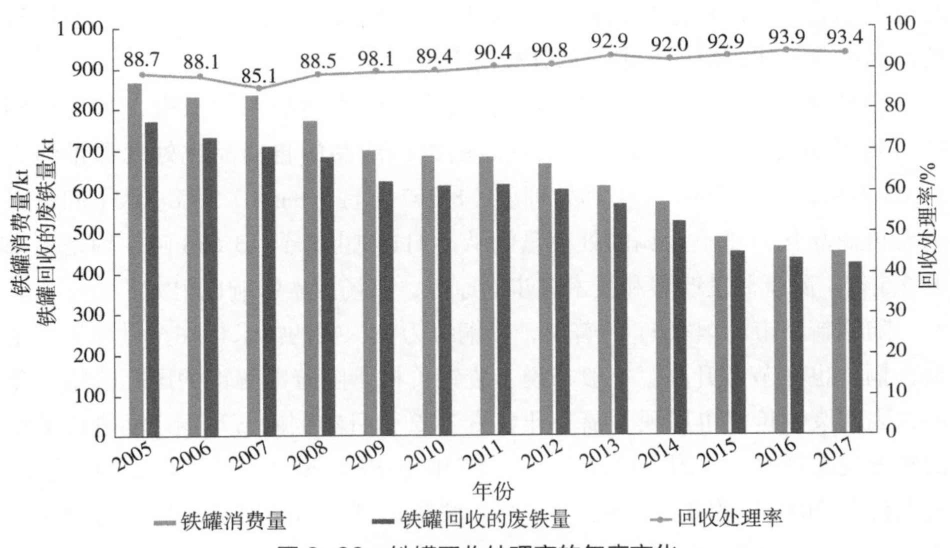

图 3-30　铁罐回收处理率的年度变化

资料来源：铁罐再生利用协会网站（http：//www.steelcan.jp/recycle/）。

2. 有色金属产业

（1）铜

铜具有很好的延展性和耐腐蚀性，其用途广泛，自古以来被用作建材和制作硬币等。近年来，由于其高度的传导性，作为电线的需求也很高。在日本，从 1994 年就不再使用国内矿山开采的铜矿石生产铜。如图 3-31 所示，2012 年电解铜的实际产量约为 150 万吨，所用材料为从国外矿山开采的铜矿石和国内的废铜。这些电解铜中，用作内需的约占 2/3，占整体大约 1/3 的电解铜作为铜线使用，剩下的 1/3 作为成形铜材及其他商品使用。此过程中的再生利用率在 2008—2012 年为 17%～24%。

市场或加工工艺产生的废铜一部分出口，同时也进口少量废铜。这些废铜在冶炼厂作为铜锭原料使用，或者在成形铜材加工厂再溶解等，进行再生利用。如新生产电线，一般来说，投入的原料为电解铜 80%、回收的铜 20%。如果是成形铜材，其比例为电解铜 40%、再生利用的铜 55%、其他铜锭 5%[①]。

废电线一般在再生利用厂等地剥皮后，加工成粉状或粒状，再交付给制造电线的厂家。基础设施建设工地产生的电缆线几乎 100% 回收。其他来源的废电线有的被回收，有的则被填埋处理。建筑物内的线缆则在建筑物拆除时分类回收。家庭产生的含铜产品因其种类繁多，对实际产生状况的掌握程度不如产业方面，估计其中一部分被用于出口。

2001 年开始实施的《家电再生利用法》所指定的四大家电，其再生利用得到了切实开展。2013 年该法规定的废旧产品的再商品化处理数量约为 1 203 万台，约为 2001 年实际处理量（8 307 万台）的约 1.5 倍。从不同材料来看再商品化的重量，铜的处理量约从 5 411 吨上升到 13 653 吨，约是原来的 2.5 倍。除了制度改善和技术进步的原因，市场因素影响也很大。

随着新型市场国家 IT 的普及，以铜线为主，铜的需求量在全世界迅猛增长，铜价也在节节升高。一般来说，废铜价格是随着电解铜的国际价格变化的，因此废铜价格也出现大幅上升。图 3-32 为日本铜矿石和铜产品进口价格的年度变化情况。从图中可以看出，废铜的价格从 2003 年的不足 2 000 美元 / 吨上涨到 2011 年的 8 000 多美元 / 吨，涨幅达到 4 倍。但是之后一直处于下跌趋势，2016 年跌到 4 000 多美元 / 吨。

---

① 根据石油天然气及金属矿物资源机构（2014）资料。

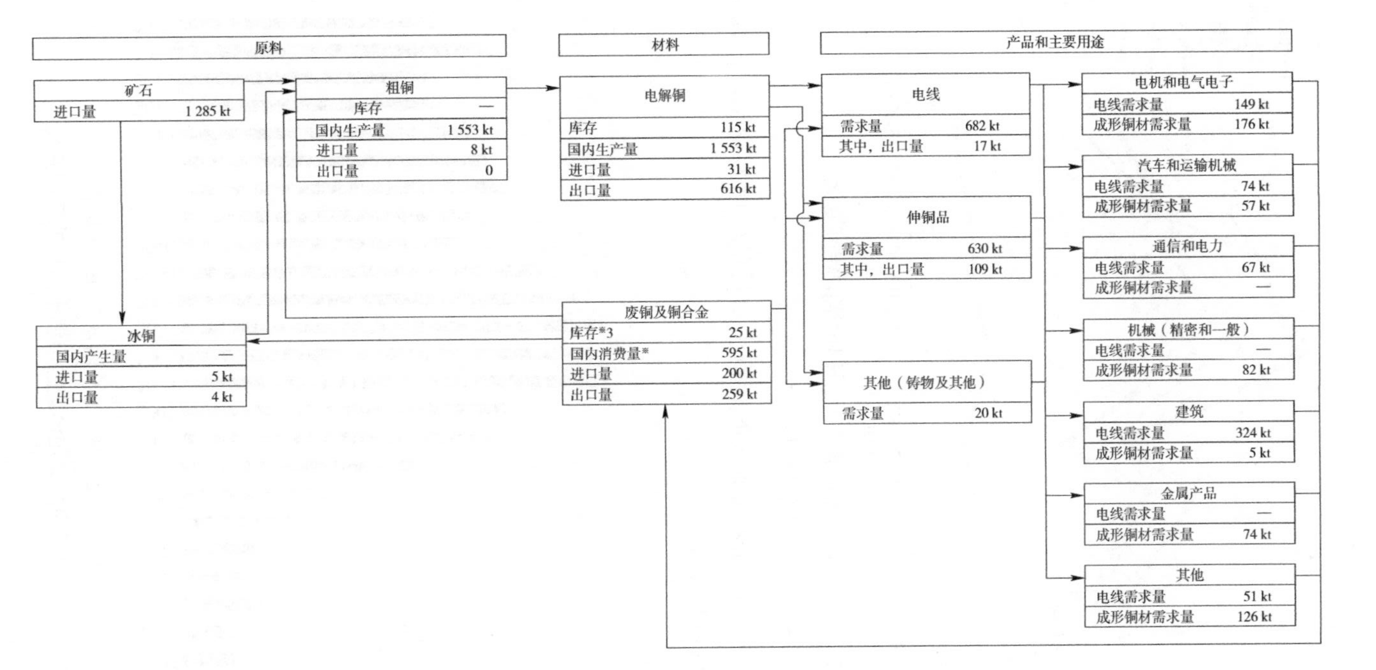

图 3-31　日本的铜的物质流（2016）

资料来源：石油天然气及金属矿物资源机构（2016）。

注：由于各项数值来源不同以及末位四舍五入等原因，存在总计与分项不等的情况。

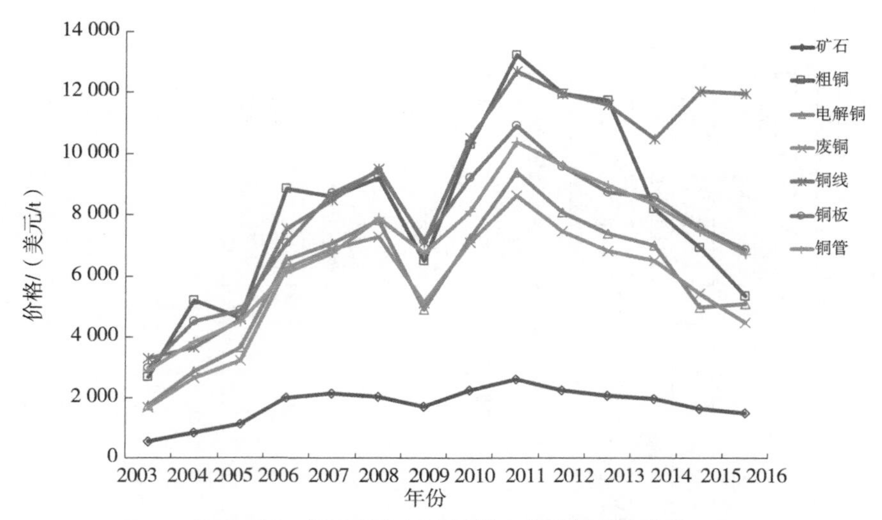

图 3-32　铜矿石和铜产品进口价格的年度变化

资料来源：石油天然气及金属矿物资源机构（2017）。

图 3-33 为日本向不同国家和地区的废铜出口量的年度变化情况。从图中可以看出几乎全部出口到中国。

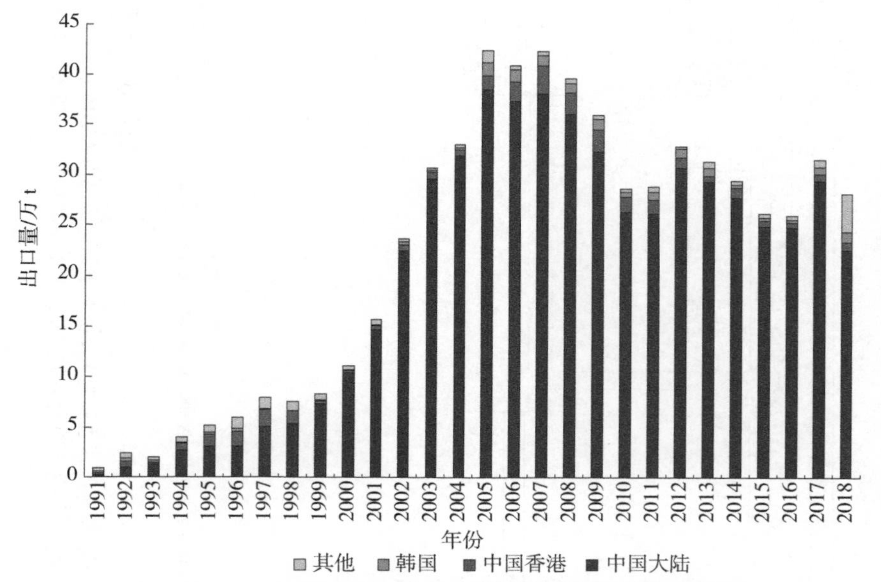

图 3-33　日本向不同国家和地区的废铜出口量的年度变化

资料来源：贸易统计。

（2）铝

铝质地轻，易加工，传热性强，在机动车发动机、飞机、住宅门窗等建材用品、电线、金属产品等行业广泛使用。新铝锭的生产方式有两种，一种是将作为原料的铝土矿热处理后精制，再通过电解精炼生产的工艺生产出新铝锭。这种方法因为在电解时使用大量的电力，所以只在电价较低的一部分国家进行。在日本，新铝锭的生产 99% 依赖于金属锭和再生铝锭。用再生铝锭生产，其用电量仅为 1/20。社会上可回收铝较多的发达国家依靠再生铝锭生产新铝锭的方式已成为主流。

图 3-34 为日本的铝的物质流。从图中可以看出，日本国内的原铝生产量已几乎没有，比起约 141 万吨的进口量简直微不足道。同时，再生铝锭、再生合金铝锭的年生产量约 130 万吨，其原料有大约 66 万吨依赖于废铝。

因为铝方便实用，其需求量不断增长。图 3-35 为日本铝业的原料购买量的年度变化。2009 年国内消费量不足 320 万吨，截至 2013 年已接近 370 万吨，4 年增加了 16%。具体来看，正如前面讲过的，日本国内生产的原生铝锭只有 3 000～5 000 吨左右，到了可忽略不计的水平，而进口量无论是原生铝锭还是二次（再生）铝锭都呈增长态势。

下面来看生产的铝的用途。首先，运输业使用的最多，2013 年为大约 160 万吨（图 3-36），运输领域主要用在以新干线为首的列车及机动车车身。其次，建筑部门和金属产品占有较大份额，建筑部门主要用于公园的扶手和桥梁等。

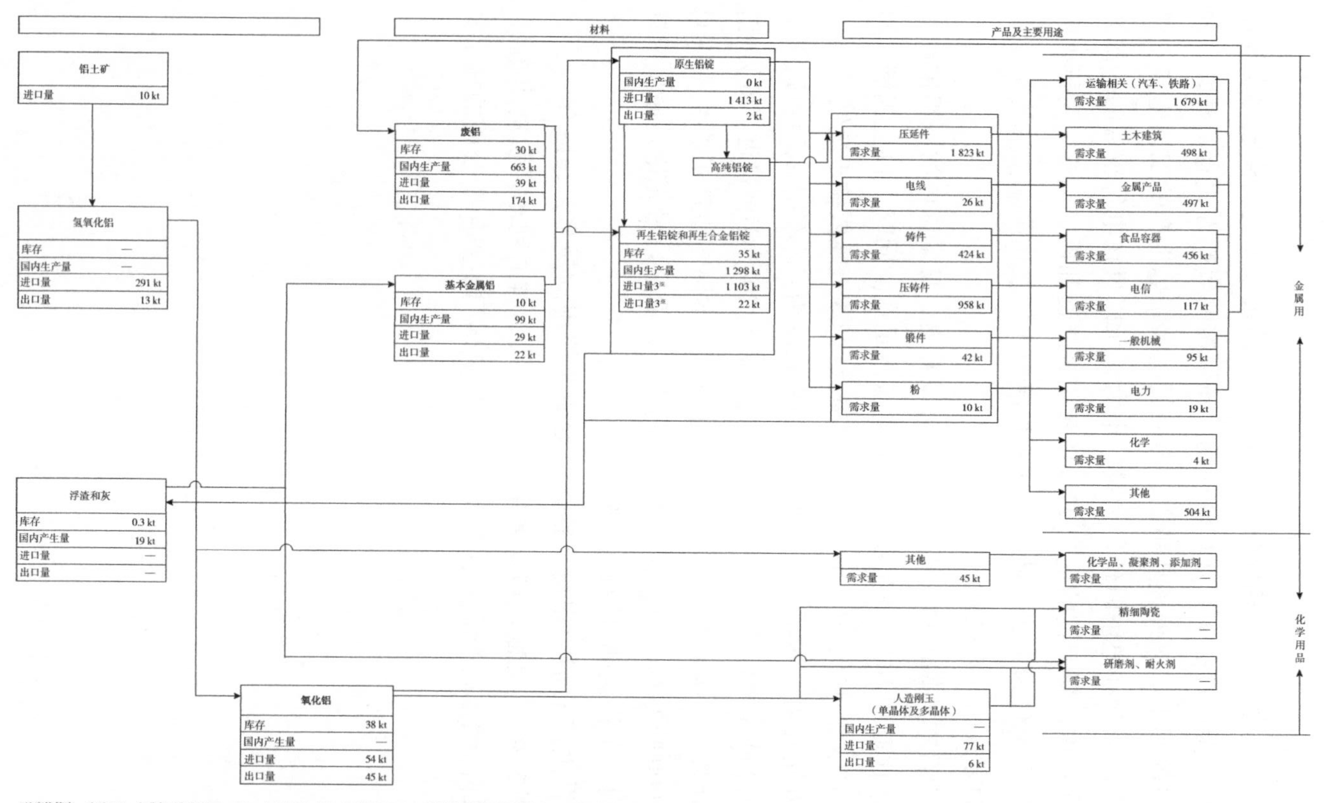

图 3-34　日本的铝的物质流

资料来源：石油天然气及金属矿物资源机构（2016）。

注：由于各项数值来源不同以及末位四舍五入等原因，存在总计与分项不等的情况。

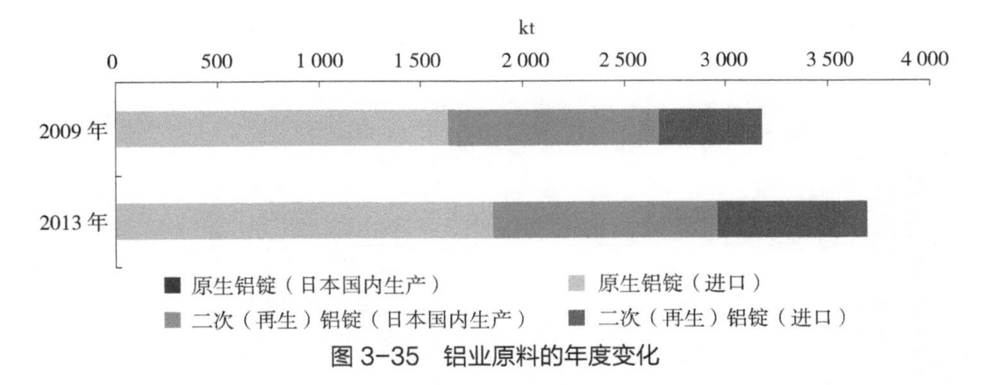

图 3-35　铝业原料的年度变化

资料来源：日本铝协会（HP）、日本市况通信社（2014）。

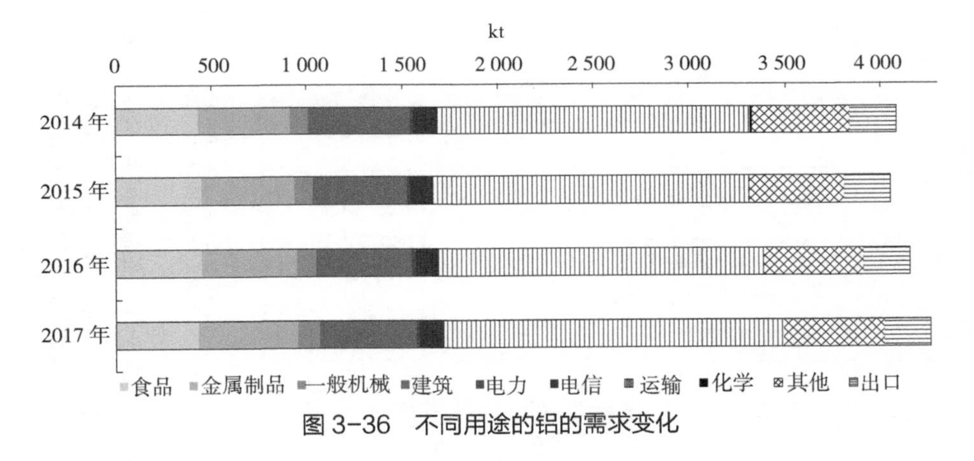

图 3-36　不同用途的铝的需求变化

资料来源：日本铝协会（HP）。

铝在食品业的利用也比较广泛，主要是用作饮料及啤酒等铝制易拉罐。铝制易拉罐和铁罐的回收渠道一样，分为家庭类和企业类，从家庭和企业回收的废铝罐的量为 30 万吨（相当于 191 亿个罐）（图 3-37）。废铝罐通过资源回收企业再到二次合金企业，最终有大约 26.0 万吨得到再生利用，再生利用率超过 90%。其中有大约 2/3 再次作为铝罐使用，这也是其特点之一。

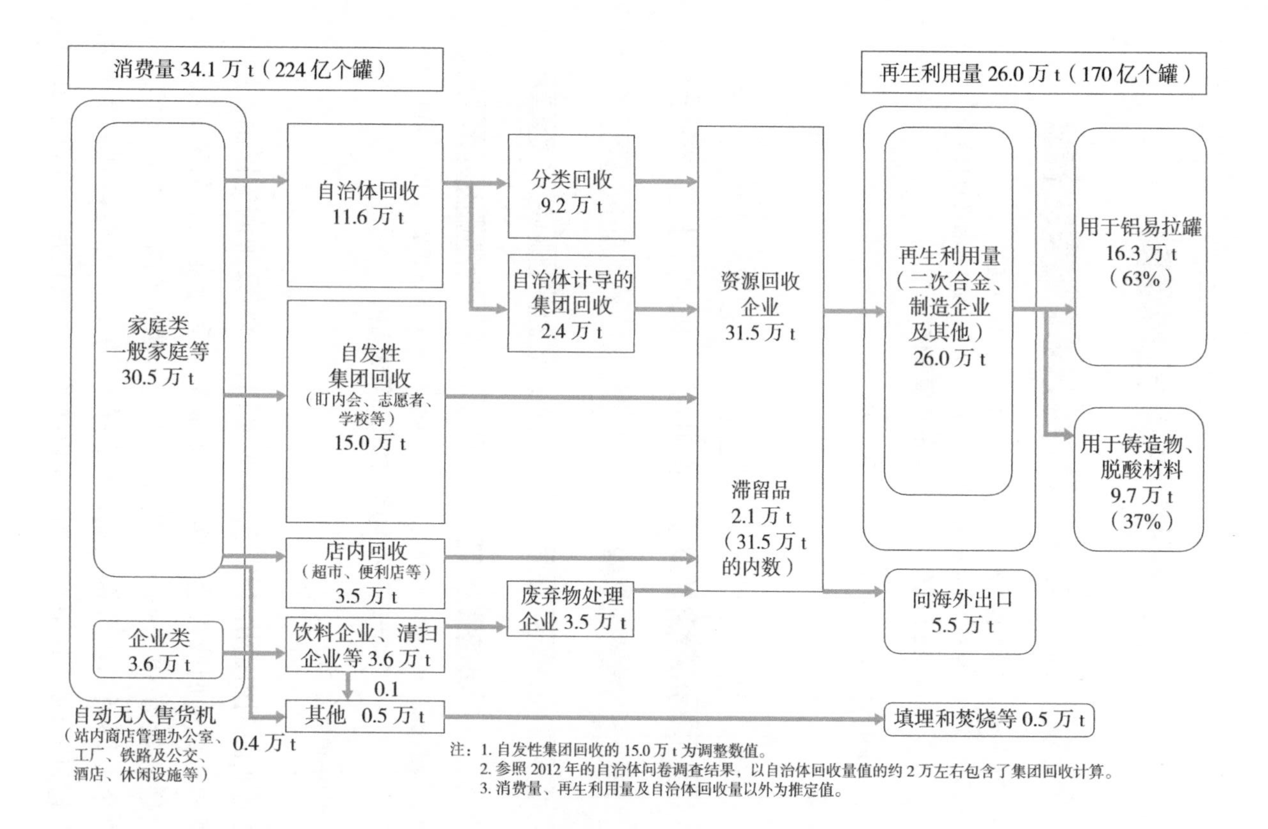

注：1. 自发性集团回收的 15.0 万 t 为调整数值。
2. 参照 2012 年的自治体问卷调查结果，以自治体回收量值的约 2 万左右包含了集团回收计算。
3. 消费量、再生利用量及自治体回收量以外为推定值。

图 3–37 铝罐再利用流程（2016 年）

资料来源：铝罐再生利用协会网站（http：//www.alumi-can.or.jp/publics/index/62/）。

注：由于各项数值来源不同以及末位四舍五入等原因，存在总计与分项不等的情况。

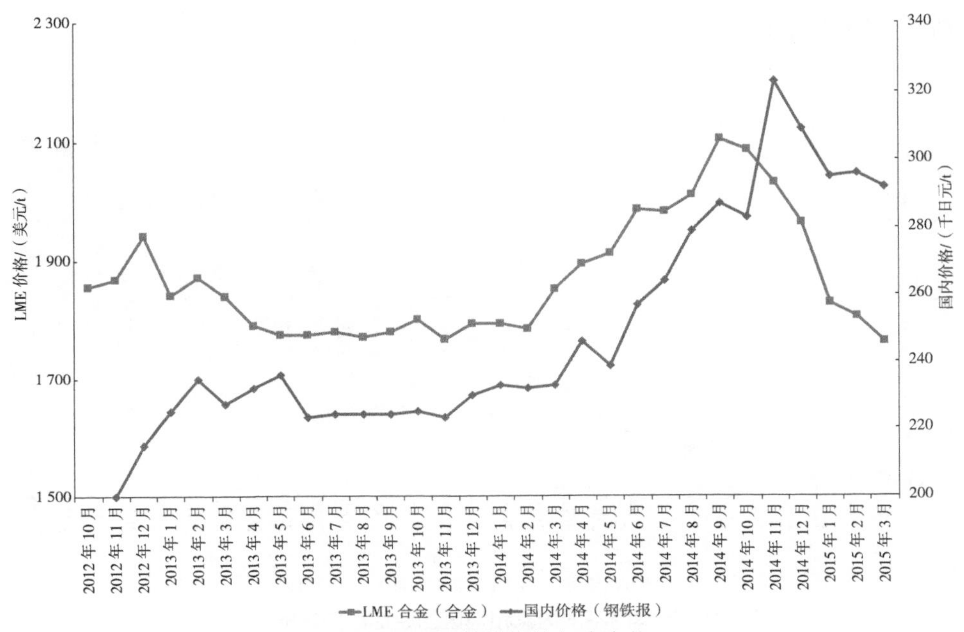

图 3-38　铝锭价格的年度变化

资料来源：日本铝协会（HP）。

从图 3-37 可以看出，铝罐回收量中有大约 5.5 万吨出口到国外。如图 3-38 所示，仅从最近 3 年数据来看，铝锭的价格无论在全世界还是在日本国内都呈上涨趋势。与其他资源一样，随着铝的资源价格的上升，出口量也在增加。图 3-39 为日本向不同国家和地区的废铝出口量的年度变化情况。从 20 世纪 90 年代起，日本向中国的出口呈增加趋势，但近年的特点是向韩国的出口增加较快。

（3）铅

与其他金属相比，铅较柔软，并具有不透水的特性，长期以来被人类作为宝贵的材料利用。古代主要用作餐具和颜料。进入 20 世纪后，广泛用于油漆、汽油、铅弹等方面。然而现代最主要的用途是蓄电池，占铅的需求量的 90%（日刊市况通信社，2011）。剩余的 10% 用于无机药品及生产铅管、铅板等工业产品。虽然随着机动车保有率的低迷不振及技术的进步，铅蓄电池的需求有下降趋势，但东日本大地震之后应急电源和自发电用蓄电池市场开始活跃，颇受关注。

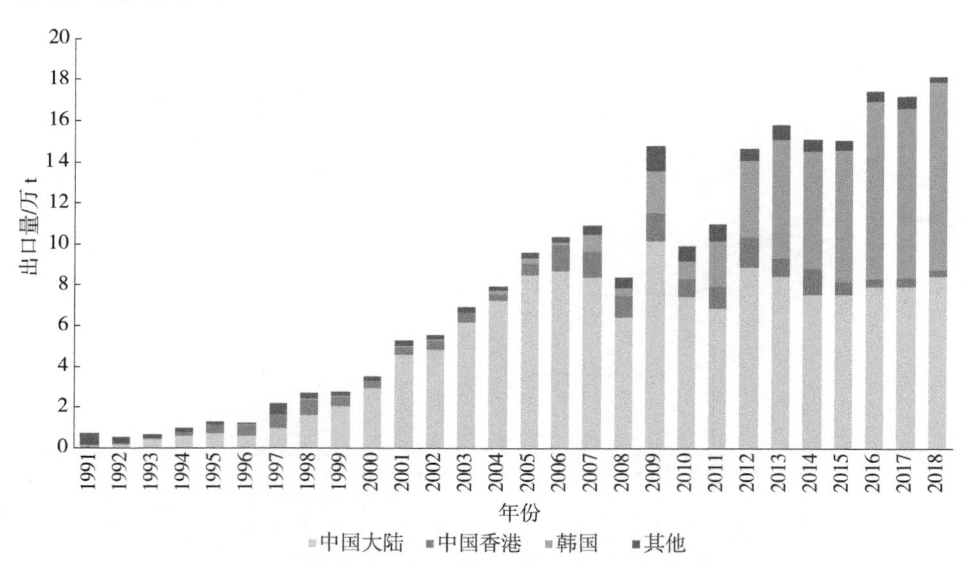

图 3-39　日本向不同国家和地区的废铝出口量的年度变化

资料来源：贸易统计。

铅的制造工艺大体分为两种，一种是从铅矿石提炼铅的一次冶炼，另一种是通过回收蓄电池进行生产的二次冶炼。一次冶炼主要生产电解铅（纯度 99.99% 以上），二次冶炼生产再生铅（纯度 90% 以上）。目前一次冶炼企业已不再自己开采矿石，而是全部依赖进口。从图 3-40 日本铅的物质流来看，作为原料的铅矿石进口量在 2016 年约为 89 000 吨。从铅精矿生产的电解铅、从废铅生产的电解铅及通过其他工艺生产的电解铅合计约 20 万吨。另外利用废铅生产的再生铅约 4 万吨。如前所述，这些铅的 90% 用于机动车及产业用蓄电池行业。

从图 3-41 可以看出，21 世纪初，铅的价格只有 500 美元 / 吨左右。因此，以废电池为原料的铅再生利用不划算，导致非法丢弃现象屡禁不止。日本电池工业会和经济产业省为解决该问题建立了废电池的免费回收体系，作为产业界的自主措施来实施。其后，由于资源价格高涨，铅的价格也开始回升，该自主措施已不符合实际情况，废电池回收不上来，已经无法发挥作用。但因为价格一直上涨，没有出现非法丢弃现象，因此也就没有修改政策。

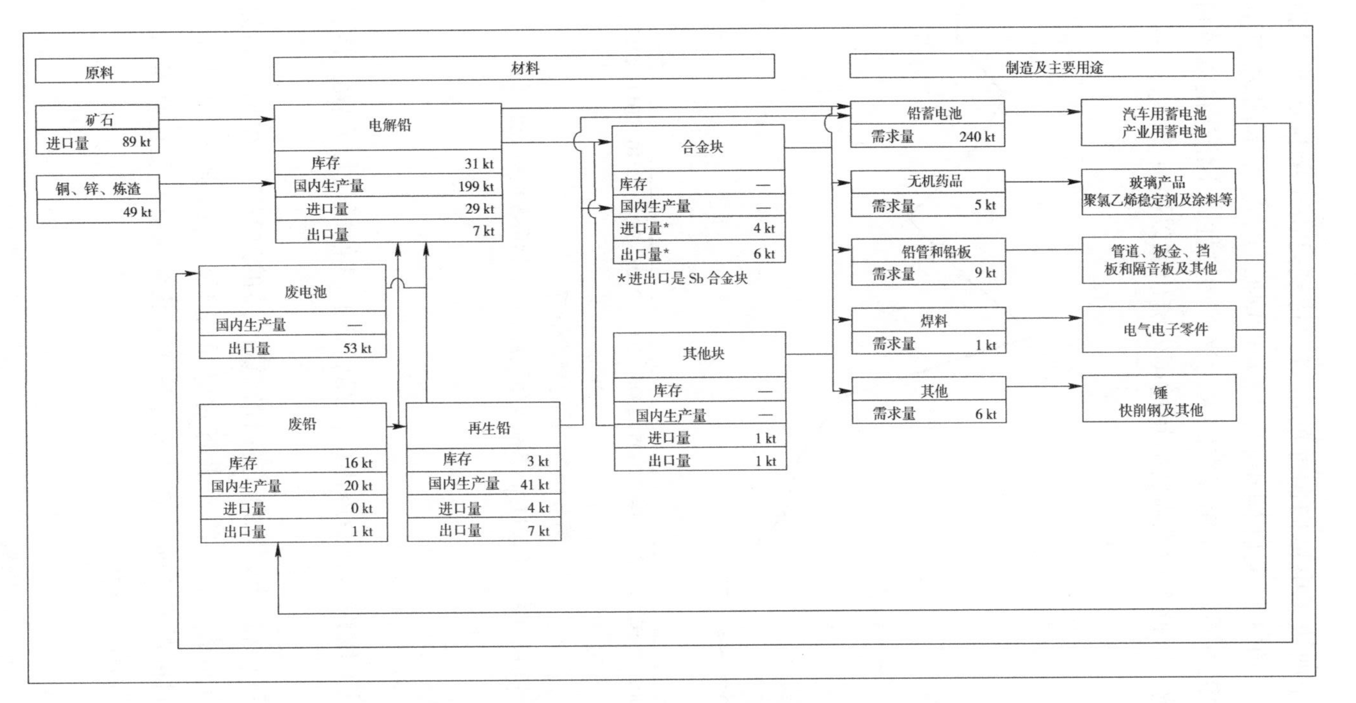

图 3-40　日本的铅的物质流

资料来源：石油天然气及金属矿物资源机构（2016）。

注：由于各项数值来源不同以及末位四舍五入等原因，存在总计与分项不等的情况。

另外，价格高涨加快了电池向国外的出口。特别是由于韩国企业对铅电池的需求量增大，2013年向韩国出口约89 000吨，约占日本国内产生量的40%[①]。与铜和铝不同，由于铅存在巨大的潜在污染性，不恰当的处置可能会对社会带来影响，因此今后也需要对铅的国外流出加以关注。

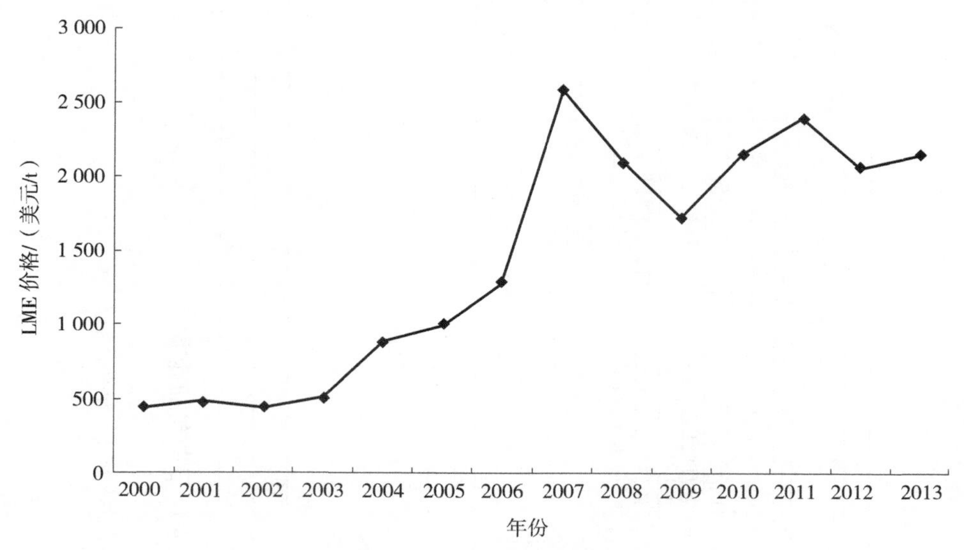

图3-41　铅的交易价格

资料来源：日刊市况通信社（2011）、石油天然气及金属矿物资源机构（2014）。

3. 技术水平

（1）废铁产业

钢铁不仅限于用铁和碳冶炼出的产品，还有其他通过加入锰、铬、钼等提高强度的产品。

从以上内容可以看出，在制造各种钢铁产品的过程中，根据产品的用途需要加入其他的元素，而一些元素有时反而有不好的影响。尤其是铜（Cu）和锡（Sn），按目前的技术水平在精炼过程中还无法去除。目前技术水平下存在的问题已经汇总在表3-6。

---

① 摘自产业新闻2014年7月7日版。

表 3-6　不纯成分及废铁的平均浓度

<table>
<tr><th>成分</th><th>从铁中去除的难易度</th><th>是否对钢材有影响</th><th>在废铁中的蓄积程度</th><th>是否需紧急应对</th></tr>
<tr><td>Cu</td><td>十分困难</td><td>超过 0.2% 时对热轧加工有影响</td><td>0.1%～0.5%</td><td>须马上采取措施</td></tr>
<tr><td>Sn</td><td>十分困难</td><td>0.04% 左右时对热轧加工有影响，0.2% 左右时对冷轧加工和回火脆性有影响</td><td>0.005%～0.016%</td><td>视马口铁罐的回收情况，有可能出现问题，须采取措施</td></tr>
<tr><td>Ni</td><td>困难</td><td>可使钢材变硬，薄板等可能有问题</td><td>0.06%～0.1%</td><td>将来有可能出现问题</td></tr>
<tr><td>Cr</td><td>在低浓度段的去除十分困难</td><td>对冷轧加工有影响，可使钢材变硬，薄板等可能有问题</td><td>0.03%～0.3%</td><td>将来有可能出现问题</td></tr>
<tr><td>Mo</td><td>特殊条件下蒸发</td><td>可使钢材变硬，薄板等可能有问题</td><td>0.02% 左右</td><td>发生问题可能在很长时间之后</td></tr>
<tr><td>Zn</td><td>加热时优先蒸发</td><td>铸铁时有白烟生成</td><td>钢中残留浓度在 0.005% 以下</td><td>主要问题在烟气的处理方法</td></tr>
<tr><td>Pb</td><td>加热时优先蒸发</td><td>0.001% 时对热轧加工有影响</td><td></td><td>问题主要在烟气的处理方法</td></tr>
<tr><td>As</td><td>用通常的方法十分困难</td><td>0.03% 时对热轧加工有影响，0.025% 时对冷轧加工和回火脆性有影响</td><td rowspan="3">尚不明了</td><td rowspan="3">将来有可能出现问题</td></tr>
<tr><td>Sb</td><td>用通常的方法十分困难</td><td>超微量就会对热轧加工和回火脆性有影响</td></tr>
<tr><td>Bi</td><td>用通常的方法十分困难</td><td>0.005% 时对热轧加工有影响</td></tr>
</table>

资料来源：经济产业省（2004）。

（2）有色金属产业

废金属再生利用很早以前就作为市场机制中私营企业的营利活动存在。再生利用不仅作为商业活动有意义，从环境负荷的角度来看，对降低单位产量 CO_2 排放量也有益。表 3-7 总结了再生利用带来的 CO_2 削减率。这里的一次生产是指使用矿石的生产活动，二次生产是指使用废金属的生产活动。以铝为例，一次生产中，每 10 万吨的 CO_2 产生量为 383 kg-CO_2，二次生产中，每 10 万吨的 CO_2 产生量为 29 kg-CO_2，削减率为 92%。

表 3-7　再生利用带来的 CO_2 削减率

品目	一次生产 /kg	二次生产 /kg	削减率 /%
铝	383	29	92
铜	125	44	65
铅	163	2	99
镍	212	22	90
锡	218	3	99
锌	236	56	76

资料来源：渡边（2010），26 页。

同样，从其他金属的情况来看，使用废金属可以减排 75%～90% 的 CO_2 ①。如果照这样的水准进行再生利用，可以对以地球变暖问题为首的环境问题的改善做出重大贡献。

4. 典型企业

（1）废铁产业

在以废铁为主要原料的电炉炼钢企业中，市场份额位居日本之首的是东京制铁株式会社（总公司：东京都千代田区）。该公司在冈山、宇都宫、高松等地也有工厂，是与大型高炉炼钢企业无关的独立的电炉炼钢企业。以冈山工厂为核心，年粗钢产量超过 200 万吨。规模仅次于东京制铁株式公司的是 JFE 条钢株式会社（总公司：东京都港区）和共英制钢株式会社（总公司：大阪府北区）。正如其名，JFE 条钢株式公司是大型高炉炼钢企业 JFE 钢铁的下属公司，在仙台、鹿岛、姬路有炼钢厂，年粗钢产量为 150 万吨左右。共英制钢株式公司为住友金属工业公司下属的电炉炼钢企业，主要生产点位于枚方、山口、名古屋等地，年粗钢产量约 150 万吨。

（2）有色金属产业

主要的炼铜企业有住友金属矿山（总公司：东京都港区、东予工厂）、泛太平洋铜业（JX 日矿日石金属株式会社出资 66%、三井金属矿业株式会社出资 34% 的合资企业）、三菱材料株式会社（总公司：东京都千代田区）、同和金属矿产（DOWA METAL MINE）株式会社（总公司：东京都千代田区）等；

① 另外，废铁的 CO_2 削减率约为 58%。

铜产品需求方电线制造企业主要有住友电气工业株式会社（总公司：大阪市北区）、古河电气工业株式会社（总公司：东京都千代田区）、日立电线株式会社（总公司：东京都千代田区）等；炼铝的代表性企业有住友轻金属株式会社（总公司：东京都港区）、株式会社神户制钢所（尤其是真冈制造所）、昭和电工株式会社（总公司：东京都港区）、三菱铝业（总公司：东京都港区）等；炼铅企业有住友金属矿山株式会社（播磨工厂）、神冈矿业（三井金属矿业 100% 出资）、细仓金属矿业（三菱材料 100% 出资）、小坂精炼（同和金属矿产 100% 出资）、东邦亚铅株式会社（总公司：东京都中央区）等。

参考文献

[1]【日】家电制品协会 . 2014. 家电再生利用年度报告书 2013 年度版 .
[2]【日】经济产业省 . 2004. 机动车再生利用相关处理技术等的调查 .
[3]【日】新日本制铁株式会社 . 2004. 铁和钢铁的常识 . 东京：日本实业出版社 .
[4]【日】石油天然气及金属矿物资源机构 . 2014. 矿物资源物质流 2013.
[5]【日】富高幸雄 . 2013. 日本废铁史集成 . 东京：日刊市况通信社 .
[6]【日】富高幸雄 . 2009. 日本《市中铁源》——现代 70 年编年史 . 东京：日刊市况通信社 .
[7]【日】仲雅之 . 2009. 第五章　稀有金属再生利用的风险和益处细田卫士编《资源循环型社会的风险和益处 . 东京：庆应义塾大学出版会 .
[8]【日】日刊市况通信社编 . 2014. 废铁资料集 2014. 东京：日刊市况通信社 .
[9]【日】日刊市况通信社编 . 2011. 金属元素、企业、再生利用事典 . 东京：日刊市况通信社 .
[10]【日】根崎光男 . 2008. “环境” 城市的真相：为什么江户的上空曾有仙鹤飞翔 . 东京：讲谈社 +α 新书 .
[11]【日】细田卫士 . 2012. GOODS 和 BADS 的经济学：第二版 . 东京：东洋经济新报社 .
[12]【日】细田卫士 . 2008. 资源循环型社会 . 东京：庆应义塾大学出版会 .
[13]【日】渡边泉 . 2012. 话说重金属 . 东京：中公公论新社 .
[14]【日】渡边启一 . 2010. 废铁再生利用的现状 . 月刊素形材，51-3：21-27.

山本雅资　东海大学政治经济学部经济学科教授

五、稀有金属的回收利用

（一）管理现状

1. 稀有金属再生利用的背景

稀有金属是日本机动车、IT产品等主要制造业不可或缺的材料，可以提高环境性能、节电、小型轻量化、持久性等，对提高产业竞争力起着十分重要的作用[①]。

经济产业省将稀有金属定义为在地球上赋存量稀少的，或是因技术、经济原因难以提炼的金属中，目前工业生产需要的，且预计随着今后技术革新还会产生新的工业需求的金属。稀有金属是指31种元素（表3-8），其中，17种稀土计为一个矿种（表3-9）。

表3-8　31种稀有金属

锂	铍	硼	稀土*	钛
钒	铬	锰	钴	镍
镓	锗	硒	铷	锶
锆	铌	钼	钌	铑
钯	铟	锑	碲（非金属元素）	铯
钡	铪	钽	钨	铼
铂	铊	铋		

注：* 以下17种元素统称为稀土。

表3-9　17种稀土

钪	钇	镧	铈	镨
钕	钷	钐	铕	钆
铽	镝	钬	铒	铥
镱	镥			

① 援引（2012年7月）《中央环境审议会废弃物及再生利用分会、小型电器电子设备再生利用制度及废旧产品中的有用金属的再生利用委员会、废旧产品中的有用金属的再生利用工作小组联席会议中期报告》。

日本资源匮乏，稀有金属大多依赖国外进口。1997年，在京都召开的联合国气候变化框架条约缔约方会议（COP3）上通过了记载有温室气体具体削减目标的《京都议定书》。以此为契机，电动机动车、混合燃料机动车等新能源机动车，以及燃料电池、节能型家电等使用稀有金属的，高环保性、节能高效的产品得到迅速普及，因而近年来日本对稀有金属的需求量急速高涨。不仅是日本，其他发达国家也因采取防止地球变暖措施而对稀有金属的需求量增大。同时伴随新型市场国家经济的快速发展，全球对稀有金属的需求也在增加。

尽管世界对稀有金属的需求量增大，但由于稀有金属一般产量较少且地理分布不均，其供给受资源拥有国的出口政策、政情、生产设施状况等以及投资者想法的影响，随时有中断供给及价格剧烈波动的风险。特别是近年来资源拥有国的资源民族主义有所抬头，一些国家有将稀有金属作为战略物资，强化国家管理、控制出口的可能性，引起国际社会对稀有金属供需紧张甚至供给障碍的担忧。

在此背景下，为了确保资源稳定，稀有金属资源匮乏的日本于2009年制定了《稀有金属安全保障战略》。《稀有金属安全保障战略》的具体措施主要有4个，即构建与资源拥有国之间的战略互惠关系，以及确保重要稀有金属资源权益等的“海外资源保障”；开发可替代稀有金属材料的“替代材料”；做好重要稀有金属“储备”，降低断供风险；“再生利用”国内废旧产品及加工废料等，对存在的稀有金属进行再生利用。

日本虽然资源匮乏，但稀有金属资源存在于国内小型电子设备等废旧产品及加工废料中，只是因埋没于城市中未被使用，因此被称为“城市矿山”[①]。这些资源的再生利用可以减少对海外资源的依赖，有效利用国内资源，因此再生利用被视为资源战略上的重要举措。

2. 稀有金属再生利用相关法律制度

金属资源再生利用的主要法律制度有《家电再生利用法》[②]《机动车再生利

① 包括还在使用中的产品。据推算，日本国内的“城市矿山”中沉睡着6 800吨金（大约相当于世界埋藏量的16%）、6万吨银（大约相当于世界埋藏量的22%）、15万吨锂、2 500吨铂［独立行政法人物质及材料研究机构《不同元素的年消费量、埋藏量等比较资料》（2008年1月11日公布）］。

② 《家电再生利用法》（1998年6月制定）是关于家庭用空调、电视机、电冰箱及冰柜、洗衣机及烘干机四大家电的废弃物减量及资源再利用的法律。

用法》[①]《资源有效利用促进法》[②]《小型家电再生利用法》等。其中，为回收稀有金属而制定的法律为《小型家电再生利用法》。

小型家电是指用过的数码相机、游戏机等废旧小型电子设备等。日本废旧小型电子设备的年产生量为65万吨，被看作“城市矿山”之一。这些废旧小型电子设备中含有各种金属。据推算，其中铝、金、银、铜、稀有金属等有价金属有28万吨，金额约为844亿日元。然而，除了铁等少部分金属，其他大多数被作为废弃物填埋。因此，鉴于近年世界上出现的稀有金属供需紧张及供给障碍问题，2013年4月制定了《小型家电再生利用法》，目的是为回收废旧小型电子设备，促进以稀有金属为核心的各种有用金属的再生利用。

在废旧家电的再生利用方面，电视机、空调、电冰箱及冰柜、洗衣机及烘干机四大家电已经按照1998年6月制定的《家电再生利用法》进行回收处理。《小型家电再生利用法》的对象是手机、数码相机、游戏机、钟表、电饭煲、微波炉、吹风机、电风扇等，几乎包括了《家电再生利用法》中没有规定的其他所有家电。

废旧小型家电的回收方式为：市町村设置回收箱或大型回收集箱等，将消费者分类排放的产品回收，交付给国家批准的认定企业（收集及物流企业、中间处理企业、金属冶炼企业等）进行再资源化。

《家电再生利用法》规定由零售业者（家电零售商店）回收四大家电，而《小型家电再生利用法》规定由市町村回收废旧小型家电，具体回收品种及回收方法由各个市町村决定。同时，《家电再生利用法》规定制造家电四大件的企业有再生利用（再资源化）的义务，而《小型家电再生利用法》规定由国家批准认定的企业承担此义务（表3-10）。截至2018年12月，已经认定56家企业[③]。

---

① 《机动车再生利用法》（2002年7月制定）是规定将报废机动车的有用金属等回收后产生的破碎残余物、氟利昂类、安全气囊等进行规范处理，以健全报废机动车再生利用制度的法律。

② 《资源有效利用促进法》（2000年5月制定）是规定通过（1）强化企业对产品的回收和再生利用的实施等循环利用措施，并采取新的促进措施；（2）产品资源节约化、长寿命化等控制废弃物的产生（减量）；（3）回收后产品零部件等的再利用（再使用）等措施，同时针对产业废弃物，通过控制副产品的产生（减量）、促进再生利用等，目的是构筑循环经济体系的法律，共指定了10个行业、69种产品。

③ 38家认定企业，参照环境省网站 http：//www.env.go.jp/recycle/recycling/raremetals/trader.html。

除了根据上述法律制度回收废旧小型家电等最终产品的途径，稀有金属再生利用还可以通过回收制造工艺产生的废料的途径，即回收使用稀有金属进行产品制造过程中产生的研磨渣或加工废料等。

表 3-10 《家电再生利用法》和《小型家电再生利用法》的比较

	《家电再生利用法》	《小型家电再生利用法》
对象品种	四大家电，即电视、空调、电冰箱及冰柜、洗衣机及烘干机	手机、数码相机、游戏机等多种小型电子设备。 * 具体的再生利用品种由各个市町村决定
废旧家电的回收方法	电器店（零售商）从消费者手中回收，制造厂家进行再生处理	市町村设置回收箱或大型回收箱等将消费者分类排放的小家电回收。 * 回收方法由各个市町村决定。 * 大型电器店（零售商）也协助回收
实施再资源化	制造厂家	为保证集中收集和物流企业、中间处理企业、金属冶炼企业等切实、规范地进行回收和再生利用，由国家认定的企业（认定企业）进行。 * 开展再资源化的企业可制订再资源化项目实施计划，并接受主管大臣的认定。 * 再资源化项目实施计划得到认定的人或接受其委托的人在开展废旧小型家电等的再资源化所需工作时，不需要市町村长等的废弃物处理行业许可。 * 除非有正当理由，再资源化企业不得拒绝收取在其计划区域范围内的市町村分类收集的废旧小家电
消费者的费用负担	根据品种不同，负担数千日元左右的费用 + 搬运费	根据市町村要求有所不同，有些品种需要交手续费

3. 作为再生利用对象的矿物

在 2008—2010 年经济产业省和环境省主持的“有关从废旧小型家电回收稀有金属并进行规范处理的研究会”上，不仅仅针对小型家电而是以更广泛的废旧产品为对象，进行供给风险的定量评估和需求预测等，考虑到再生利用技术还没有完全确立等原因，选定了 14 种矿物，今后将优先对其进行再生利用研究。

此外，2012年9月，在经济产业省和环境省联合召开的稀有金属再生利用工作小组联席会议上[①]，又从优先研究再生利用的14种矿物中，除去工艺过程回收已经相当成熟的矿种（铟、镓），以及目前还没有确立再生利用技术的矿种（锂、镧、钐）等之后，确立了5个矿种（钕、镝、钴、钽、钨）作为今后重点研究再生利用的对象（图3-42）。

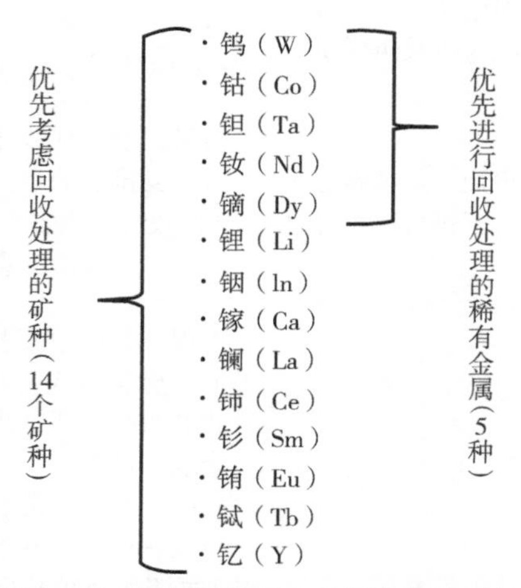

图3-42　优先进行再生利用的稀有金属

（二）从废旧产品中再生利用主要矿物的情况

下面就重点研究再生利用的5种稀有金属的概要、从废旧产品中回收的情况、再生利用技术进行说明。由于从废旧产品中回收稀有金属的技术大多数还处于开发阶段，目前很多技术经济性还不高，产业仍不够成熟。未来产业规模基于以下假设，已销售的产品经过平均使用年限后全部废弃和回收，且其中所含稀有金属能全量提取的情况下，一年能回收到的稀有金属量的推

---

① 产业构造审议会环境分会、废弃物及再生利用委员会、中央环境审议会废弃物及再生利用分会、小型电器电子设备再生利用制度及废旧产品中的有用金属的再生利用委员会、废旧产品中的有用金属的再利用工作小组联席会议。

测值作为潜在再生利用量[①]。

1. 钨

（1）概要

钨具有硬度高、耐热性好的特点，多用于超硬切削工具或耐磨工具、矿山土木工具等，以及添加到高速钢、耐热钢、超硬工具钢等特殊钢里。另外，由于钨在金属中的熔点最高，电阻较大，作为金属钨被用于白炽灯泡、电子管灯丝、散热器、钨丝网、钨锚、电气化学用的电极、高温炉散热片等，作为钨合金（铜、银、镍等合金）被用于合金电气插头、放电加工电极、半导体用放热板及钨基重合金等。其他还用作脱硝及高分子化学等的催化剂、颜料、金刚石工具的抛光粉等。

2012 年，中国钨矿石产量约占世界的 87%，可以说钨是一种产地极为集中的矿物。

（2）再生利用状况

钨主要从超硬工具中回收，包括从大型机动车制造厂等使用超硬工具的用户中直接回收和从回收商手中收集两种途径。生产者从超硬工具用户直接回收的钨，可以作为超硬工具的材料；从回收商回收的钨，除用作超硬工具的材料外，还可用作生产特种钢原料的人工合成白钨。

与超硬工具回收量相比，还可以从石油化工催化剂及火力发电厂的脱硝催化剂等中回收少量钨。从催化剂中回收的钨，除可以用作催化剂再利用外，还可以用于生产钨铁（FeW）。

据测算，钨具有很高的再生利用潜力。2010 年的回收量将约占日本 6 000 吨国内需求量的 46%（约 2 760 吨），2015 年的回收量将约占 6 400 吨国内需求量的 50%（约 3 200 吨），2020 年的回收量将约占 6 800 吨国内需求量的 55%（约 3 740 吨）（表 3-11）。另外，2010 年的实际回收量为 570 吨[②]。

---

① 资料来源：中央环境审议会《废旧有用金属的再生利用方式（第二次报告）》（2012 年 10 月）资料。

② 独立行政法人石油天然气及金属矿物资源机构（2014 年 6 月）《矿物资源物质流》（2013）。

表 3-11 超硬工具的钨再生利用量占国内总需求量的比例（推算）

	2010 年	2015 年	2020 年
国内需求量 /t	6 000	6 400	6 800
再生利用量 /t	2 760	3 200	3 740
再生利用量占国内总需求量的比例 /%	46	50	55

资料来源：根据日本中央环境审议会《废旧有用金属的再生利用应有的方向（第二次报告）》（2012 年 10 月）资料，由笔者编制。

（3）再生利用技术的情况

从使用过的超硬工具回收作为超硬合金原料的钨的技术已经实用化。主要有两种技术，即锌处理法和化学处理法。锌处理法不需要药剂和废水处理，在处理成本上占优势，但缺点是只能获得和废旧超硬工具的成分构成相同的粉末，其用途受到限制。

因此，目前废旧超硬工具的再生技术逐渐向化学处理法转移。化学处理法的特点是，不管废旧超硬工具的成分构成如何，都可以获得和原生原料相同质量的用途广泛的中间原料（仲钨酸铵）。

2. 钴

（1）概要

钴主要作为锂离子电池（Lithium Ion Battery，LIB）的正极材料使用，在手机、笔记本电脑、新能源机动车等 LIB 中广泛使用，约占需求总量的 90%（在新能源机动车上，钴也用于镍氢电池）。

其他用途包括超硬合金的胶黏剂、高速钢及耐热钢等特殊钢的添加剂、HDD 等的磁性材料、家电产品及音响设备等所使用的铝镍钴磁铁、钐钴磁铁等永磁体、石油精制时使用的脱硫催化剂等。

钴是一种产地相当集中的矿物。刚果民主共和国是钴矿石的主要生产国，2012 年产量约占世界总产量的 55%。刚果民主共和国的政局变化可能会导致钴的供给不稳定。

（2）再生利用状况

钴主要从废电池（LIB）中回收。

据推测，钴的再生利用量潜力为：2010 年的回收量约占日本 14 000 吨国内需求量的 6%（约 770 吨），2015 年的回收量约占日本 14 900 吨国内需求量的 6%（约 924 吨），2020 年的回收量约占日本 16 300 吨国内需求量的 5%（约 854 吨）。因考虑到 2025 年新能源机动车的普及，推测钴的回收量将约占日本 16 300 吨国内需求量的 13%（约 2 189 吨），见表 3-12。另外，2010 年的实际再生利用量为 43 吨[①]。

表 3-12　废旧电池的钴回收量占国内总需求量的比例（推算）

	2010 年	2015 年	2020 年	2025 年
国内需求量 /t	14 000	14 900	16 300	16 300
再生利用量 /t	770	924	854	2 189
再生利用量占国内总需求量的比例 /%	6	6	5	13

资料来源：根据中央环境审议会《废旧有用金属的再生利用应有的方向（第二次报告）》（2012 年 10 月）资料，由笔者编制。

注：2025 年国内总需求量的推算值按与 2020 年同值进行推算。

（3）再生利用技术状况[②]

从废锂离子电池及废镍氢电池回收含有钴的活性物质为前处理技术。废弃小型锂离子电池及新能源机动车的废旧镍氢电池，经过热处理、粉碎、分选回收含钴物质的前处理技术已经得到实用化。从新能源机动车的废旧锂离子电池回收含钴物质的主要技术已经开发，但还未实用化。另外，简单地将含在废旧电器电子产品等内部的小型锂离子电池取出的技术也还没有进行开发。无论是新能源机动车的废旧镍氢电池，还是废旧小型锂离子电池及新能源机动车的废旧锂离子电池，从回收的含钴活性物质中回收钴的后处理技术均已完成开发，正在朝着实用化进行验证试验。

据技术开发路线图显示，目前正在进行取出含在废旧电器电子产品等中

① 独立行政法人石油天然气及金属矿物资源机构（2014 年 6 月）《矿物资源物质流》（2013）。

② 参考日本中央环境审议会《废旧有用金属的再生利用应有的方向（第二次报告）》（2012 年 10 月）资料。

的小型锂离子电池的技术开发，并以2016年完成为目标。例如，技术开发体制是以经济产业省矿物资源科和独立行政法人石油天然气及金属矿物资源机构（Japan Oil，Gas and Metals National Corporation，JOGMEC）为主体，通过与JX日矿日石金属㈱签约实施。

3. 钽

（1）概要

在金属中，钽具有最稳定的氧化膜，被视为和白金具有同等的抗腐蚀性和良好的绝缘效果，常用作钽电容器的金属钽粉或钽丝使用。钽电容器广泛用于笔记本电脑、智能手机等通信设备、液晶电视、摄像机、数码相机等数码家电及机动车零部件等方面。除用于钽电容器外，钽还被用作抗热抗腐蚀材料、合金添加物、溅射靶材等。钽氧化物及碳化物等化合物用于切削工具、光学镜片的添加剂等。

钽的生产多集中在纷争不断的刚果民主共和国及其周边国家。因为属于冲突矿产，2010年美国针对刚果民主共和国及其周边国家生产的被称为3TG的冲突矿产（锡、钽、钨、金）通过了《多德·弗兰克法》第1502条，对企业产品中是否使用了冲突矿产进行调查，并规定企业有信息公开义务。之后，2012年，美国证券交易委员会（U S Securities and Exchange Commission，SEC）审核批准了有关信息公开内容的最后一项规则，规定在SEC登记的企业有义务向其报告和公开本公司是否使用了冲突矿产。但是，再生利用或从废金属中获得的不属于冲突矿产，不适用于《多德·弗兰克法》，这进一步提高了再生利用的重要性。

（2）再生利用状况

从再生利用量的潜力来看，2010年的回收量约占日本460吨国内需求量的6%（约36.8吨），2015年的回收量约占日本510吨国内需求量的6%（约30.6吨），见表3-13。由于目前日本国内尚未开展从废旧产品中回收钽的工作，2010年的实际再生利用量为零[①]。

---

① 独立行政法人石油天然气及金属矿物资源机构（2014年6月）《矿物资源物质流》（2013）。

表 3–13 废旧电器电子产品的钽回收量占国内总需求量的比例（推算）

	2010 年	2015 年
国内需求量 /t	460	510
再生利用量 /t	36.8	30.6
再生利用量占国内总需求量的比例 /%	6	6

资料来源：根据中央环境审议会《废旧有用金属的再生利用应有的方向（第二次报告）》（2012 年 10 月）资料，由笔者编制。

（3）再生利用技术状况 ①

目前，已有前处理技术开发出来，例如，从废旧电子基板分离下来的电子元器件中，将钽电容器进行分选浓缩的技术。但是，仍存在有些种类的电子基板很难分离电子元器件的问题，以及将多种多样的电子元器件分离和分选、浓缩等一系列处理流程的整体优化也没有得到很好的解决。另外，从废旧电器电子产品等中，高效分选回收电子基板的技术也尚未开发。但从废旧钽电容器中回收钽的后处理技术已经实用化。

根据已经出台的技术开发路线图，以 2016 年为目标进行前处理技术开发。例如，技术开发体制之一是以经济产业省矿物资源科和 JOGMEC 为主体，通过与三井金属矿业㈱签约实施。

4. 钕、镝

（1）概要

钕、镝是 17 种稀有金属中的两种。主要用途为电动机动车（Electric Vehicle，EV）、混合动力车（Electric Vehicle，HEV）等新能源机动车驱动电机所用的磁力最强的永磁体（钕铁硼磁铁）材料。今后应进行再生利用的产品包括新能源机动车驱动电机、大型家电（空调等）的压缩机、电脑的 HDD 等 ②。

2012 年，中国稀土生产量占世界的 88%，但美国和澳大利亚等国也在进

① 参考中央环境审议会《废旧有用金属的再生利用应有的方向（第二次报告）》（2012 年 10 月）。

② 《稀有金属的再生利用现状》（经济产业省 2011 年 11 月）。

行钕的开发。有开采希望的镝矿床集中在中国的特定矿床（离子吸附型矿）中，可以称得上是资源集中性非常强的矿物。

预计今后各国因能源的安全保障以及应对气候变化的问题，可再生能源会得到广泛普及。因其具有结构简单、稳定且保养维护简便的特性，预计使用适于海上风力发电的永磁体式同步发电机（Permanent Magnet Synchronous Generator，PMSG）的风车会得到普及。因此，风力发电机上的应用会使钕铁硼磁铁需求量增大，尤其是在海上风力发电方面。

（2）再生利用状况

从钕再生利用量的潜力来看，2010 年的回收量约占日本 5 200 吨国内需求量的 1%（约 44 吨），2015 年的回收量约占日本 6 200 吨国内需求量的 2%（约 99 吨），2020 年的回收量约占日本 7 100 吨国内需求量的 3%（约 189 吨），2025 年的回收量将约占日本国内需求量（7 100 吨）的 7%（约 465 吨），见表 3-14。

从镝再生利用量的潜力来看，2010 年的回收量约占日本 600 吨国内需求量的 1%（约 3 吨），2015 年的回收量约占日本 720 吨国内需求量的 2%（约 16 吨），2020 年的回收量约占 740 吨国内需求量的 5%（约 35 吨），2025 年的回收量将约占日本 740 吨国内需求量的 11%（约 80 吨），见表 3-15。

另外，由于从废旧产品中回收钕和镝的工作还未开展，2010 年的实际再生利用量为零。

表 3-14　含钕产品的钕回收量占国内总需求量的比例（推算）

	2010 年	2015 年	2020 年	2025 年
国内需求量 /t	5 200	6 200	7 100	7 100
再生利用量 /t	44	99	189	465
再生利用量占国内总需求量的比例 /%	1	2	3	7

资料来源：根据中央环境审议会《废旧有用金属的再生利用应有的方向（第二次报告）》（2012 年 10 月）资料，由笔者编制。

注：2025 年的国内总需求量的推算值按与 2020 年同值进行推算。

表 3-15　含镝产品的镝回收量占国内总需求量的比例（推算）

	2010 年	2015 年	2020 年	2025 年
国内需求量 /t	600	720	740	740
再生利用量 /t	3	16	35	80
再生利用量占国内总需求量的比例 /%	1	2	5	11

注：2025 年的国内总需求量的推算值按与 2020 年同值进行推算。

（3）再生利用技术状况 ①

从含钕磁铁的新能源机动车用驱动电机、大型家电（空调等）的压缩机、电脑的 HDD 等废旧产品中回收钕磁铁的前处理技术，已经开发出各种基础技术，正在朝着实用化开展验证工作。一方面，从废旧滚筒式洗衣机的马达、机动车的废旧电动助力转向器马达等中回收钕磁铁的各种基础技术虽然已经得到开发，但还未进行实用化验证。另一方面，2014 年在资源循环技术及系统的表彰活动中（一般社团法人产业环境管理协会主办、经济产业省后援），株式会社大协商店（岐阜县各务原市）及 CMC 技术开发株式会社（岐阜县各务原市）开发的从废钕磁铁中回收纯度 99% 以上的钕及镝的“废钕磁铁中回收钕及镝新技术实用化项目”受到表彰，表明从钕磁铁中回收钕和镝的后处理技术已经实用化，但如何减少再生利用所需的药剂用量，以及电解工序实现无污染处理等技术的效率化和经济性还有待提高。

（三）促进稀有金属的再生利用

上一小节总结了应重点再生利用的 5 种稀有金属的再生利用状况。可以看出，除了很多从废旧产品中回收稀有金属的技术还处于开发阶段，可从回收来的废旧产品中提取到的稀有金属量也很少，要想满足成本要求，需要回收大量废旧产品，因而作为产业的成熟度还不够高。

根据环境省资料，2013 年认定企业回收的废旧小型电子设备为 13 236 吨，其中进行再资源化的金属为 7 514 吨。从再资源化的金属类别看，分别为铁

① 参考日本中央环境审议会《废旧有用金属的再生利用应有的方向（第二次答申）》（2012 年 10 月）。

6 599 吨、铝 505 吨、铜 381 吨、金 46 千克、银 446 千克、钯 2 千克。这些再加上不锈钢和黄铜等，换算后的金额仅相当于 6.9 亿日元，可见稀有金属的再生利用成绩并不乐观。另外，废旧小型电子设备的实际回收量（13 236 吨）远未达到政府提出的 2015 年 140 000 吨的回收目标。若达到目标，需要建立高效的回收网络，进一步促进稀有金属的再生利用。然而，现实需要解决的根本问题是如何回收不划算的稀有金属，让其增加附加价值以取得经济效益。附加价值提高，经济效益增加，回收率就会相应提高，也会带动其他行业的参入，最终必然促进技术和服务的提高和扩大。若要提高稀有金属再生利用的附加价值，应在回收普及、成本降下来之前这个阶段引入政策性引导措施。

在有关钽的介绍中提到的《多德 · 弗兰克法》第 1502 条，规定在 SEC 登记的企业有义务向其报告和公开本公司是否使用了冲突矿产。通过这种措施，企业可树立风险管理的理念，从中预见到未来的风险，并为规避这些风险采取必要的风险管理措施，避免使用冲突矿产。美国的《多德 · 弗兰克法》可以理解为是避免企业使用冲突矿产的政策性引导措施，通过措施的实施可以使企业避免将来给自己带来损失的行动。美国的《多德 · 弗兰克法》虽然是引导企业不去使用冲突矿产这一特定矿物的政策，同时反过来也是引导企业积极使用回收的稀有金属这一特定矿物的措施。通过实施美国的《多德 · 弗兰克法》可使企业采取避免给其带来损失的行动，也促使企业使用回收的稀有金属获利。

具体措施可包括对使用回收稀有金属生产产品的生产者以及使用者适用税收优惠措施，在进出口时使用关税优惠措施等。为促进上述政策的实施，不应仅在一个国家，重要的是在更多的国家同时实施，将稀有金属的再生利用市场扩大到全世界。因此，需要建立积极利用回收的稀有金属进行产品生产及贸易的多国框架。

参考文献

[1]【日】中央环境审议会 . 2012. 中央环境审议会废弃物及再生利用分会、小型电器电子设备再生利用制度及废旧产品中的有用金属的再生利用委员会、废旧产品中的有用金

属的再生利用工作小组联席会议中期报告 .
[2]【日】环境省网站 . 认定企业联络信息一览 . http：//www.env.go.jp/recycle/recycling/raremetals/trader.html [2018-12-26].
[3]【日】中央环境审议会 . 2012. 废旧有用金属的再生利用应有的方向（第二次答申）. 独立行政法人石油天然气及金属矿物资源机构（2014 年 6 月）.
[4] JOGMEC. 矿物资源物质流 . 2013.
[5]【日】经济产业省 . 2011 年 11 月 . 稀有金属的再生利用现状 .

（平沼　光　公益财团法人东京财团政策研究所研究员）

六、废纸的回收利用

（一）管理现状

1. 纸浆、造纸业、废纸再生利用的法律制度

废纸的再生利用与家电、机动车等单项产品不同，没有一个专门为废纸制定的法律制度。因此，废纸的再生利用在大的框架上遵循《循环基本法》的规定。关于具体制度，在《废弃物处理法》和《资源有效利用促进法》中做了规定。另外，家庭产生的纸制容器及包装废弃物属于《容器及包装物再生利用法》的管控对象。因为没有单独的再生利用法，只有多个法律交叉规定的制度，使日本的纸浆、造纸业、废纸再生利用的相关法律制度错综复杂，理解起来有一定的难度（图 3-43）。在本节中，将分别对《废弃物处理法》《资源有效利用促进法》及《容器及包装物再生利用法》规定的纸浆、造纸业、废纸再生利用的制度加以整理。

首先明确废纸和纸垃圾的定义。在《资源有效利用促进法》中，废纸被定义为“曾经一度被使用，或未经使用而被收集、废弃的有用的纸、纸制品、书籍等，其全部或部分为纸质，可以作为纸的原材料利用（包括收集后进口的废纸），或有可能被加以利用”。

这里所说的“有用的”未明确是否指经济上有利用价值。因此，为区分

废纸和纸垃圾，本书将其定义如下：

①废纸：符合《资源有效利用促进法》对废纸的定义，尤其指有经济利用价值的纸；

②纸垃圾：没有用的或者虽符合《资源有效利用促进法》对废纸的定义，但没有经济利用价值的纸。

《循环基本法》对“废弃物等”的定义中没有区分有价值还是无价值，如使用“废弃物等”的说法，那么有价值的纸质废弃物等就是废纸，无价值的纸质废弃物等就是纸垃圾。

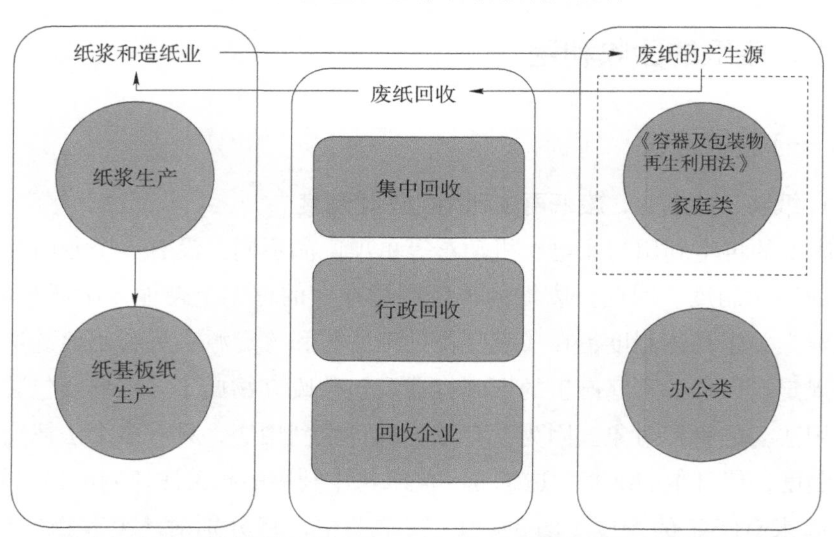

图 3-43　日本的纸浆、造纸业、废纸再生利用相关的主要法律制度

2.《废弃物处理法》

《废弃物处理法》是以废弃物为对象，以推动其排放控制及规范处理为目的的法律。在《废弃物处理法》中，废弃物被定义为“不可以有偿出售的、不要的物品”。因此可以理解为，《废弃物处理法》是以纸垃圾为对象的法律。

废弃物分为一般废弃物和产业废弃物，分别由市区町村和企业承担处理责任。纸垃圾也分为一般废弃物和产业废弃物，下面的纸垃圾属于产业废弃物：

①纸浆、纸、纸加工品制造业、报纸业（仅限于使用新闻纸的印刷发行物）相关的纸垃圾；

②出版业（仅限于印刷出版物）相关的纸垃圾；

③装订业及印刷品加工业相关的纸垃圾。

除此之外的纸垃圾属于一般废弃物。一般来说，废弃物处理行业实施许可制。但是，无论是一般废弃物还是产业废弃物，只处理专门以再生利用为目的的废弃物的企业则不需要许可。也就是说，只要是废纸而不是纸垃圾，则不适用于《废弃物处理法》。

3.《资源有效利用促进法》

《资源有效利用促进法》是规定资源循环各相关方责任的法律。《废弃物处理法》是以纸垃圾为对象的法律，与此相反，《资源有效利用促进法》是以废纸为对象的法律。法律规定的对象行业和产品涉及 10 个行业、69 种产品。尤其是纸浆、造纸业及废纸再生利用相关的行业和产品，纸浆、造纸业被指定为“特定节省资源行业”和“特定再利用行业”，纸制容器及包装物被指定为“指定标识产品”。

对于特定节省资源行业，要求采取控制副产品产生的措施。2000—2005 年，纸浆、造纸业副产品的最终处置量成功地从当初的 61.2 万吨削减为 42.4 万吨，减少了 30%（经济产业省，2014）。考虑到近年来纸浆、造纸业的产业规模一直没变，这个成绩确实不错。对于特定再利用行业，要求进行再生资源和再生零部件的利用。造纸业的废纸和废纸纸浆的利用就属于此类。废纸利用率的具体变化情况将在下一小节中叙述，法定目标是到 2015 年将废纸利用率提高到 64%。对于指定标识产品，要求有分类回收的标识。目前，包括纸制容器及包装物在内的容器及包装物，几乎 100% 的产品都有分类回收的标识，如纸或塑料（经济产业省，2013）。

4.《容器及包装物再生利用法》

《容器及包装物再生利用法》是以家庭等排放的容器及包装废弃物为对象，在消费者负责分类排放、市町村负责分类收集、企业等负责再生利用责任分担的基础上，以促进容器及包装废弃物的规范处理及资源有效利用为目的的法律。回收途径、回收方法等与其他容器及包装废弃物相同，在这里不再详细说明。

作为再商品化对象的容器及包装废弃物被称为“特定容器及包装物”，其中涉及废纸再生利用的有饮料用纸制容器及包装物、除饮料用纸制容器及包装物之外的纸制容器及包装物、瓦楞纸箱。尤其是纸制容器及包装物，因其已作为再商品化义务的对象，制造商负有与其生产量和销售量相应的再生利用义务（生产者责任延伸）。再商品化义务也可以以向容器及包装物再生利用协会支付委托费的形式履行。也就是说，制造商可以选择 physical EPR 或 financial EPR 的任何一种形式。

另外，使用“指定容器及包装物”的企业有义务设定有关容器及包装物的单位使用量（容器包装使用量除以销售额、店铺面积及其他和该容器包装的使用量有密切关系的值得出的数值）的目标以及制订为达到该目标的行动计划。容器及包装物相关的八大再生利用团体中，以下 3 个团体与废纸再生利用有关：

①纸制容器及包装物再生利用推进协议会；

②饮料用纸容器再生利用协议会；

③瓦楞纸箱再生利用协议会。

每 5 年，各团体制订一次自主行动计划，设定轻量化等目标值，并为达到目标采取相应的措施（推进 3R 团体联络会，2014）。

（二）产业规模

1. 纸和板纸的生产

近年来，日本人均纸和板纸消费量为 200～250 千克（图 3-44）。纸和板纸生产量在 20 世纪 90 年代达到 3 000 万吨之后没有太大变化。但由于制造业下降导致用于纸箱及产品包装的板纸需求量持续减少，以板纸生产量占纸和板纸生产量的比例表示的板纸生产比率，呈现缓慢下降的趋势（图 3-45）。这种现象增加了后面所述的提高废纸利用率的难度。

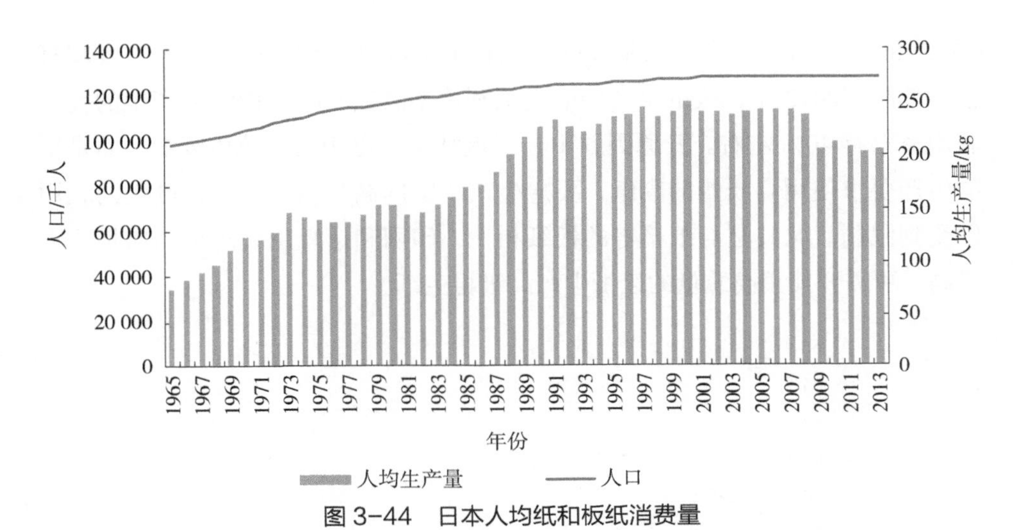

图 3-44　日本人均纸和板纸消费量

资料来源：笔者根据总务省统计局发布的日本总人口及废纸再生促进中心的统计资料编制。

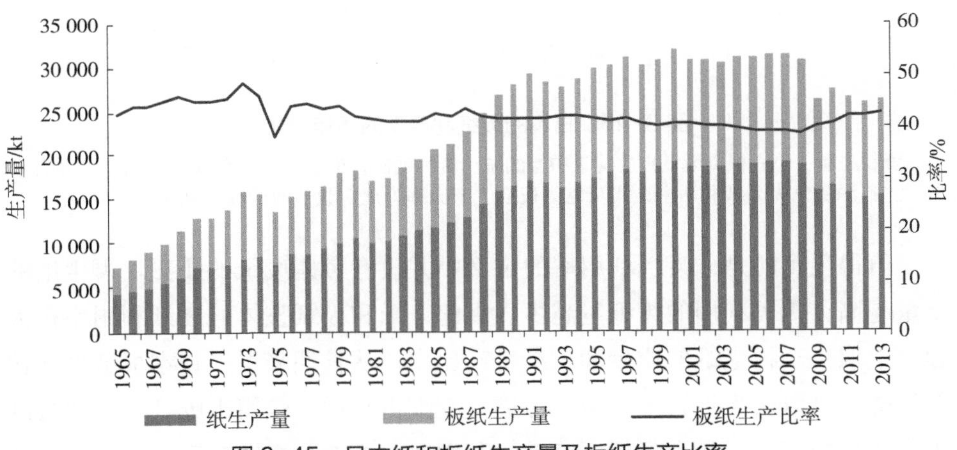

图 3-45　日本纸和板纸生产量及板纸生产比率

资料来源：笔者根据废纸再生促进中心统计资料编制。

日本纸和板纸生产中的废纸利用率，定义如下：

$$废纸利用率=\frac{废纸消费量+废纸纸浆消费量}{纸浆消费量+废纸消费量+废纸纸浆消费量+其他}$$

分母为纤维原料的合计消费量，分子为废纸和废纸纸浆的消费量。日本废纸利用率呈持续缓慢上升趋势，达到了自主设定或法定的目标水平

（图 3-46）。目前，纸和板纸整体的废纸利用率达到了 64% 左右，但二者却有很大差距。2012 年，板纸生产中的废纸利用率高达 93%，而纸生产中的废纸利用率只有 40% 左右。其原因并不在于板纸生产更积极地使用废纸，而是纸的生产要求使用高质量的废纸，要想生产一定的高品质再生纸，废纸的利用则受到限制。尤其是与纸箱等的板纸相比，印刷和信息用纸对纸的质量要求更高，更需要使用高质量的废纸生产高级再生纸。

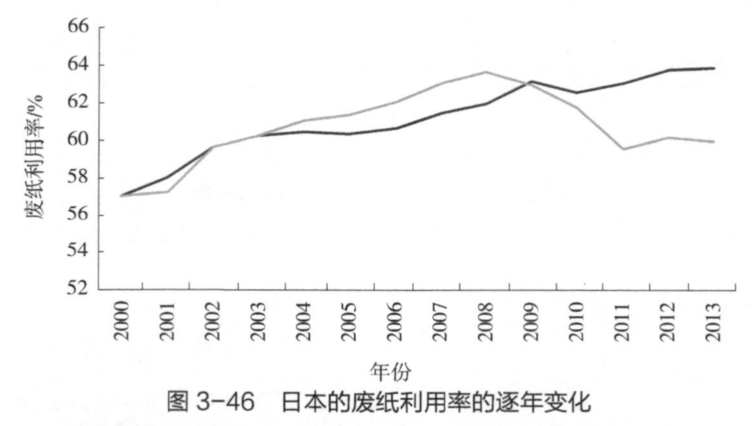

图 3-46　日本的废纸利用率的逐年变化

资料来源：笔者根据废纸再生促进中心的统计资料编制，板纸生产比率以 2000 年为基准年。
注：深灰色为废纸利用率；浅灰色为板纸生产比率为规定数值时的废纸利用率。

值得注意的是，废纸利用率的定义中并没有考虑废纸的质量。再生纸的质量越高，则可利用的废纸量越少。因此，纸和板纸整体的废纸利用率很大程度上取决于再生纸的质量和板纸生产比率。从长期来看，日本板纸生产比例下降，可以认为不管多么努力地进行废纸再利用，较用于废纸生产的板纸生产规模的缩小还是会降低废纸整体利用率。或者从短期来看，因板纸生产比率的上升，近年来的废纸利用率有所提高，这与其说是努力利用废纸的成果，还不如说是板纸生产比率的提高带来的效果。板纸生产比率以 2000 年为基准年，修正废纸利用率，即图 3-46 的点线图。从图中可以看出，近几年废纸利用率的改善很大程度上取决于板纸生产比率的增加。不把纸和板纸的废纸利用率合并成一个整体，而是单独看其走向，可以更好地理解提高废纸利用率的措施与其成果的关系。尤其是在开展废纸利用率的国际间比较时，如在不调整板纸生产比率的基础上进行，是没有意义的。

提高废纸利用率不仅关系到提高一个国家的资源效率问题，从保护森林的观点来说也非常重要。源于森林的 CO_2 排放占全世界温室气体排放总量的 20% 左右（IPCC 第五次评估报告）。目前，正就通过保护森林、削减温室气体排放的新机制，即 Reducing Emissions from Deforestation and Forest Degradation（REDD+）进行讨论，为此想出了各种经济机制（Onuma et al., 2012）。考虑到提高废纸利用率是一种公共性很强的经济活动，废纸利用应提高到一个更高的层次，而不是仅考虑一个国家内部的费效比。2000—2013 年，日本的废纸利用率提高了 7%。如果与 2000 年以后废纸利用率丝毫没有提高的情景相比，废纸利用率的提高带来的纸浆使用量的减少相当于年平均减排大约 225 万吨 CO_2（图 3-47）。假如废纸利用率达到 80%，那么则存在一年减排 1 000 万吨左右 CO_2 的潜力（图 3-47），相当于日本 CO_2 排放量的 1% 左右。

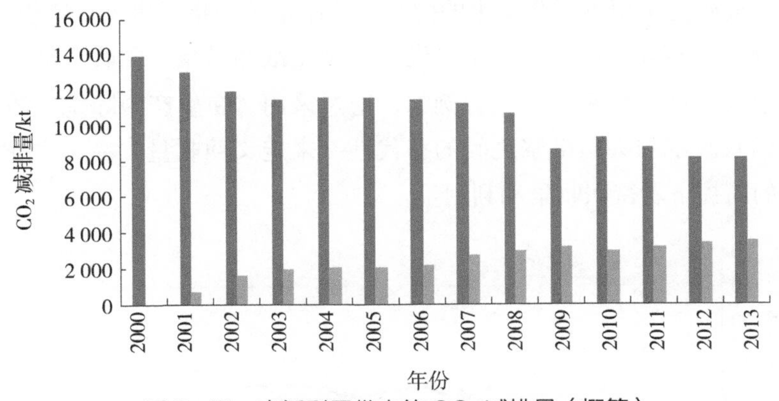

图 3-47　废纸利用带来的 CO_2 减排量（概算）

资料来源：木材体积以每吨 3.3 m^3 的换算率（林野厅第一部第 V 章第二节木材产业的动向）进行换算。容积密度为 314 kg/m^3，碳含有率为 0.5，换算成二氧化碳重量的换算率为 44/12（森林综合研究所）。

注：1. 深灰色为废纸利用率达到 80% 时的 CO_2 削减潜力（kt）；浅灰色为通过提高废纸利用率带来的 CO_2 减排量（kt，以 2000 年为基准年）。

2. 计算方法如下，首先计算出

木材生物质重量减少量 = 纤维原料合计消费量 ×（改善后的废纸利用率 − 基准年的废纸利用率）× 每吨纸浆的木材体积 × 容积密度

然后再计算

CO_2削减量=木材生物质重量的减少量×碳含有率×换算成二氧化碳重量的换算率

2. 废纸回收

首先明确废纸回收率的定义。日本废纸回收率的定义如下：

$$废纸回收率=\frac{生产厂家的进货+出口-进口}{生产厂家的出库-出口+进口}$$

分子为废纸的国内回收量，分母为纸和板纸的国内消费量。日本很早就开展废纸的再利用，其回收率也年年提高，目前已达到80%左右的高水平。有的废纸本身回收起来就很困难，也有可回收但不适合做造纸原料的，因此可作为造纸原料的回收量是很有限的。在纸和板纸的生产量中，将可以作为造纸原料回收的比例定义为可回收率。据估算，日本2011年的可回收率略超过80%（废纸再生促进中心，2013）。将现在的废纸回收率和废纸可回收率进行比较，如果仅从"量"上来看，可以说日本已经几乎将可回收的废纸全部回收了。

废纸的可回收率因国家而异。因此，在国际进行比较时，不应单纯比较回收率，最好是采用可回收量中的回收量，制定统一指标再进行比较。此外，与废纸利用率相同，废纸回收率也没有考虑废纸的质量。回收废纸具有的生产性，取决于回收废纸的质量。例如，通过采用"在生产国际统一质量再生纸时，回收废纸与天然纸浆之间的替代性"来定义回收量，在考虑质量（生产性）的前提下看待回收量和利用量。

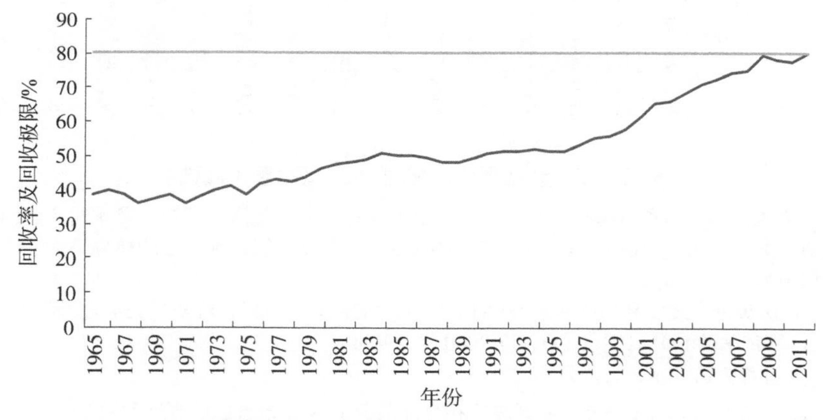

图 3-48 日本废纸回收率及回收限度

资料来源：笔者根据废纸再生促进中心的统计资料编制，废纸可回收率采用废纸再生促进中心（2013）《废纸手册2012》的估算结果。

注：深灰色为废纸回收率；浅灰色为废纸可回收率（2011）。

3. 国际贸易

近年来，日本纸和板纸的进出口贸易量均呈增加趋势，进口量增幅较大（图 3-49）。以 2000 年为界，废纸出口量急剧增加（图 3-50）。在 2011 年总出口量 4 432 吨中，有 3 368 吨出口到中国，约占 76%（废纸再生促进中心，2013）。在废纸利用率和废纸回收率一节中强调了考虑废纸质量的重要性，在这里也要强调废纸质量的重要性。一般来说，废纸质量越高，卖价越高，被优先出口国外。由于高质量的废纸流失到国外，造成日本国内剩余的废纸质量下降，有可能降低日本的废纸利用率。废纸贸易愈加活跃并没有问题，但问题是决定废纸利用率的高低，除了努力利用废纸，又增加了一个决定因素——通过贸易收集高质量的废纸也可以提高废纸的利用率。因此，若拘泥于一国境内的废纸利用率的高低，有可能极大地损害整体的效率性。

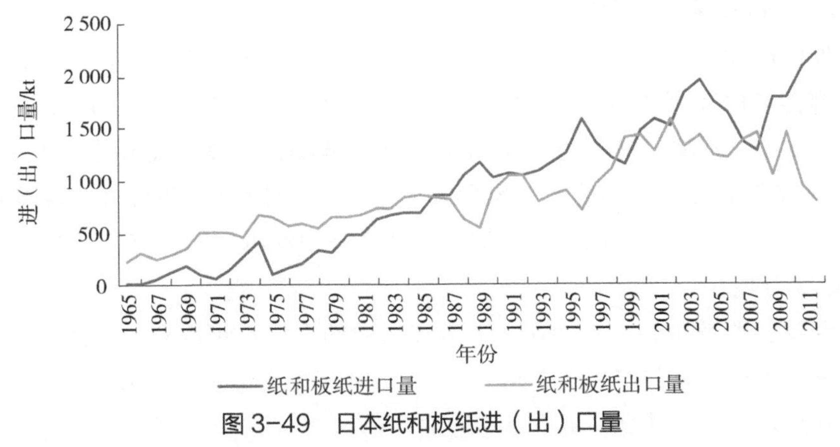

图 3-49 日本纸和板纸进（出）口量

资料来源：笔者根据废纸再生促进中心的统计资料编制。

提高废纸质量需要投入成本，在废弃或回收时进行彻底分类。包括日本在内的很多国家将提高废纸利用率作为目标，若其他国家的废纸需求量大，并且交易价格更高，那么本国投入成本进行分类回收的废纸有可能出口到国外。若是如此，该国家进行废纸分类，提高废纸质量的积极性就会降低。从这个意义上来看，提高废纸利用率和废纸贸易有着密切的关系。多个国家同时想提高废纸利用率，很可能会造成资源占有此消彼长的现象。因此，就需要建立一个国际废纸贸易的框架。

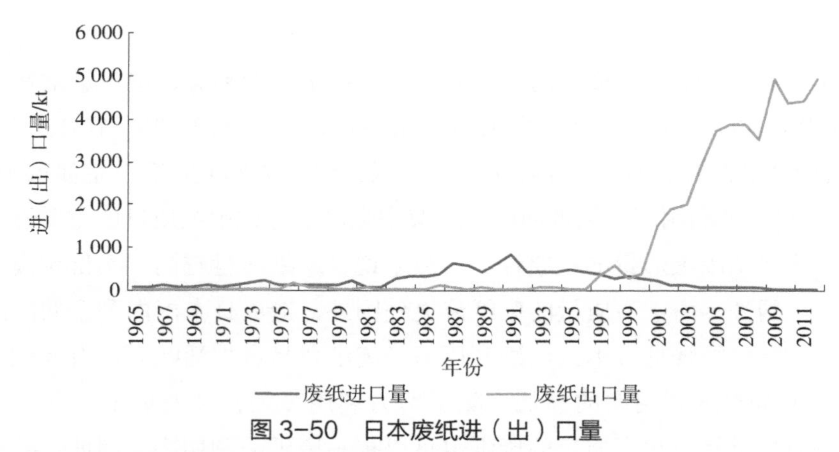

图 3-50 日本废纸进（出）口量

资料来源：笔者根据废纸再生促进中心的统计资料编制。

4. 纸制容器及包装物

如前所述，纸制容器及包装废弃物是唯一适用单项再生利用法的，与其他的容器及包装废弃物一起加强再生利用。2012 年排放的废弃物中，一般废弃物为 4 523 万吨，其中约有 65% 为家庭废弃物，在家庭废弃物中的 13.1% 为纸制容器废弃物（环境省《容器及包装废弃物的使用和排放实际状况调查》）。因此，家庭排放的纸制容器及包装废弃物约占一般废弃物的 8.5%，约为 382.5 万吨。

纸制容器及包装废弃物在一般废弃物中的占比每年都有上下浮动，其回收量则呈平稳增长状态（图 3-51）。多数纸制容器及包装废弃物作为造纸原料进行商品化处理，其交易量也逐年增加。

（三）技术水平

自古以来，日本就进行了废纸再生利用。目前废纸的处理工艺（离解、粗选和精选、洗涤净化、漂白）已经确立。在废纸再生促进中心的《废纸手册 2012》中，废纸处理技术的发展趋势分为 5 项：

①节能化；

②减少水使用量；

③难处理废纸的对策；

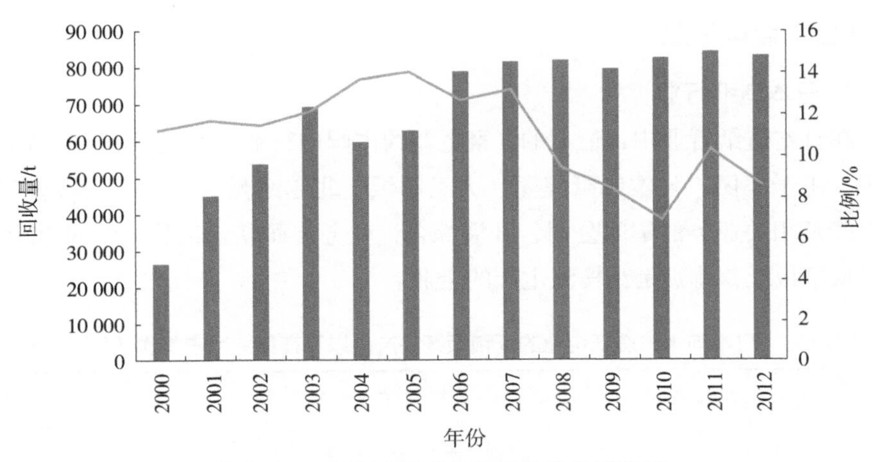

图 3-51　纸制容器及包装废弃物的回收量

资料来源：笔者根据废纸再生促进中心的统计资料及环境省的环境统计集编制。
注：深灰色为纸制容器废弃物回收量；浅灰色为纸制容器占一般废弃物的比例。

④废纸处理设备的多样化；

⑤废纸细纤维化的对策。

虽然技术发展趋势分为 5 项，但大多数是对已有技术的提高。在节能化和减少水使用量方面，可以通过各工艺中所用设备性能的提高、设备小型化、动力减少等实现。具体来说，可以通过对离解处理中的碎浆机和疏解机，粗选和精选处理中的纸浆筛和除砂器，净化处理中的浮选机、洗涤器、浓缩机等的改造来实现。在减少水使用量方面，提高废水处理使用的净水设备的性能也十分重要。另外，废纸的细纤维化是延长纸的生命周期的重要对策。

难处理废纸的对策及废纸处理设备的多样化都可以作为将纸垃圾变为废纸的对策。难处理废纸的对策是指，通过技术开发，使以前处理困难的异物去除等变为可能。与单纯的技术开发不同，办公室废弃机密文件的废纸处理可作为废纸处理设备多样化的例子。机密文件用碎纸机绞碎后，以前多数作为纸垃圾处理，而不是作为废纸回收。近年来，使用将整个回收处理工序录像记录，保证从回收到处理全过程不开封的特殊废纸处理生产线进行机密文件的废纸处理已经得以开展。单纯对传统技术继续加以改进固然重要，但是，增加原来没有的处理工序才可能更多地提高废纸回收率和利用率。

（四）典型企业

1. 日本造纸行业

在日本造纸行业中，最大的5家企业约占国内行业份额的66%（表3-16）。其中，王子集团、日本制纸集团、大王制纸、北越纪州制纸等是从事纸和板纸生产及相关业务的集团公司，开展综合性业务，而联合包装（RENGO）是专门从事板纸，特别是瓦楞纸生产的企业。

表3-16 日本前十位造纸企业的纸和板纸生产量以及在行业所占份额（2012年）

	纸生产量/10^3 t	行业份额/%	板纸生产量/10^3 t	行业份额/%	合计/10^3 t	行业份额/%
王子集团	2 932	19	2 798	26	5 730	22
日本制纸集团	3 835	26	1 545	14	5 380	21
大王制纸	1 926	13	744	7	2 670	10
联合包装	0	0	1 755	16	1 755	7
北越纪州制纸	1 358	9	317	3	1 675	6
合计	10 051	67	7 159	66	17 210	66

资料来源：笔者根据《纸和板纸统计年报》编制。

2. 提高废纸利用率的措施

为了解废纸再生利用的措施，可通过查阅各企业的行动报告书。王子集团、日本制纸集团、大王制纸、联合包装的报告书中都有关于废纸再生利用的具体内容。根据企业报告书或CSR报告书的内容，整理出最近废纸利用率的变化情况（图3-52）。由图可见，大型企业废纸利用率已经封顶，近年来所有企业都没有太大改变。因为上述大型企业占了大部分行业份额，所以可认为这些大型企业代表了整个行业的趋势。联合包装之所以废纸利用率高，是因为这家企业是专门生产板纸的。

2015年之后，若想在64%的基础上达到更高的目标，就必须如前面所讲的，从难处理废纸的对策和机密文件废纸的处理等以往未作为废纸对待的部分着手采取措施，以及进一步加强防止高质量废纸流到国外的对策。实际上，在王子集团和联合包装的报告书中，已经将扩大机密文件废纸的利用，作为提高废纸利用率的对策提出来了。另外，废纸利用率较高的大王制纸设定的企业目标不是废纸利用率，而是难处理废纸的利用量。近年来，大王制纸的难处理废纸利用量快速增长，从 2010 年的 4.7 万吨增加到 2013 年的 6.3 万吨，增加了 75%，而 2015 年的目标是 8.3 万吨。由于单纯的废纸利用率受企业自身努力以外的因素影响很大，所以难处理废纸的利用量应该是评价造纸企业再生利用情况的一个很好的指标。

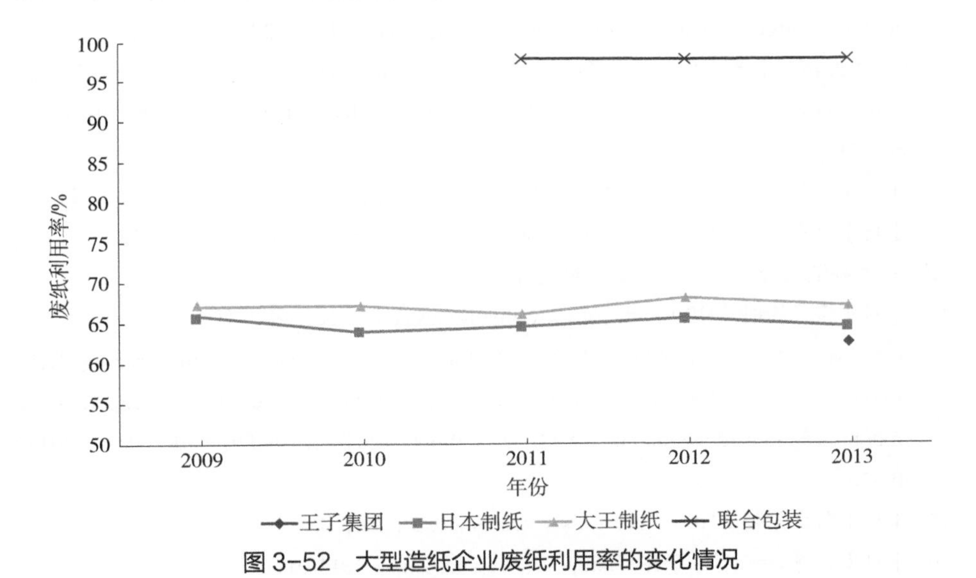

图 3-52　大型造纸企业废纸利用率的变化情况

资料来源：笔者根据各企业的业务报告书编制。

参考文献

［1］【日】大王制纸（HP）. http：//www.daio-paper.co.jp［2015-05-18］.

［2］【日】瓦楞纸再生利用协议会（HP）. http：//www.danrikyo.jp/［2014-12-25］.

［3］【日】北越纪州制纸（HP）. http：//www.hokuetsu-kishu.jp［2015-05-18］.

［4］【日】饮料用纸容器再生利用协议会（HP）. http：//www.yokankyo.jp/InKami/［2014-12-25］.

［5］IPCC. 2014. 政府间气候变化专门委员会第五次报告书 . http：//www.ipcc.ch/report/ar5/syr/［2015-01-26］.

［6］【日】环境省 . 2014. 2012 年度市町村按照容器及包装物再生利用法进行的分类收集与再商品化业绩（2014 年 5 月 26 日）. http：//www.env.go.jp/press/press.php?serial=18064.［2014-12-25］.

［7］【日】经济产业省 3R 政策网站（HP）. http：//www.meti.go.jp/policy/recycle/［2014-12-25］.

［8］【日】经济产业省 . 2014. 资源循环手册 2014 法律制度及 3R 的动向 . http：//www.meti.go.jp/policy/recycle/main/data/pamphlet/pdf/handbook2014.pdf［2014-12-25］.

［9］【日】经济产业省 . 2013.《资源有效利用促进法》的施行情况 . http：//www.meti.go.jp/policy/recycle/main/data/research/h24fy/h2503-hukusanbutsu/h2503-hukusanbutsu-gaiyou.pdf［2015-01-26］.

［10］【日】公益财团法人废纸再生促进中心（HP）. http：//www.prpc.or.jp［2014-12-25］.

［11］【日】日本制纸集团（HP）. http：//www.nipponpapergroup.com［2015-05-18］.

［12］日本制纸联合会 . 2014. 纸和板纸统计年报 .

［13］【日】王子控股（HP）. http：//www.ojiholdings.co.jp［2015 年 5 月 18 日］.

［14］ONUMA，A，E. SAWADA. 2012. REDD and Optimal Carbon Credits Trading. Keio Economic Society Discussion Paper Series，No. 12-4. http：//koara.lib.keio.ac.jp/xoonips/modules/xoonips/download.php/AA10715850-00001204-0001.pdf?file_id=68869［2015-01-26］.

［15］【日】联合包装（HP）. http：//www.rengo.co.jp［2015-05-18］.

［16］【日】总务省统计局（HP）. http：//www.stat.go.jp［2015-01-26］.

［17］【日】森林综合研究所（HP）. http：//www.ffpri.affrc.go.jp［2015-01-26］.

［18］【日】全国牛奶盒再利用联络会（HP）. http：//www.packren.org/［2014-12-25］.

［19］【日】推进 3R 活动论坛（HP）. http：//3r-forum.jp/［2014-12-25］.

［20］【日】3R 推进团体联络会 . 2014. 第二次自愿行动计划 2014 跟踪报告（2013 年度业绩）. http：//www.3r-suishin.jp/PDF/2014Report/Followup_Report2014_all.pdf［2014-12-26］.

（泽田英司　九州产业大学经济学部经济学科副教授）

七、食品废弃物的回收利用

（一）日本食品废弃物现状

1.《食品再生利用法》的基本框架

在日本，食品废弃物受两大法律管控，一是1970年修订的《废弃物处理法》，二是2000年制定的《食品再生利用法》。

正如第二章日本再生资源产业发展政策体系研究所述，《食品再生利用法》的制度设计理念是，在指导日本资源循环基本方向的《循环基本法》（2000年制定）的框架下，与其他再生利用法一样，以废弃物的规范处理及资源的有效利用为目的，根据单个产品的特性实施管控的法律。但与其他再生利用法不同，由于《食品再生利用法》法律规定的对象是有机物，而且日本食品废弃物的不合法或非法的放置（所谓的“非法倾倒”）和不恰当的再利用等尚未构成大的问题等原因，在6个再生利用法中，《食品再生利用法》是唯一一个规定法律的目的不是“废弃物的规范处理”，而是“控制废弃物的排放”。（有关《废弃物处理法》已在第二章中有详细说明，在这里不再赘述。）

为明确法律对象，《食品再生利用法》定义了“食品废弃物”和“食品循环资源”。同时，为明确必须遵守该法律规定措施的行业和企业，也定义了“食品相关企业”。此外，对食品废弃物的“再生利用”行为、“热能回收”行为及“减量”行为也都做了定义。

根据日本《食品再生利用法》，“食品相关企业”是指：

①从事食品制造、加工、批发或零售业务者；

②从事餐饮店行业以及政令规定的有供餐服务的其他业务（政令指定的企业：沿海客运业、内陆水运业、婚庆业、旅馆业）。

“再生利用”是指：

①自己或委托他人将食品循环资源作为肥料、饲料及其他政令规定的产品的原材料加以利用。政令指定的4种产品包括经过碳化过程制造的燃料及还原剂、油脂及油脂产品、乙醇、甲烷。

②为将食品循环资源用作肥料、饲料以及前一项中政令规定产品的原材料而进行转让。

"食品废弃物等"和"食品循环资源"的定义和范围将在下文详细叙述。

2.《食品再生利用法》规定的具体措施

《食品再生利用法》规定，推动食品废弃物等的减量和再生利用的措施主要分为以下两个方面：

一是在法律上规定义务的"保证实施措施"。

保证实施措施分为两种，一种是针对日本政府的（具体是指主管《食品再生利用法》的经济产业省、农林水产省、环境省等），规定其有制定基本方针等责任，另一种是针对不同行业的企业（具体是指食品制造业、食品零售业、食品批发业、餐饮业 4 个行业），规定其必须完成再生利用和控制产生量的目标。每个企业必须向农林水产省报告企业为达到目标所开展的措施情况等。如报告不充分，农林水产大臣可给予行政劝告。如不服从劝告，则将此事予以公布，并命令其采取劝告所提出的措施。

二是对满足要求者给予优惠的"促进实施措施"。

促进设施措施分为两种，一种是将食品废弃物等的有用部分制成肥料或饲料的企业满足一定条件时的登记制度，另一种是食品相关企业与客户等共同制定的，包括确保农畜水产品等的利用在内的再生利用项目计划的认定制度。通过登记或得到认定，可以在一定程度上免除《废弃物处理法》等相关法律规定的许可等。因此，企业可以在一定程度上降低再生利用等项目的成本，进一步推动再生利用措施的实施。

（二）产业规模

2011 年，日本食品废弃物等的年产生量，即受《食品再生利用法》管控的食品相关企业的食品废弃物等的排放量约 1 760 万吨。其中，制造过程排放的副产品且可作其他产品原材料等进行有价交易的数量约 1 050 万吨，其他约 710 万吨。另外，家庭排放量约 1 010 万吨。两者合计为日本食品废弃物排放量的推算值。

据推算，可以食用但被废弃的量为 500 万～800 万吨，相当于 2010 年日本大米的年生产量（约 850 万吨）[①]。其中，企业排放量为 300 万～400 万吨，家庭排放量为 200 万～400 万吨，上述数据见图 3-53。

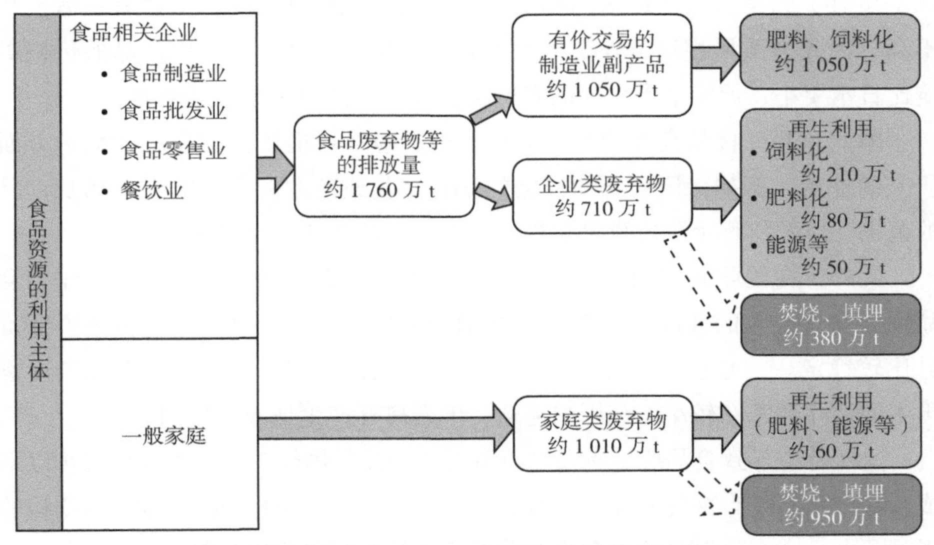

图 3-53　2011 年日本食品废弃物等的利用状况

资料来源：根据农林水产省食品产业局生物质循环资源课食品产业环境对策室（HP）《减少食品浪费对策》（完整版）（http://www.maff.go.jp/j/shokusan/recycle/syoku loss/pdf/losgen.pdf）（阅览时间 2015 年 6 月 19 日）编制。

注：由于各项数值来源不同以及末位四舍五入等原因，存在总计与分项之和不等的情况。

（三）日本和中国使用的术语及对象范围的区别

1. 中日食品废弃物研究方法比较

食品或食物体现了一个国家或地区的饮食文化。根据国家以及社会发展阶段不同，食品与不能食用的垃圾（即食品废弃物）具有极大的多样性。

例如，在日本，食品上明确标有消费期限或保质期，即不能再当作商品的期限。而在中国，食品上标有制造年月，到什么时候为止是食品，从什么时候开始不是食品，与日本相比，消费者选择余地更大。

再如，在日本，农产品以单个销售为主，在商店里销售时，消费者对于

① 农林水产省食品产业局生物质循环资源课食品产业环境对策室编写资料《减少食品浪费对策》（完整版）（2015 年 12 月）。

每个农产品的外观要求较高，如形状不好、尺寸过大或过小、或有伤，会作为不合格农产品在流通最初阶段被淘汰。而在中国，很多地方（有些地区是几乎所有）的零售商店还采用称重方法，但往往在其购物的消费者生活水平不高，因此与重量相比，外观、大小或者产品均一性对每个农产品的价格影响比日本要小，促使中国生产的农产品更多到达消费者手中并消费。

因此，开展食品废弃物的国际比较时，应尽可能扩大文化和社会学方面研究的外延。例如，研究不同社会的饮食文化或商业意义上的农产品及食品的范围，以及从哪个阶段算是垃圾，到哪个阶段为止不是垃圾等。

此外，在国际共同研究中，食品废弃物具有以下两大特征：一是作为食品废弃物产生源的食品是人类生产和消费的资源，不会枯竭，整体来说廉价且比较稳定。二是食品废弃物产生于人类生活的所有区域，利用食品废弃物再生的商品通常在较小的范围内流通，不会离开产生地或产生国。

这些特点导致食品废弃物及其再资源化产品的国际市场及国际价格难以形成，并使食品废弃物再资源化容易受产生地区和国家独有的社会及产业结构的影响。食品废弃物再资源化企业大多不关注其他国家的政策和行业动向，对国际局势等地区外或国外的事情只停留在参考的程度。由于中国和日本的社会及产业结构有很大差异，以及食品废弃物的特性，因此，本书介绍食品废弃物的措施情况，对他国政策、相关行业措施等提出方向性建议，均是较难的课题。

除了研究食品及食品废弃物本身的困难，再加上中日两国在治理结构、社会及产业结构、社会发展阶段等各方面都存在巨大差异，单纯介绍法律制度或个别案例，通常无法为另一个国家提供有益参考。

中日两国相关政策的管控对象“食品废弃物”的用词和范围充分体现了管控措施实施状况，因此，笔者针对“食品废弃物”的范围进行详细比较，并在此基础上介绍两国食品废弃物政策的实施情况[①]。另外，笔者认为，若将日本食品再生利用制度提供给中国加以参考，或找出中日两国企业在适应他国制度时应考虑哪些问题以及克服这些问题的答案，首先需要搞清楚两国制

① 在中国，由中央政府主导的全国性的回收利用在2010年之后才开始，仍在制定国家层面的法令。因此，需要注意的是，与其他资源相比，中日共同研究所使用的食品废物的相关素材（用词、政策文件，以及其中表达的基本的思考方式等）仍在变化。

度和政策的对象以及背景。

中日两国对“食品废弃物”一词的使用有所不同，而且“食品废弃物相关政策”的主要对象及用词也不同。除非特别说明，本书中“食品废弃物”是指食品在生产、流通、消费过程中产生的，源于食品或其原料的废弃物（虽然中日两国对“食品废弃物”一词的意义及使用方法有所不同，但从“食品废弃物”字面意义并无太大差异。因此，本书中使用“食品废弃物”一词）。

2. 什么是“食品废弃物”

在日本，食品废弃物一般是指，食品在生产、流通、消费过程中产生的源于食品或其原料的垃圾，主要有食品制造和加工厂产生的残渣、家庭产生的餐厨垃圾、餐厅等饮食行业产生的垃圾等。其中，包括酱油糟及酒糟等食品制造过程中产生的仍可食用的副产品、剩余食品（卖剩的面包、盒饭等未作为食品利用的剩余物）、烹调时产生的残渣（切菜剩下的残渣及蔬菜的不宜食用部分等烹调时产生的剩余物），以及农业生产中产生的剩余物（特别是在日本被当作问题的不合规格的农产品）等。

若要开展以上食品废弃物的再资源化国际比较研究，鉴于食品废弃物所具有的文化和社会差异，首先需要统一对食品废弃物本身特征的认识。

食品是人类生存不可或缺的，在自然界可以自生和繁殖，可以由人类生产，是半永久、不会枯竭的资源。作为人类生存不可或缺、不会枯竭的资源，食品整体价格虽然有部分或短时（例如，拥有国际价格的小麦因气候异常造成的食品价格的一时上升等）的例外，但几乎不会高于一定水平。因此，以食品为原料的食品废弃物再资源化后的产品也多处于较低且稳定的价格［例如，利用食品废弃物制造的家畜饲料（在日本被称为生态饲料），其价格约是牲畜强壮饲料的1/3[①]］。总之，食品废弃物的产生源（食品）及再资源化产品不会枯竭、价格较低且稳定。

与其他金属矿物资源相比，“不会枯竭、价格较低且稳定”的特征与铁相似。铁作为矿物资源，资源集中在特殊的产地和国家，无论是天然铁还是

① 与牲畜强壮饲料相比，适合所有家畜的强壮饲料整体平均价格的比例。生态饲料（干）截至2014年6月的价格为26.8日元/kg（日本农林水产省生产局畜产部畜产振兴课编制的资料《围绕生态饲料的局势》（2015年2月））。

废铁，必定存在跨国转移。无论资源枯竭的可能性大小，只要存在国际价格，国内价格就会随国际价格变动。食品生产和消费与人们生活地点紧密相连，食品废弃物产生于任何有人类生活的地点和国家。食品废弃物不用进口，无论是否想要，每天都会在国内“被生产”出来。除价格相对低廉外，食品废弃物含水量大、易腐烂，若在国家间转移需花费多余的成本。上述物质特性是限制食品废弃物国家间转移的重要因素。总之，食品废弃物的第二个特征是不存在产生地（产出国）集中的问题，且因为越境转移成本过高，导致越境转移困难，很难存在国际价格。

鉴于以上特征，开展食品废弃物的再资源化应充分考虑到国家或更小范围地区独有的特性。

【国际比较研究时，应注意的食品废弃物特征】

一、其产生源（食品）及再资源化产品不会枯竭、价格较低且稳定；

二、很难越境转移，也很难存在国际市场和国际价格。

3. 日本法律制度对食品废弃物的定义

为控制食品废弃物等的产生及减量，日本制定了《食品再生利用法》，以促进食品废弃物等中有用的部分进行“食品循环资源”再生利用。大多数情况下，“食品废弃物”参考该法管控对象的食品废弃物的范围和定义。

日本《食品再生利用法》中关于“食品废弃物等”的定义：

①食品中被食用后或未被食用就被废弃的部分；

②在食品制造、加工或烹调过程中得到的副产品中，不能食用的部分。

日本《食品再生利用法》中关于“食品循环资源”的定义：

在再资源化政策之外的政策领域，“食品废弃物”也被用于表示食品相关的废弃物。例如，在生物质[①]政策中，“食品废弃物”被明确规定为生物质之一，这在《推进生物质利用的基本计划》（2010年12月内阁会议决定）中有明确记载。

因此，本书表示日本的“食品废弃物”政策对象时，使用“（日本的）食品废弃物”的表达方式。

---

① 生物质，英文为“biomass”，指的是“源自动植物的有机物资源（原油、石油气、可燃性天然气及煤炭除外）”，在（推进生物质利用基本法）（2009年制定）中加以规定。

4. 中国政策中关于食品废弃物的用词

与日本不同，中国的法律制度还正在建设中。2010年，中国相继出台了一系列关于促进食品废弃物的处理和再资源化的规范化及加强整治的国家层面的政策文件。

首先，为推动食品废弃物规范化处理试点项目的实施，2010年，国家发展和改革委员会、住房和城乡建设部、环境保护部及农业部联合发出《关于组织开展城市餐厨废弃物资源化利用和无害化处理试点工作的通知》（以下简称《餐厨废弃物试点项目通知》）。其次，作为食品废弃物管理的基本思路，国务院办公厅发布《关于加强地沟油[①]整治和餐厨废弃物管理的意见》（以下简称《国务院办公厅意见》）。

上述两个文件中，食品废弃物使用“餐厨废弃物”作为政策对象，但是使用方法有所不同。《餐厨废弃物试点项目通知》中提到：“我国饮食服务、单位食堂以及家庭等每天都产生大量餐厨废弃物。”而《国务院办公厅意见》将地沟油整治作为重点，提出要“严防地沟油流入食品生产经营单位。以城市（镇）、矿区、旅游景区等餐饮业集中地为重点地区，以食品生产小作坊、小餐馆、餐饮摊点、火锅店和学校食堂、企业事业单位食堂、工地食堂等集体食堂为主要对象”，规范餐厨废弃物处置。

上述政策文件中，与日本相比，需注意的是“餐厨”就是厨房一词。“餐厨废弃物”是指带有厨房设施的食品制造厂及加工厂产生的废弃物，给人印象不包括生产现场废弃的农产品。而且，批发市场及超市等、加工之前废弃的蔬菜水果也不包括在内。这和日本不同，日本《食品再生利用法》虽然不将这些作为主要对象，但也作为食品废弃物等，包括“未被食用就被废弃的部分”。

此外，需要注意的是，“家庭”即国民或消费者是否为管控对象的问题。日本《食品再生利用法》规定，消费者有控制食品废弃物等产生和进行再生利用的一般性责任。日本《食品再生利用法》没有给消费者规定具体的义务，规定消费者责任的意图在于用制度保障负有收集、运输和处理家庭排放食品废弃物责任的市町村可以争取消费者的配合（例如，对垃圾排放征收手续费时）。中国

---

① “地沟油”一般指未经过规范处理就进行再利用的烹调用油。“地沟”是指下水道，中国有报道说，从餐馆等排到下水道的油水未经处理就被作为廉价食用油使用，已成为重大的社会问题。

《国务院办公厅意见》中将（地沟油的主要消费主体的）饮食业作为对象，在政策实施过程中，没有国家层面的针对家庭、国民、消费者统一的措施。因此，市级行政机构的责任和作用（或者是否有关于食品废弃物的明确责任）尚不清晰。

总体而言，通过分析上述两个政策文件，可以认为中国已经固定使用“餐厨”废弃物，以表达食品相关的废弃物。例如，2012 年国务院有关部门发布的《废物资源化科技工程“十二五”专项规划》中使用了“餐厨垃圾”一词。规划指出，“城市生活垃圾主要包括生活垃圾、餐厨垃圾和果蔬垃圾等，潜含着大量生物质，可以被有效地转化成多种能源形式”。同样，杭州市（2003 年）、上海市（2005 年）等地方政府，先行的制定条例[①]也使用“餐厨垃圾”一词。

中国政策文件一般使用“餐厨废弃物”或“餐厨垃圾”，多指从厨房（主要是餐饮业）排放的废弃物，不使用“食品废弃物”的说法。有时为了翻译方便，在介绍中国政策措施时，会使用在日本已经普及的“食品废弃物”的说法。但无论是从本质上，还是从政策角度上来说，都与日本的“食品废弃物”不同。因此，本书中在介绍中国的政策措施时，将使用中文原文的“餐厨废弃物”（或“餐厨垃圾”）[②]。

（四）日本与中国的食品废弃物相关政策的不同点

中国的“餐厨废弃物”是一个让人联想到其产生场所仅限于拥有厨房设备的食品制造厂的说法。相比之下，日本的“食品废弃物”仅仅是表示食物或者不能作为食品消费的农产品的用语，没有限定产生场所。可以认为，中国的“餐厨废弃物”对食品废弃物的产生相关的过程和工序有限制，政策对象行业、相关单位等范围也较狭窄。

在中国从事生产和经营活动的日本企业中，食品制造（拥有厨房设备的）

---

① 例如，杭州市的《关于印发杭州市餐厨垃圾处置管理暂行办法的通知》，上海市的《上海市餐厨垃圾处理管理办法》等。杭州市的通知的第 2 条中，将“餐厨垃圾”定义为法人及居民产生的“食物残渣”及“废料”。与中国政府发布的通知不同，日本在这里将家庭排放的食品废物也作为对象，这一点值得注意。另外，上海市早在 1999 年就已经制定了《上海市废弃食用油脂污染防治管理办法》，2005 年的条例制定是在此基础上的扩大，这一点值得注意。

② 环境省废弃物及再生利用对策部废弃物对策课每年实施和发布的《一般废弃物处理实际状况调查》中，在焚烧设施的垃圾组成分析结果的调查项目中，有关食品废弃物的项目使用了“厨芥类”这一说法，由此也让人感到日本的“食品废弃物”用语的变迁，颇让人寻味。

企业和批发（没有厨房设备）企业所应采取的措施和应对有所不同。在日本，这两个行业按照《食品再生利用法》都负有一定的责任，而在中国则不同。

1. 日本食品废弃物政策的背景和经过

（1）废弃物制度的确立

现代日本废弃物处理始于1900年制定的《污物清扫法》。因当时流行疫病是污物的处置不卫生所导致的，所以制定了该制度，规定市町村负有处置污物的义务，目的是改善卫生状况[①]。之后，对该法进行了数次修订，1970年确定为《废弃物处理法》，该法除加强了公共卫生的改善外，还将废弃物的规范处理作为法律一个重要支柱加进来。制度对象从“污物”（垃圾、污泥、粪尿等）扩大到“废弃物”这一更广的范围，同时也明确地纳入了“废油”。

相当于“污物”概念的食品废弃物作为生活垃圾，被日本食品废弃物政策纳为管控对象，规定包含食品废弃物在内的废弃物处理由市町村负责。

（2）作为再资源化对象在政策上的利用

日本一方面从根本上维持了废弃物处理相关制度，另一方面大力推动了再资源化政策的实施。以下从3个方面介绍再资源化政策措施：

①二噁英对策

1998年，被二噁英类污染的蔬菜流向市场一事成为重大的社会问题。在此之前，二噁英类引起的环境污染已经被提及，日本各地废弃物焚烧设施排放的二噁英类也是元凶之一，引起了社会的广泛重视。因此，为减少二噁英类的排放量，需要减少焚烧设施，从根本上需要减少焚烧的废弃物，于是日本开展了全面控制废弃物产生和减量化的工作。在生活垃圾中占有很大比例的食品废弃物也成为控制产生量等的对策措施对象[②]。

经过与市町村、行政及民间等相关方的讨论，2000年日本出台了《食品再生利用法》，成为控制食品废弃物产生及推进减量化的制度框架，以及推动

---

① 《逐条解说废弃物处理法（新版）》（1976年、GYOSEI）。

② 日本政府推动二噁英对策的契机是1999年3月制定的《推进二噁英对策的基本指针》（有关二噁英对策的内阁会议决定）。之后，在1999年6月通过的《关于促进废弃物的再生利用的新制度的基本方针》中，决定以农林水产省为核心推动食品废弃物的再生利用［《食品再生利用法解说Q&A》（编辑：推进食品再生利用研究会，新日本法规，2001年）］。

其再利用的制度。日本食品废弃物的减量化及再资源化依照该法执行。

综上所述，推动食品废弃物的再资源化的契机并不是资源政策，而是20世纪90年代后半期成为社会问题的二噁英类（Dioxins and Dioxin-like Compounds）对策，与中国开展食品废弃物对策措施源于“地沟油”这一社会问题有异曲同工之处。

②生物质政策

推动食品废弃物再资源化的另一个契机是生物质政策。与二噁英类的对策措施不同，生物质政策不是针对解决现实中面临的问题，而是作为活跃地区产业的一种积极措施（2002年）[①]。如本书所述，生物质包含了食品废弃物。

这项措施进一步深化了食品废弃物的资源循环利用。这是自2000年《食品再生利用法》制定之后，为有别于从食品废弃物“物质”的角度出发，而是站在充分利用日本国内资源的角度，将食品废弃物加以定位的措施。这与中国《再生资源回收处理第十个五年发展规划》中未列入食品废弃物不同。

③提高饲料自给率的政策

与这些政策措施同时并进的还有提高饲料自给率的政策（2005年前后开始全力实施）。这是主管畜牧业的政府部门（农林水产省）为提高日本农业政策的支柱之一的粮食自给率政策而提出的其中一项政策，具体措施是推动食品循环资源的饲料化利用（ecofeed）[②]。随着这一工作的开展，增加了对食品废弃物再资源化产品的需求。

尽管食品废弃物的再资源化不是直接目的，但食品废弃物作为家畜饲料

---

① 《有关经济财政运营及结构改革的基本方针2002》（2002年6月内阁会议决定）中明确要求，为“搞活地方产业”“农林水产省、环境省及相关部门合作，在2002年中总结出有关推动从动植物、微生物、有机废弃物中获取能源及产品的生物质的有效利用的具体政策措施”。以此为契机，日本的生物质政策得到推进，2002年阁会议确定了日本生物质综合战略，2009年6月制定《推进生物质利用基本法》，2010年12月，内阁会议又通过了《推进生物质利用的基本计划》。

② 在2000年3月内阁会议决定的关于农业政策的基本方针《粮食、农业、农村基本计划》中，设定了饲料自给率目标（2010年为35%）。2005年修订的该计划中又加上了进一步推动实施的内容，2005年，作为农林水产省主导的提高饲料自给率专门项目的一个部分，“全国食品残渣饲料化行动会议”（由相关行业团体、都道府县等构成）开始启动。并以该会议为核心制订了行动计划，开始了全国性的ecofeed措施的实施。

进行再利用是促进其再资源化的有效手段。本书所述的食品废弃物具有的特点是不向区域外转移，而是具有在产生的区域内循环及再利用的倾向，提高饲料自给率的措施恰好符合这一特性。

日本提高饲料自给率的政策与中国的措施相比较，其推动主体有所不同。即日本食品废弃物供给方（食品制造部门）与再资源化产品的需求方（创造生物质能源相关地区及农业新需求的部门和主管饲料的畜牧部门）同属一个政府部门。虽然同属一个部门，但只要是主管的主要政策不同就需要在内部进行协调。但与上面所提到的中国《废物资源化科技工程“十二五”专项规划》由科学技术部、国家发展和改革委员会、工业和信息化部、环境保护部、住房和城乡建设部、商务部及中国科学院 7 个部门发出相比，日本的组织设计所具有的由一个政府部门推动的政策措施是和中国不同点之一。

综上所述，日本食品废弃物削减措施是与生物质政策、提高饲料自给率政策等促进食品废弃物再资源化产品利用的政策同时开展的。表 3-17 将食品废弃物政策的背景和经过做了简明概括。

表 3–17　日本食品废弃物政策的背景和经过

政策方法	政策对象	食品废弃物在政策中的定位	针对食品废弃物的措施	时　期
问题主导型	二噁英类的削减	为推动问题的解决应削减的物质之一	控制排放及减量化	1998 年开始
政府主导型	生物质的发展	政策对象（生物质）的原材料之一	促进作为新能源的再资源化	2002 年起
政府部门主导型	提高饲料自给率	为达到目标所需手段（ecofeed）的主要原材料	作为国内可自给的饲料原材料，促进其再资源化	2005 年左右起

注：表中的政策方法一栏中的“政府主导型”指的是政府整体的政策（具体来说就是由内阁会议决定的政策的方向性等），“政府部门主导型”是指在整个政府的大政策之下各政策部门（如环境省、农林水产省等）开展的措施。

2. 日本政策措施的特征（制度与行业的关系）

从与中国相比较的角度介绍了日本的相关政策概要。在本节中，为突出两国政策措施的不同点，介绍了日本《食品再生利用法》架构（具体包括定期报告及再生利用等的实施率目标的设定）下的法律制度以及相关行业的对应。

（1）定期报告制度

日本《食品再生利用法》规定，企业（仅限年产生量100吨以上的企业）必须定期报告其再生利用的实施量、热能利用的实施量、减量化的量、作为废弃物处置的量等（这项制度是2007年法律修订后开始实施的）。

值得注意的是，该报告细分到各行业并得到具体细致的实施。食品产业界分为食品制造业、食品批发业、食品零售业及餐饮服务产业等几大行业，食品制造业又再细分为畜产品制造业、水产品制造业等10个以上行业（表3-18[①]）。

表3-18 调查相关的企业一览

划分		
食品产业界		
	食品制造业	
		畜产品制造业
		水产品制造业
		蔬菜罐头、水果罐头、农产品长期保存食品制造业
		调味料制造业
		糖类制造业
		谷物磨粉制造业
		面包及点心制造业
		动植物油制造业
		其他食品制造业
		清凉饮料制造业
		酒类制造业
		茶、咖啡制造业（清凉饮料除外）

① 农林水产省统计部在定期报告结果的基础上加上独自的统计调查结果编制的食品废弃物等的产生量等的现状整理表。

续表

划　　分		
食品产业界	食品批发业	农畜产品及水产品批发业
		食品、饮料批发业
	食品零售业	综合食品零售业
		蔬菜、水果零售业
		肉类零售业
		鲜鱼零售业
		酒类零售业
		点心、面包零售业
		其他饮料、食品零售业
	餐饮服务产业	沿海客运业
		内陆水运业
		旅馆业
		饮食业
		外带及送餐服务业
		婚礼业

资料来源：农林水产省大臣官房统计部生产流通消费统计科编制资料“食品废弃物等的产生量及再生利用等的明细（2012 年实绩）”。

另外值得注意的是，统计数据证明日本《食品再生利用法》规定的定期报告制度给行业带来很大影响。

图 3-54 为定期报告制度未建立之前农林水产省统计部掌握的统计信息。

如图 3-54 所示，表示食品制造业的数字急剧上升。从左开始依次为 2000 年及 2007 年，接下来是 2008 年、2009 年、2010 年及 2011 年，其间产生量有极大的差异。唯一制度上的变化就是日本《食品再生利用法》规定了企业有定期报告的义务。如图 3-54 所示的差异可见，日本从制度上对行业规定某种义务带来的效果如此之大，以及行业内的参与企业是如何整齐划一地采取行动的。

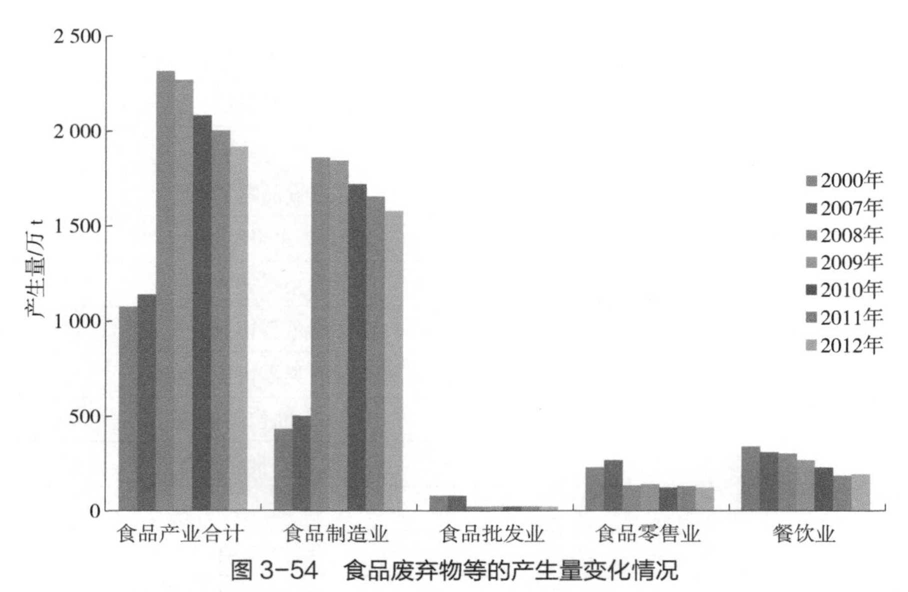

图 3-54 食品废弃物等的产生量变化情况

资料来源：第八次食品、农业、农村政策审议食品产业分会，食品再生利用小委员会及第六次中央环境审议会循环型社会分会，食品再生利用专门委员会（第六次联合会议），2013 年 6 月农林水产省、环境省编制资料。

2007 年法律规定定期报告制度前后的调查实施机构是同一个（均为农林水产省统计部所做的调查）。另外，调查对象的行业分类也无太大差别。制度的法律化前后有较大差异的只有调查对象[①]和对于调查的回答义务[②]两点。既然 2007 年前后调查方法没有太大变化，那么图 3-54 所见的数据的巨大差异和变化可以断定是由于法律规定了报告义务造成的。

《食品再生利用法》规定定期报告制度的事例体现出，在日本，如果法律将某种规则制度化或义务化，就会有极高的实效性。分析其背景原因，除了对不进行报告的企业施加惩罚，以及在新制度实施之前在行政和行业之间做

① 2007 年法制化以前为抽样调查（抽取个别企业进行），2008 年以后变成针对法令规定的行业和达到一定规模的所有企业开展调查。

② 2007 年法制化之前，接受调查的企业没有回答的义务，2008 年以后法律规定有报告义务。

好了协调工作（当然一方面是因为预见到法制化后的效果会很好，并容易得到行业的理解和合作才推动的法制化），还因为行业团体已经成熟，容易在行业内采取统一的行动（或者说行业自觉地去应对新制度）。这与中国不同，具有日本的特点。相比之下，中国倾向是中央政府将政策以文件的形式下达，对此，行业或个人在关注具体的政策或地方政府的条例等动向的同时，采取对应措施。

（2）再生利用等实施率目标的设定

日本《食品再生利用法》在规定了定期报告制度的同时，还采取了和行业联合推动的制度，即采取设定再生利用等实施率目标的方式。为提高食品废弃物等的再生利用率，在根据《食品再生利用法》制定的《关于促进食品循环资源再生利用等的基本方针》中设定了要实现的各行业的整体目标。

设定各行业的整体目标，即分行业种类设定目标值，这种以推动行业自发行动的方式，与定期报告制度一样，是日本的政策手段和措施的一个特征。与中国相比，日本企业数量较少，而且倾向于成立后长期运营的企业较多，因而各行业的组织团体相对稳定。发挥行业团体的自觉力量进行制度运作的方式在解读日本的法律制度设计上具有很大的参考意义。

3. 中国食品废弃物政策的背景和对象

从与日本比较的角度，介绍中国食品废弃物政策的背景、对象以及政策手段。

食品废弃物在中国成为社会性问题起源于“地沟油”事件。日本媒体有相关报道，此事在中国各路媒体、网络上持续发酵，直到国务院办公厅发布上述意见。

国务院办公厅发布意见的目的是“切实保障食品安全和人民群众身体健康”（见该意见前言）。与日本制度相比，这应该不像是日本的《食品再生利用法》，而更像是1970年制定的以“保护生活环境和提高公众卫生”为目的的《废弃物处理法》。这一点也符合2000年之后推出的包括餐厨废弃物在内的城市生活垃圾政策的主线。2000年，中国建设部、国家环境保护总局及科学技术部联合制定的《城市生活垃圾处理及污染防治技术政策》中规定（第一章总则中1.5中所述），城市生活垃圾以“减量化、资源化、无害化”为基本原则。2004 年 12 月修订公布，2005 年 4 月施行的《固体废物污染环境防治法》中规定，应该“减少固体废物的产生量和危害性，促进固体废物的综合利用和无害化处理”（该法第 4 条），对于包括餐厨废弃物在内的城市生活垃圾的基本对策为再资源化和无害化（日本称为“规范处理”）。与此相比，日本《食品再生利用法》规定的目的是，“确保食品相关资源的有效利用及控制食品废弃物的排放”以及“促进食品生产等工作的健康发展”。

中国有关再生资源（再生利用）的政策也和日本有所不同。日本有关再生利用的法律按照控制对象分别由《容器及包装物再生利用法》（1995 年制定）、《家电再生利用法》（仅限特定产品，1998 年制定）、《建材再生利用法》（2000 年制定）、《食品再生利用法》（2000 年制定）、《机动车再生利用法》（2001 年制定）、《小型家电再生利用法》（2012 年制定）6 部法律组成。相比之下，中国再生资源的利用，在以国家经济贸易委员会（现国务院商务部）于 2002 年发布的《再生资源回收利用“十五”发展规划》为契机制定的《再生资源回收管理办法》（2006 年）中，将法律对象产品确定为报废金属、电子产品、机电设备及其零部件、纸原料（废纸、废棉等）、轻化工原料（如橡胶、塑料、农药包装物、动物杂骨、毛发等）、玻璃等。由此可见，中国再生资源法律中并没有包括食品废弃物。

《国务院办公厅意见》中提出的“推进餐厨废弃物资源化利用和无害化处理”政策（该意见的一个题目），如其标题所示，是和整治不卫生的废油政策同时推进的。日本《食品再生利用法》被纳入废弃物和再生利用相关的法律体系，相比之下，中国的《国务院办公厅意见》不是将餐厨废弃物作为再生利用政策，而是作为食品安全政策提出的。

鉴于以上不同点，中国餐厨废弃物政策没有被纳入再生资源相关政策文件，而是定位于作为应该和减量化、无害化处理（正确处理）并行采取对策的对象。这与日本现状有极大不同，日本食品废弃物政策的前提是，首先在以《废弃物处理法》为代表的废弃物政策的保障下进行正确处理，然后再从再资源化（或者循环资源的最优化利用）观点出发，进一步按照《食品再生利用法》的要求推动再资源化。

另外，与日本《日本生物质能综合战略》（2002 年内阁会议决定）相对应的2001年国家经济贸易委员会根据“十五”规划纲要（中国共产党中央委员会全体会议决定）发布的《新能源和可再生能源产业发展“十五”规划》，其中也没有关于餐厨废弃物的直接表述[①]。

4. 中国政策方法的特点

与日本比较，中国政策方法较明显的特点是推行试点项目和首长责任制。在《国务院办公厅意见》中，作为该意见的相关措施的执行框架加以记述。

中国国土辽阔，地区间差异较大，为制定符合各地情况的政策，推动社会和产业的规范化，多采用试点项目的方式。《国务院办公厅意见》和同一年发布的《餐厨废弃物试点项目通知》正是典型例子。截至2015年5月，依据本通知实施的试点工作已经开展了5次。

除此之外，中国由共产党领导，领导责任重于部门职责。这与发挥领导作用的组织机构设计以及对领导个人政绩的严格考评等有很大关系。这一点与上面介绍的日本制度有很大不同，日本是以市町村或都道府县为单位规定行政单位的责任。

首长责任制与试点项目能够很好地结合在一起，也是两者易被同时开展的原因之一。试点项目实施时间不会超过中国常见的5年一期的政策实施期间，而一般首长任期大多只有3年，也就是说，对首长的政绩评价较容易开展。

相比之下，日本行政实行的是单年度财政制度，并且地方行政是基于首长和地方议会的平衡关系上成立的，因而很少会遇到首长因某项目被问责的情形。由于日本和中国的社会结构以及行政管理方式的不同，很难将中国的政策方法直接应用到日本。但是，如果想进一步使地方行政在日本《食品再生利用法》中提到的食品再生利用环的活动中发挥作用，中国的这种方法也许能给日本的相关人员一些启示。

（五）中日关于食品废弃物的比较

中日两国有关食品废弃物的政策，无论在其背景方面，还是政策推动方

---

① 有关生物质能的直接表述，只有在该规划的重点发展项目中的“生物质能高效利用”一项，提出“重点发展利用厌氧消化技术、处理高浓度工农业有机废水的大中型沼气工程、提高沼气专用设备技术水平。加快开发生物质型煤和高效直接燃烧设备的开发利用”。

法方面都有很大不同。不同点归纳成表 3-19。

表 3-19 中日两国食品废弃物政策的不同点

	中 国	日 本
食品废弃物政策的核心框架	《国务院办公厅意见》(2010 年)[1]	《食品再生利用法》(2000 年)[2]
政策的对象(及所用词)	·餐厨废弃物(感觉有产生的场所仅限于具有厨房设备的食品加工地点的意思) ·餐厨垃圾(城市垃圾、生活垃圾的一种)	·全部食品废弃物
政策的对象产业等	·企业、学校等的食堂及以大中型餐饮企业为核心的有厨房设备的法人等 ·家庭排放的多数不包括在内	·食品的制造、加工、批发或零售业者，餐饮业者以及其他政令指定的“饮食提供相关业者” ·包括家庭排放的
政策执行的契机	·“地沟油”成为社会化问题	·二噁英类成为社会化问题
相关的主要政策	·(同时要实现)废弃物的减量化和无害化 ·食品安全政策	·(作为前提的)废弃物的减量化和正确处理 ·二噁英对策 ·生物质能政策 ·提高饲料自给率政策
相关政府部门	国务院下属 ·办公厅 ·国家发展和改革委员会 ·公安部 ·科学技术部 ·工业和信息化部 ·环境保护部 ·住房和城乡建设部 ·商务部	·环境省 ·农林水产省 ·经济产业省 ·国土交通省

注：1.《关于加强地沟油整治和餐厨废弃物管理的意见》。

2.《关于促进食品循环资源再生利用等的法律》。

综上，从日本和中国的不同点出发，分别介绍各自的食品废弃物政策。但社会发展潮流不会因国家不同而有太大差异，今后中国有更多的机会借鉴包括日本在内的其他国家经验。

例如，随着城市化进程，日本经历了食品废弃物排放地（以饮食业为主的人口密集地区）与再资源化产品使用地（农田）分离的问题，今后中国的大城市很有可能不断加剧这种现象。

随着城市化发展，产业结构也发生变化，食品废弃物概念和范围、利用形态和需求也会发生巨大变化。例如，在日本，食品废弃物再资源化从以郊外（即农村）的农田肥料化为中心，逐渐向以城市的餐饮业和食品加工业为中心的多渠道、多样化的再资源化方向发展。食品废弃物再资源化的目的，从生产行为的“附带品”，即农业生产资料的供给，逐渐向“以降低饮食业和食品加工业等的成本为目标”的方向变化。同时，城市居民参与资源循环的新形式（家庭堆肥及在家庭菜园、花园中利用来自食品废弃物的堆肥）在各地逐渐普及开来，成为本书未涉及的家庭排放的食品废弃物等再资源化的有效措施之一。

与日本城市化后出现的现象一样，与社会变革同时出现的是明显的潮流上的变化，包括饮食文化和饮食生活等方面价值观的变化。城市发展带来消费者价值观的变革，蕴含着使食品范围和垃圾范围产生巨大变化的可能性。

其他在本书中未涉及的中日两国的共同点，包括地区级、社区级的资源循环的公众参与等。推行法律和制度政策，有全国“统一架构”更好或者需要全国统一架构时，产业界的配合是不可或缺的。相反地，地区级、社区级“发挥地区特性的措施”则与当地居民的行动和生活密不可分。

随着科学技术发展，以往没有利用价值的东西也可以进行再资源化或原料化，其影响也不容忽视。例如，在日本，现在可以用螃蟹壳作原料制造补养品，这已经作为一般商品开始流通，其技术在以前是没有的。

如果只限于具体事例，中日两国可见到同样的措施和问题。从宏观角度进行两国的比较有着上述困难，但在具体事例上或许有相互可学习借鉴的地方。

今后，在比较中日两国食品废弃物相关政策措施时，需要一方面探讨共同点，另一方面挖掘具体事例，以提出对双方都有益的建议。

参考文献

［1］王舟，杜欢政，钱学鹏 . 2012. 中国的食品废弃物循环利用的现状和课题 . 政策科学，20（1）.

［2］中日合作推进城市废弃物循环利用项目 . 2015. 政策大纲——推进中国的城市废弃物的循环利用（简要版）. 日本国际协力机构（JICA），中华人民共和国国家发展改革委员会资源节约环境保护司 .

［3］【日】厚生省环境卫生局水道环境部计划科 . 1976. 逐条解说废弃物处理法（新版）. GYOSEI.

［4］【日】末松广行 . 2002. 食品再生利用法解说 . 东京：大成出版社 .

［5］【日】食品再生利用推进研究会 . 2001. 食品再生利用法的解说 Q&A. 名古屋：新日本法规出版 .

［6］【日】本多淳裕 . 2000. 系列书刊・资源再生利用 4　图说农林水产和再生利用 . 东京：（财）Clean Japan 中心 .

［7］【日】中村修，远藤 Haruna. 2011. 一定成功的“食品垃圾的资源化”——大幅减少垃圾处理成本和肥料费 . 东京：（社）农山渔村文化协会 .

［8］【日】农林水产省食品产业局生物质循环资源科食品产业环境对策室（HP）. 2014. 为削减食品浪费（完全版）. http：//www.maff.go.jp/j/shokusan/recycle/syoku_loss/pdf/losgen.pdf［2015-6-19］.

［9］【日】有关二噁英对策的阁僚会议决定 . 1999. 二噁英对策推进基本指针 .

［10］【日】日本国内阁会议决定 . 2002. 有关经济财政运营及结构改革的基本方针 2002.

［11］【日】日本国内阁会议决定 . 2002. 日本生物质能综合战略 .

［12］【日】农林水产省生产局畜产部畜产振兴科草场整备推进室 . 2008. 有关提高饲料自给率的专项项目 . 农林水产省主办的提高饲料自给率战略会议［第一次（2008 年 5 月 10 日召开）参考资料 1］.

［13］【日】农林水产省生产局畜产部畜产振兴科（HP）. 2013. 生态饲料所面临的形势 . http：//www.maff.go.jp/j/chikusan/shokuniku/pdf/pdf/h25_sankou2.pdf［2015-6-19］.

［14］【日】环境省主办的食品垃圾等的 3R 和处理研讨会 . 2008. 食品垃圾等的 3R 及处理应有的方向以及政策手段汇总 . 中央环境审议会废弃物再生利用分会（现为循环型社会分会）食品再生利用专门委员会［第一次（2008 年 8 月 28 日召开）资料 5］.

［15］【日】农林水产省，环境省 . 2013. 国外的食品再生利用现状 . 农林水产省食品、农业、农村政策审议食品产业分会，食品再生利用小委员会，环境省中央环境审议会

循环型社会分会食品再生利用专门委员会联合会议［第六次（2013 年 6 月 14 日召开）资料 1］.

［16］【日】农林水产省，环境省 . 2014. 食品再生利用法的施行状况 . 农林水产省食品、农业、农村政策审议食品产业分会，食品再生利用小委员会，环境省中央环境审议会循环型社会分会食品再生利用专门委员会联合会议［第九次（2014 年 3 月 31 日召开）资料 2］.

［17］【日】环境省中央环境审议会 . 2014. 今后食品再生利用制度应有的方向（意见陈述）.

［18］【日】牛久保明邦 . 2008. 食品再生利用制度的利用及市町村的作用 .（《月刊废弃物》2008 年 10 月号）商务日报 .

［19］【日】高桥庆 . 2012. 食品再生利用的问题点 .（《月刊废弃物》2012 年 5 月号）商务日报 .

［20］【日】石川雅纪，小岛理沙 . 2015. 食品再生利用法及修订 .（《月刊废弃物》2015 年 5 月号）日经商务 .

［21］国家发展和改革委员会，住房和城乡建设部，环境保护部，农业部 . 2010. 关于组织开展城市餐厨废弃物资源化利用和无害化处理试点工作的通知 .

［22］国务院办公厅 . 2010. 关于加强地沟油整治和餐厨废弃物管理的意见 .

［23］科技部，国家发展和改革委员会，工业和信息化部，环境保护部，住房和城市建设部，商务部，中国科学院 . 2012. 废物资源化科技工程“十二五”专项规划 .

［24］建设部，国家环境保护总局，科学技术部 . 2000. 城市生活垃圾处理及污染防治技术政策 .

［25］原国家经济贸易委员会（现国务院商务部）. 2002. 再生资源回收利用“十五”发展规划 .

［26］原国家经济贸易委员会（现国务院商务部）. 2001. 新能源和可再生能源产业发展“十五”规划 .

［27］上海市 . 2005. 上海市餐厨垃圾处理管理办法 .

［28］杭州市人民政府办公厅 . 2003. 关于印发杭州市餐厨垃圾处置管理暂行办法的通知 .

（山田智子　农林水产省大臣官房数据战略小组企划官）

第四章

日本城市垃圾分类处理的历程与现状

染野宪治　日本国际协力机构（JICA）
建设环境友好型社会项目首席顾问
早稻田大学现代中国研究所招聘研究员

一、垃圾分类的历史

20 世纪 60 年代之前，日本家庭排放的垃圾都不进行焚烧处理，而是直接运到填埋场，因此也没有分类的必要，但空瓶和废纸等可以卖钱，有专门的收购商，市民通常将这些有价值的废品挑拣出来，交给回收企业或自行运到回收商店。

进入 20 世纪 70 年代后，垃圾焚烧处理逐步推广，开始进行可燃垃圾（可燃物）和不可燃垃圾（不可燃物）的分类。之后随着经济高速增长，生活水平逐步提高，垃圾的种类也越发多样，开始出现大型家具、家电产品、体育用品等难以简单处理的垃圾。这些被作为大件垃圾，分为可燃物和不可燃物来进行回收。

随着垃圾排放量的不断增加，出现了垃圾焚烧厂处理能力不足、垃圾填埋场库容告急、垃圾处理费用（财政预算）剧增等问题。因此在 1975 年，静冈县沼津市开始将垃圾作为资源（有足够的量就会有人花钱购买）进行分类回收，并采取措施减少垃圾的排放量。这被称为"沼津方式"，是日本最初真正的垃圾分类。

二、垃圾分类规则的设定

对于家庭排放的垃圾，日本没有制定全国统一的分类方法规则，而是由自治体（市区町村，截至 2019 年 8 月底共有 1 741 个市区町村）自行规定。

《废弃物处理法》第 6 条规定，"市町村制订一般废弃物处理计划，规定需分类回收的一般废弃物的种类和分类标准等"。市区町村依据该项法律分别制订符合各地区实际情况的一般废弃物处理计划，因此垃圾的分类方法也各不相同。

对于市区町村来说，垃圾分类方法的设定是整个垃圾回收运输体系的设计要素之一。要变更垃圾分类方法，就会使整个垃圾回收运输体系发生变化，也会影响到回收费用（市区町村的财政），是非常重大的问题。如表 4-1 所示，是制订回收运输体系计划时的重要因素，垃圾回收运输体系的计划制订过程，也可以说是明确一系列具体问题的操作过程，如垃圾回收需要多少台车辆、需要几名作业人员以及多少费用等。

表 4-1　回收运输体系计划制订相关的因素

因素	内容
① 地区垃圾产生及处理的现状	• 排放垃圾的质和量 • 处理量
② 处理方法	• 需要分类的程度（范围） • 处理设施的位置（运输目的地）
③ 分类的种类	• 回收时的分类种类
④作为收集对象的垃圾	• 垃圾重量 • 压缩性 • 单位排放的垃圾如何对待 • 量 √ 废品回收、集体回收的可能性 √ 自行处理 √ 拒绝回收物品与服务的范围
⑤ 垃圾回收方式（排放地点）	• 堆放点（站） • 小街巷 • 各户
⑥ 排放规则	• 收集频度 • 排放容器 • 排放时间
⑦ 人口密度	• 堆放点的数量 • 每个堆放点的垃圾量 • 集中住宅的数量
⑧ 回收车辆	• 车辆类型 • 载重量、可装载重量 • 操作所需人数
⑨ 作业班的编制	• 司机 • 装载作业人数
⑩ 作业时间等	• 收集时间段 • 每天实际作业时间
⑪ 地区交通状况	• 街道状态 • 地形特点 • 交通状况 √ 单行线 √ 高峰时段问题 √ 干线道路

续表

⑫气象条件	• 降水量 • 寒冷程度 • 降雪量
⑬地区特点	• 住宅区、独栋住宅与集中住宅 • 商业区 • 工业区

资料来源：田中胜、大野正人编制（2011）《垃圾回收——理论与实践》丸善株式会社。

在实施或变更垃圾回收服务时，首先需要就垃圾的排放规则与居民达成一致。市区町村会向居民展示垃圾分类的种类、收集频度、排放时使用的容器、排放地点、垃圾收集对象、回收效率、财政条件以及垃圾收费的相关政策等。例如，在决定垃圾分类方法时，会考虑居民是否可能协助进行分类排放、市町村的处理方法（拥有哪些设施，是否确保了委托处理单位）、回收运输费用等。

决定垃圾分类方法最重要的因素是垃圾的处理方法。处理方法可大致分为以下 5 种：

（1）焚烧处理

垃圾焚烧处理前，原则上需要进行可燃垃圾和不可燃垃圾的分类。但过去也有像横滨市等自治体将没有分类的混合垃圾直接焚烧。尽管混合垃圾中含有不可燃的物质，焚烧效率低，但由于垃圾的收集效率高，从整体来看处理费用相对较低。这种处理方式存在焚烧设备的维护管理成本较高、焚烧灰渣量大等问题。目前横滨市已不再采用混合垃圾焚烧处理方式。

（2）堆肥、沼气发酵处理

堆肥（制作肥料）和沼气发酵处理（生产沼气）必须对餐厨垃圾分类回收。曾有案例直接用混合垃圾生产堆肥，但制作的肥料质量差，利用者越来越少，最后均以失败告终。

（3）粉碎处理

对于无法直接投入焚烧设施的可燃性大件垃圾和填埋前需要进行减量的作为金属回收的不可燃的大件垃圾，需要进行粉碎处理。粉碎处理前，应将无法进行粉碎处理的物品挑拣出来，如喷雾罐等可能发生爆炸的危险废物以及弹簧等可能损伤粉碎设备的废物等。

（4）危险废物处理

对于含汞的干电池和荧光灯等焚烧会造成大气污染以及填埋处理会污染土壤的危险废物，应单独回收并运至专业设施处理。

（5）资源化处理

日本制定了《容器及包装物再生利用法》《家电再生利用法》，家庭排放的包装容器由市区町村负责分类回收，家电产品由生产者负责回收（零售店和专业公司回收后，运往生产企业指定地点）。一些地方对废纸、废旧布料、食用油等资源型废物也进行分类回收。

三、案例——德岛县上胜町、东京都中野区

如表 4-2 所示，据环境省统计，多数自治体将垃圾分为 11～15 类。

表 4-2　垃圾分类情况（2017 年的实际情况）

分类数量	0～1	2	3	4	5	6	7	8	9	10	11～15	16～20	21～25	26～
市町村数量	0	5	7	9	39	66	61	89	107	115	639	425	128	29
人均每天的垃圾排放量 /［g/（人·d）］	—	902	1 058	1 103	979	983	1 009	919	906	905	891	890	849	860

资料来源：环境省（2019）《日本的废弃物处理—平成 29（2017）年度版》。

如表 4-3 所示，分类最细为数德岛县上胜町，他们将垃圾分为 45 类。在地理位置上，上胜町远离城市、人口稀少，垃圾排放量不多，单独进行垃圾处理非常困难。因此，上胜町与邻近自治体联合进行跨区域垃圾处理。为避免焚烧处理的高额财政支出，上胜町通过资源化措施努力减少垃圾的排放量，不再进行焚烧处理。但是，负责回收垃圾的再生利用企业距离上胜町较远，运输成本高，垃圾量过少会导致入不敷出。因此，上胜町通过细致的分类，提高了各类材料作为资源的品质，为在不利的条件下吸引再生利用企业以一定的资源价格回收垃圾做出努力。

表 4-3　上胜町的垃圾分类

回收区域	•全町：垃圾站 1 处、资源物储存所 1 处
回收及处理方法	• 垃圾站（由委托单位负责管理运营）于每天 7：30—14：00 接收垃圾资源（12 月 31 日—1 月 2 日休息，大件垃圾于周日同一时间段接收）。 原则上要求送至垃圾站，居民自行进行清洗分类。 委托单位对送来的分好类的物品进行压缩和打包后，分别运送至储存所保管。 不同种类储存物由各再生和处理单位按照委托合同运送至各单位，进行合理的再资源化和处理
45 类	• 送至垃圾站：①铝罐；②铁罐；③喷雾罐；④金属盖；⑤废金属；⑥报纸、折页传单；⑦瓦楞纸；⑧杂志、复印纸；⑨纸包装（白色）；⑩纸杯子（白色）；⑪纸包装（银色）；⑫纸管；⑬切碎机废纸切末；⑭其他杂纸；⑮衣服、窗帘、毛毯；⑯旧布；⑰一次性筷子；⑱废弃食用油；⑲塑料容器包装类；⑳其他塑料；㉑白色托盘；㉒其他泡沫苯乙烯；㉓塑料瓶；㉔塑料瓶盖子；㉕透明瓶；㉖褐色瓶；㉗其他瓶；㉘回收瓶；㉙其他玻璃瓶、陶瓷器皿、贝壳；㉚镜子、体温计；㉛灯泡、日光灯管；㉜干电池；㉝废旧蓄电池；㉞打火机；㉟大件垃圾（金属制）；㊱大件垃圾（木制）；㊲大件垃圾（被子、地毯、草垫）；㊳大件垃圾（必须焚烧的物品：乙烯基氯制品等）；㊴必须焚烧的物品（鞋子、手提包等）；㊵纸尿布、卫生巾；㊶必须填埋的物品（贝壳等）；㊷废旧轮胎；㊸四类家电。 •各家庭资源化：㊹厨余垃圾。 •农协等回收：㊺农业废塑料、农药瓶等

资料来源：笔者根据《平成 28（2016）年度版资源分类指南》德岛县上胜町（2016）编制。

上胜町焚烧处理一般废弃物的费用包括废弃物从垃圾站到焚烧厂的搬运费、焚烧费、焚烧残渣处理费、处理后焚烧残渣从焚烧厂到填埋厂的搬运费，以及填埋处理费。如表 4-4 所示，2015 年，初步估算焚烧处理所需财政支出为 1 590 万日元。而实际上，通过町民协助，大部分垃圾实现资源化并取得收入，财政实际支出额仅为 250 万日元，为估算值的 1/6，共节省 1 340 万日元。

上胜町能够积极开展垃圾的资源化回收，不是因其居民拥有更高的环境意识，也不是因为区域内有垃圾资源化的再生利用企业和完善的再生利用设施，而是因为垃圾处理的相关费用会对町的财政产生影响。町政府职员向居民们公开町的财政状况与垃圾处理费用的相关信息，与居民反复认真讨论垃圾资源化的方法等，双方共同认识到垃圾分类的必要性。日本一般废弃物处理事业经费（2016 年）为人均 15 300 日元，而据推算，上胜町维持在 10 000 日元（2012 年）左右。

表 4-4　焚烧处理费用（估算值）与实际费用对比（2015 年）

焚烧处理费用（估算值）	实际费用
单价 焚烧费（含搬运费）　54 000 日元 /t 焚烧残渣处理费　3 000 日元 /t 填埋处理搬运费　31 000 日元 /（4 t · 车） 填埋处理费　22 500 日元 /t 估算（ × 1.08 为加算消费税） 焚烧费 214 t × 54 000 × 1.08=12 480 480 日元 焚烧残渣处理 21 t × 3 000 × 1.08=68 040 日元 填埋处理搬运费 20 回 × 31 000 × 1.08=669 600 日元 填埋处理费 100 t × 22 500 × 1.08=2 430 000 日元 小计　15 648 120 日元 再利用品焚烧处理情况　230 175 日元	焚烧填埋资源化费用　约 550 万日元 资源化收入　约 300 万日元
收支（支出）15 878 295 日元（约 1 590 万日元）	收支（支出）　约 250 万日元

资料来源：笔者根据 NPO 法人零浪费协会（ZERO WASTE ACADEMY）的陈述。

与上胜町等农村地区相比，城市地区人口众多、土地狭窄，难以确保回收场地，增加分类数量会导致回收费用上升。因此，需从费用效果比的角度选择合理的分类方法。例如，图 4-1 是东京都中野区的分类方法。堆放点回收垃圾粗分为可燃物、不可燃物、资源垃圾、大件垃圾。资源垃圾又分废纸、瓶、罐、饮料瓶、塑料容器 5 类。可燃垃圾回收频率为每周两次，不可燃垃圾隔周一次，资源垃圾每周一次。大件垃圾需提前登记，在指定时间回收。垃圾需要在清晨至上午 8 点（部分资源垃圾到上午 8 点半）之间放到堆放点。基地定点回收为补充堆放点的回收措施，居民自行将相应的废弃物投放到回收点，如区内商业设施长期回收饮料瓶，区政府等公共设施设有旧衣服和旧布料、废旧小家电、废旧荧光灯管、食用油的回收点。

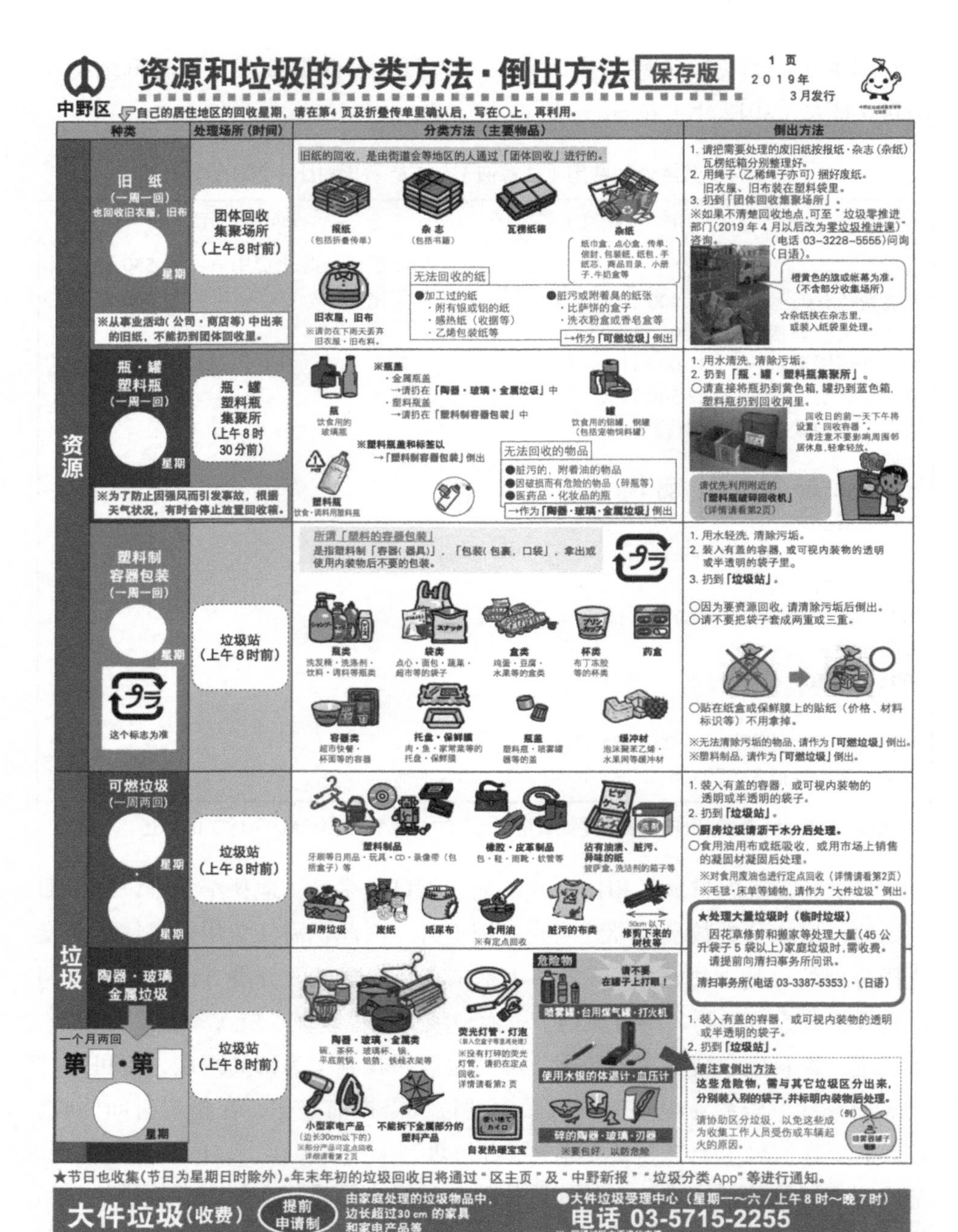

图4-1 东京都中野区的分类方法

东京都中心地区的特别区（23 区）本着公平负担的原则，各区排放的垃圾需在各自区域内进行焚烧处理，23 区中有 17 个区建设了垃圾焚烧厂。没有垃圾焚烧厂的区仅有 7 个，分别是千代田区、中央区、文京区、新宿区、中野区、荒川区和台东区。23 区每年对区内垃圾产生量和焚烧量等进行详细计算，收取或支付负担金。没有垃圾焚烧厂的 6 个区要支付负担金，2017 年，中野区支付金额为 2 979.1 万日元（约 186 万元，以 1 元 =16 日元换算）。而拥有垃圾焚烧厂和填埋场等设施，在 23 区中承担废物处理任务最重的江东区收入为 21 131.3 万日元（约 1 321 万元）。通过垃圾分类等努力实现垃圾减量，对区财政会产生重大影响。

四、从日本经验中得到的启发

如图 4-2 所示，直到 2005 年前后，中国家庭排放的垃圾都是直接运至填埋场进行填埋处理，而瓶、罐、饮料瓶等有价值的废品被回收，类似于日本 20 世纪 60 年代的情况。随后，垃圾焚烧厂建设发展迅猛，截至 2017 年，中国垃圾焚烧厂的处理能力已相当于日本的约 1.7 倍。但中国的垃圾排放量约是日本的 5 倍，理论计算要达到日本的水平，还需建设相当于目前焚烧能力 2 倍的处理设施。垃圾焚烧厂的建设并不简单，除设施建设费用问题外，还容易受到周边居民的反对（NIMBY）。因此，获得居民对垃圾分类的理解和大力协助是推动垃圾减量必不可缺的工作。

2019 年 7 月上海开始实施的垃圾分类条例，在日本也有相关报道并且广受关注。中国一些媒体报道认为，与垃圾细分到十多种类型的日本相比，上海湿垃圾、干垃圾、可回收垃圾和有害垃圾的 4 种分类简便易行，但也有媒体报道认为湿垃圾和干垃圾的分类难以操作。

日本垃圾分类种类较多，但主要是将可回收的资源垃圾进行细分。中野区资源垃圾分为废纸、瓶、罐、饮料瓶、塑料容器。上胜町废纸分为报纸、杂志和瓦楞纸板等，瓶子按照透明、茶色和其他等进行分类，罐分为铝罐、铁罐、喷雾器罐等，比中野区分类更细，也更为清楚。上海湿垃圾和干垃圾的分类是按肉和骨头、表皮和其中的内容等不同部位进行分类，存在无限细分可能，并且罚款制度会增加市民心理压力，唯恐出错。在日本，如果发现垃圾分类不正确，一般会留在堆放点，不予回收（有些自治体会贴上“分类有误”的标签）。若这种情况持续发生，会打开垃圾袋确定是谁排放的，并对其进行指导等，只要不是恶意的，通常不会罚款。

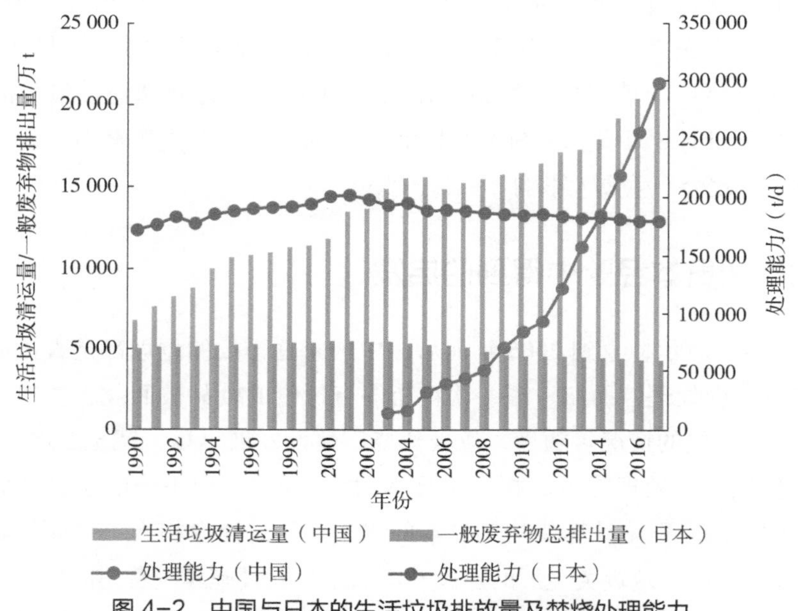

图 4-2　中国与日本的生活垃圾排放量及焚烧处理能力

资料来源：日本环境省，中国统计年鉴。

日本也有一些市町村的垃圾分类类似于上海。日本很多自治体将厨余垃圾作为可燃物回收，但也有部分市町村单独回收厨余垃圾。除一部分地区作为试点项目单独回收外，日本以整个市町村为单位在全域单独回收厨余垃圾的只有北海道的稚内市、宫城县南三陆町、茨城县土浦市、新潟县长冈市、爱知县丰桥市、兵库县养父市和朝来市、山口县防府市、福冈县大木町、福冈县三山市、大分县日田市等。上述自治体都进行沼气发酵处理，进行干式高温处理的兵库县养父市和朝来市、山口县防府市是将厨余垃圾和纸类等可燃垃圾一起处理，进行湿式中温处理的其他市町村是将厨余垃圾与下水污泥等一起处理。垃圾分类方法与上海的湿垃圾和干垃圾的分类基本相同，可以入口吃的都作为厨余垃圾，排放时要将体积较大的切至 5 厘米左右。蛋壳、贝壳、猪骨等大骨头不能作为厨余垃圾排放，需各家装在袋里或倒入桶里回收。

与上海市相比，日本的这些城市规模极小，最大的丰桥市也只有约 38 万人口，三山市约 4 万人，南三陆町约 1 万人。在 2013—2016 年，三山市率先实施了厨余垃圾单独收集的试点，参加试点的家庭有 1 102 户，在征得 95% 试点项目参与居民的赞成后，2017 年在市内 200 个地点举办了有 8 800 户居民参加的厨余垃圾分类回收说明会，2018 年开始向每户发放厨余垃圾分类用垃圾桶，2018 年 10 月起利用 4 个月时间分地区逐步开始实施，前后共花费了 5 年时间进行慎重的政策引进。比三山市人口还少的南三陆町从实证试验（2012—2013 年）到实际实施（2015 年 10 月）花费了 3 年多的时间。例如，制作小册子向居民进行解释说明，并对垃圾分类良好的地区进行表彰，2018 年起利用信息通信（ICT），使各地区厨房垃圾分类状况可视化，通过测量分析异物混入率及厨房垃圾回收量，对居民垃圾分类情况进行把握，并努力提高居民分类意识。

开展垃圾分类最重要的是市町村与居民达成一致意见，这需要居民的赞成和配合。在引进复杂的垃圾分类时，或许应践行“欲速则不达”的理念。

参考文献

[1]【日】田中胜，大野正人编制 . 2011. 垃圾回收——理论与实践 . 东京：丸善株式会社 .
[2] 染野宪治 . 2019. 日本怎么进行垃圾分类 . 世界环境 . 180（5）：28-33.
[3] 酒井富夫，等 . 2019. 日本农村再生：经验与治理 . 北京：社会科学文献出版社 .

第五章

日本农村垃圾处理现状

染野宪治　日本国际协力机构（JICA）
建设环境友好型社会项目首席顾问
早稻田大学现代中国研究所招聘研究员

一、引言

日本的生活垃圾处理，无论城市还是农村均执行全国统一的法律和标准，不同行政级别（国家、都道府县及市町村）在其中发挥各自的作用。虽然日本不存在单独为农村制定的法律制度，但与人多地少的城市不同，农村地区可通过细致的分类等措施达到较高的资源化率（请参考第四章的上胜町的案例）。

上章介绍了生活垃圾处理，本章介绍农业、畜禽养殖业排放的稻秸麦秸、农用塑料、畜产废弃物的处理现状。

二、稻秸、麦秸

（一）现状

日本水稻经过品种改良后，生长期较短，稻秸产生量少于东南亚的品种。平均来看，单位面积的大米和稻秸的产生量基本相等。

随着饮食生活变化导致大米减产，稻秸产生量也有所下降，1975 年约 1 350 万吨，其中接近一半用于堆肥生产。2006 年，稻秸产生量下降至 904.9 万吨。其中，用于饲料 93.1 万吨（10.3%）、堆肥 57.9 万吨（6.4%）、畜禽养殖垫料 36.1 万吨（4.0%）、加工 6.5 万吨（0.7%）、焚烧 24.3 万吨（2.7%）、耕翻还田及其他 687.1 万吨（75.9%）。

《废弃物处理法》原则上禁止秸秆焚烧，但由于农业需要不得不焚烧时，则被视为例外。由于周边居民非常反感焚烧烟雾导致的污染，社会环境使焚烧行为难以付诸实际。

日本小麦产量基本维持在 100 万吨左右，农林水产省在 2002 年通报的麦秸产生量为 90 万吨。因此推断与稻秸一样，小麦产量与麦秸产生量基本相等。2002 年 90 万吨麦秸中，27 万吨用于堆肥和垫料，耕翻还田 33 万吨，焚烧 22 万吨。

日本小麦主产区是北海道、关东和九州地区，九州的小麦种植主要是作为水稻的复种。九州佐贺县约 10% 的麦秸用于堆肥和家畜的垫料，剩下的在田里焚烧。考虑到对环境的影响，县里开展了禁止焚烧的宣传活动，鼓励用于生产堆肥或耕翻还田。截至2007年，一半以上的麦秸被粉碎后耕翻还田。耕翻还田的麦秸比稻秸更难降解，在佐贺县等一年生产两季的地区，小麦收割后需开展水稻种植作业（整地灌水、插秧），耕翻还田的麦秸在整地灌水时会浮出水面，妨碍整地工作。为此，县里曾开展过防漂浮还田方法的推广工作。

（二）利用案例

1. 青森县案例（东北地区）

日本青森县的稻秸利用形态与全国的平均情况相差甚远。农林水产省资料（2006年，重量比）显示，耕翻还田仅占比26.5%，而用于堆肥（12.8%）、饲料（15.4%）、垫料（9.3%）的比例较高。此外，用于覆盖材料（11.1%）的也较多，利用形态多种多样。农田焚烧曾一度非常普遍，后来由于采取防止烟雾影响和地区资源有效利用等一系列措施，焚烧面积大大缩小。从措施有效性来看，在普遍采用焚烧方式的阶段，最有效的办法是改善面向农业生产者的宣传方法以及向积极采取对策的生产者提供补贴，达到一定水平后，根据具体情况对不同地区（水稻种植地区、水稻果树复合种植地区等）和不同经营类型（种植规模等）进行具体细致的指导（表5-1）。

表5-1　青森县稻秸不同用途的利用面积变化　　单位：hm^2

年份	水稻面积	焚烧	耕翻还田	堆肥	用于家畜养殖		其他（包括加工）
						家畜垫料	
1975	80 295	20 238	13 558	19 141	14 841	14 841	7 501
1985	75 600	7 799	11 872	14 349	24 529	8 653	6 061
1995	73 010	4 753	16 807	16 538	22 053	—	3 154
2000	57 696	1 641	16 203	11 426	17 103	—	2 887

资料来源：泉谷真美（2015）《生物质静脉流通论》筑波书房，149页。

注：焚烧面积在2000年下降到2.8%之后，到2009年一直保持在2.6%～3.5%。

具体案例：2006年，青森县稻秸生产协会A利用2004年创建的补贴购买稻秸收集机械和设施建设资金1/2的制度，在周边水稻耕种地区收集稻秸并开始销售。收集面积为70～80公顷，一些年份因天气原因只能收集40公顷的稻秸，其余的都被焚烧。为保证每年能够稳定收集到稻秸，A协会赠送预约好的农户200升柴油，作为"劳烦的酬谢"，以获得农户的信任。

稻秸收集工作的具体步骤是：①水稻收割后，稻秸直接在稻田晾晒7～10日；②用耙子将0.3公顷稻田的稻秸收集整理成3～4列；③用卷草机（直径120厘米）将稻秸打成捆；④用外挂在拖拉机上的抓斗将稻秸捆从农田搬到路边；⑤用卡车将稻秸捆运到存放地。

存放地利用当地废弃的小学体育馆，用叉车或铲车将稻秸捆堆积起来。存放容量的上限是1 000捆，超过上限时会将稻秸直接从农田运往客户处。

开始时给很多客户供货，在经历过以质量为借口被大力压价后，2010年起只给B牧场供货。B牧场位于青森县旁边的岩手县，饲养约600头育肥牛，正式员工5人，收集稻秸时雇佣2名临时人员。

开始育肥时，月龄7个月的牛在最初的3个月内平均每天消费粗饲料4.5千克，之后逐步减少，20个月左右出栏时每天只需1千克左右的粗饲料。2006年前，B牧场一直用自制堆肥换取当地稻秸，每年约交换50公顷稻秸。对于当地水稻农户来说，负责收集稻秸的劳动力进入老龄，多数稻秸被联合收割机斩断后难以收集，耕翻还田量的增加和小规模水田耕种形态等，都影响稻秸回收的作业效率。到2011年，只能收集10公顷稻田的稻秸。

2010年开始接受A协会供应的稻秸，贮存500个120厘米的稻秸捆，相当于B牧场半年粗饲料用量。为降低运输成本，B牧场自行前往A协会取货，用4吨翻斗车每周两趟共运送28捆稻秸。

2. 大分县案例（九州地区）

有限公司C是以地区建筑公司D为核心出资成立的农业生产法人。出资300万日元（19万元，以1元人民币=16日元换算），出资人包括C公司的2名成员，一共有4人。D公司还拥有一家经营育苗和精米加工中心的E公司。此外，该地区有2名畜禽养殖农户（现受雇于C公司负责操作机械）。C公司的成立有效利用了2名农户的机械和E公司的设备。

C公司在4—9月主要从事稻田工作，在12月栽种小麦之前进行稻秸收集工作，在1—3月进行堆肥的施用，同时兼顾D公司的工作，以确保员工一年的工作量。工作主要由 2 名股东、2 名正式员工和 2 名养殖农户承担，农忙期还会从 D 公司和 E 公司临时雇佣作业人员。C 公司所使用的机械主要是以租赁的形式，借用 2 名畜禽养殖农户的机械，并由 C 公司负责更新。

2007 年 C 公司受委托负责收集稻秸面积为 37 公顷，并每年不断增加。稻秸被打成 110 千克的捆，每年收集约 1 300 捆，销售给养殖农户的单价为每捆 660 日元（合人民币 41 元），年销售额 2 686 万日元（168 万元）。因为销售单价较低[①]，实际上近似于用种植农户的稻秸与养殖农户的堆肥进行实物交换。C 公司没有将稻秸收集和销售部门的工作定位为盈利项目，开展这些工作的目的主要在于确保秋季的作业，同时抵充 2 名养殖农户的工资和部分机械租赁费，确保财务稳定。

（三）用作乙醇生产方面的研究

关于水稻、小麦秸秆的能源利用，通常会作为乙醇原料或直接燃烧用来发电等。由于收集、运输、储存成本较高，故日本没有用来直接燃烧发电。

用稻秸等木质纤维素生物质生产乙醇，比用糖和淀粉为原料难度更大，在技术和经济上都存在着很多有待解决的课题。若为削减人工成本而引进大型专用设备，其设备经费不可小觑。此外，储存也需要很大空间。

生产 1 升乙醇需要约 4 千克含水量 15% 的干燥稻秸。假设生产成本为 100 日元 / 升（合人民币 6.3 元 / 升），原料费用占一半，稻秸的单价需要降到 12.5 日元 / 千克（合人民币 0.8 元 / 千克）以下。据芋生（2010）描述的东京大学等 2007 年和 2008 年调查结果显示，关东地区作业效率高的农田稻秸成本达 32.1～36.7 日元 / 千克（合人民币 2～2.3 元 / 千克）。若用于乙醇原料，需要大幅降低成本。成本中稻秸购买费（支付给水稻耕种农户，27%～31%）、机械折旧费和保养费（27%～32%）占比最高，而运输费（18%～22%）、人

① 日本的国产稻秸平均 30 日元 / 千克（合人民币 1.9 元 / 千克），进口稻秸 20 日元 / 千克（合人民币 1.3 元 / 千克），运输费大致在 5～10 日元 / 千克。C 公司的稻秸价格只有市场价的 1/5 左右，但他们另外享受补贴。麦秸的含水量通常低于稻秸，晾晒也相对节省劳力，因此每千克售价为 10～20 日元（合人民币 0.6～1.3 元）。

力费（10%～20%）的比例也很高。

因此，无论是乙醇生产还是原料收集、运输，都存在诸多问题，预计短期内很难进入实用化阶段。

三、农用塑料

（一）现状

在农业领域，温室大棚的覆盖材料、地膜、育苗钵、牧草等的青贮饲料膜等生产资料都使用塑料。由于温室大棚面积缩小以及覆盖材料耐用性提高等，农用废塑料排放量在1993年达到最高（189 151吨），随后逐年减少，2018年为106 501吨。

从用途来看，园艺（蔬菜、花卉、果树）用量占74%，其他（水田耕种、旱田耕种等）用量为26%。从塑料种类来看，过去大多是氯乙烯膜，现在多是聚烯烃类薄膜。发生改变的主要原因是过去覆盖大棚的氯乙烯膜每隔2～3年就需要更换，因此用量逐步缩减，而可以使用5～6年的聚烯烃类薄膜逐渐增加。

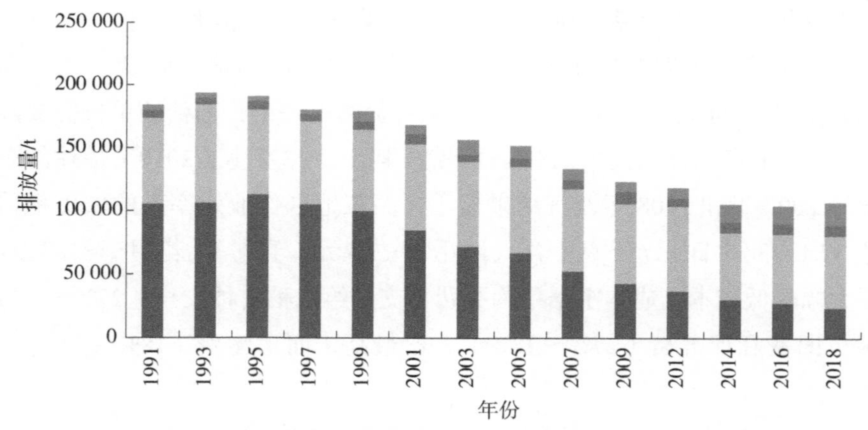

图5-1 农用废塑料排放量的变化

资料来源：农林水产省（2017）《园艺用设施设置等的状况》。

（二）对策

如图 5-2 所示，农业生产中排放的废塑料需作为产业废弃物，由排放者（农民）进行合理处理。但鉴于农民的排放量比较零散，排放地区相对分散等实际情况，农林水产省在 1995 年根据《关于合理处理园艺使用后塑料的基本方针》（通知），在都道府县与市町村成立由各地区行政机构及农民团体参加的协议会，建立了合理回收和处理的体制。此外，要求以再生利用为根本，积极进行物料再生，物料再生困难时进行热能回收利用，对不适合再生利用的要合理进行焚烧、填埋。同时要求农民按种类进行分类，去除废塑料中的异物，积极使用耐用性生产资料（排放控制）。

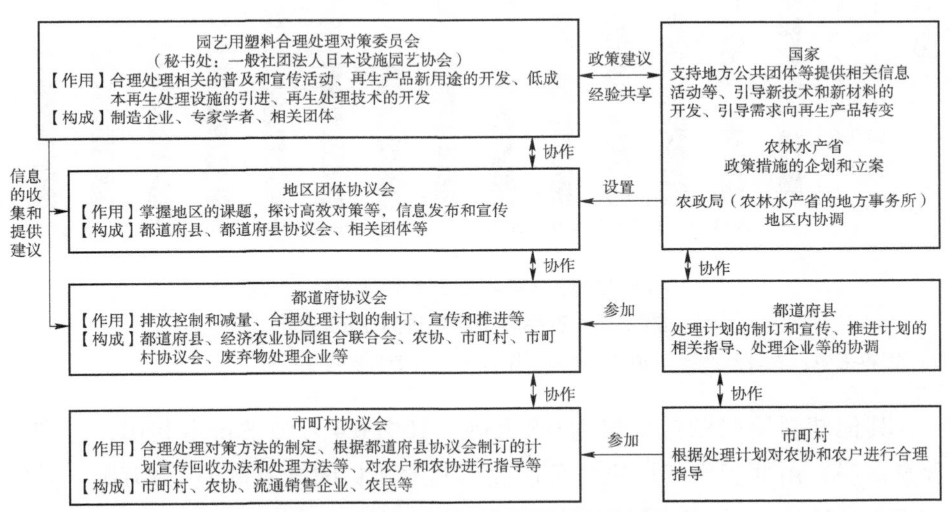

图 5-2　推动农用废塑料合理处理的组织

资料来源：农林水产省（2019）《围绕农业领域排放的塑料的局势》。

如图 5-3 所示，实际处理过程中，1993 年焚烧处理占比最多，约 43%，而 2012 年后再生处理的占比超过 70%。2018 年排放的 10.6 万吨农用废塑料中，7.9 万吨进行了再生利用。

从种类来看，氯乙烯膜和聚烯烃薄膜的再生利用量约为 80%。氯乙烯膜的 2.4 万吨排放量中有 1.9 万吨被再生利用，几乎全部进行物料再生。过去大多用于建筑和土木工程的材料以及工业材料，现在日本国内大多用于地板中间的夹层材料。聚烯烃薄膜的5.6万吨排放量中有4.4万吨被再生利用，日本国内用途最多的是热能回收（工厂等的热回收、RPF、RDF等），也有部分进行物料再生，用于生产货架板、假树、建筑及土木工程材料等。此外，水泥厂用于辅助燃料，灰渣可作为水泥原材料。部分氯乙烯膜及聚烯烃薄膜被粉碎清洗后作为再生原料出口，在国外加工成型并制成商品。鉴于2017年中国采取了禁止进口生活废塑料等的措施，日本强化了国内的再生利用体制。

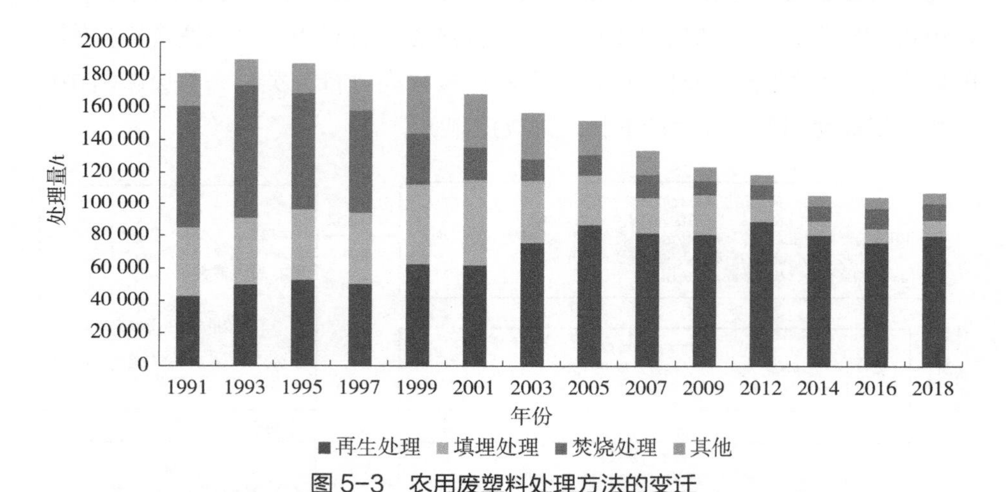

图5-3　农用废塑料处理方法的变迁

资料来源：农林水产省（2017）《园艺用设施设置等的状况》。

其他塑料薄膜的排放量为0.8万吨，其中0.4万吨被再生利用，特别是含氟薄膜，由薄膜生产厂家全部回收。其他塑料的排放量为1.8万吨，其中1.2万吨得到再生利用。

（三）农用废塑料的再生利用企业

依据《废弃物处理法》，农用废塑料属于产业废弃物，处理企业需获得都道府县等的许可，其收益来自处理费的征收以及处理加工的再生原料和产品的销售盈利。但因为排放单位（农民、市町村协议会、农协等）希望处理费越便宜越好，因此大多不采用优质再生品生产技术，而达到最低标准的廉价低质技术得到普及。

农林水产省等的调查结果显示，1998 年的农用废塑料处理企业有 374 家，2002 年增加到 516 家，之后又减少到 2012 年的 389 家。据竹谷（2017）调查，2006 年 491 家企业中，业务范围在日本全国 47 个都道府县中跨复数都道府县的处理企业只占 20%（最多跨 15 个道县），其余 80% 的企业都只在一个都道府县活动。而实际上在复数都道府县都有处理业绩的企业只有 8 家。农用废塑料处理行业是以招投标的形式进行业务委托，企业不一定每次都能拿到工作，维持稳定的经营并不容易。因此，虽然部分企业长期以来一直从事处理工作，但也有很多企业在不了解市场特点的情况下加入进来，短时间内又不得不退出。退出理由包括：①都道府县大幅削减补贴；②原料材料减少、难以确保；③设备老化；④违反法令；⑤销售力量薄弱；⑥投资过剩；⑦回收区域太大；⑧海外市场缩小；⑨再生品质量低下；⑩处理成本过高。

（四）生物降解材料的活用

生物降解塑料可利用微生物将其分解成水和二氧化碳，其使用可以控制废塑料的排放，同时节省劳力。生物降解塑料在农业领域主要用作地膜等，九州、关东和北海道地区利用的较多。2006 年利用面积为 3 000 公顷，之后逐年增加，2015 年达到 6 000 公顷，销售量（以树脂量计）约为 2 300 吨。使用生物降解地膜[①]的作物主要有玉米、薯类、圆生菜、葱头等叶菜和根茎菜类，果菜类基本不用地膜。此外，设施大棚内也很少利用地膜，通常只在露地栽培时使用。为防止使用后的地膜向周边飘散，需要留意将其完全埋入土壤中，采取防飘散措施。

2004 年，为促进生物降解塑料材料开发、利用和推广，农用生产资料领域成立了农业用生分解性资材普及会（ABA）。目前有生产企业、原料制造企业等 12 家企业以及全国农业协同组合联合会等 6 个赞助团体参加，通过举办研讨会等促进材料的普及。

---

① 在作物生长期时，生物降解地膜功能与一般的聚乙烯薄膜具有同等功能，到了收获期，土壤中的微生物开始分解，收获完作物后将薄膜直接翻入土壤中，最终会被分解成水和二氧化碳。

四、畜产废弃物

（一）现状

如表 5-2 所示，每头家畜的排泄量会根据家畜的种类、体重、饲料（种类、摄取量）、饮水量、饲养形态、季节等条件而有所不同。全国家畜排泄物的推算量是按照不同畜种（再加上月龄）用饲养头数 / 只数乘以系数得出的，2020 年家畜排泄物约为 8 013 万吨，随着饲养数量的减少，排泄物产生量也在递减。从畜种来看，奶牛、肉牛和猪各占大约 30%。

表 5-2 不同畜种家畜排泄物产生量 单位：万 t

畜种	产生量
奶牛	2 186
肉牛	2 358
猪	2 115
蛋鸡	791
肉鸡	563
合计	8 013

资料来源：农林水产省（2020）《畜产环境的形势》。

（二）管理方法

由于家畜排泄物性状以及处理后利用形态不同，故其管理（处理、贮存）方法也不同。

家畜排泄物含有机物、氮、磷等作物生长必不可缺的成分，但如果直接排入河流或渗入地下水中，会导致水体污染和富营养化。最好的管理方法是将家畜排泄物制成土壤改良材料或肥料加以有效利用。特别是与不做任何处理就直接还田相比，制成土壤改良材料或肥料后可以去除多余的水分，消除臭气，还田时更便于施用。此外，发酵时的高温还能消灭杂草种子，对寄生虫和病原体等也有杀菌作用。因此，应结合地区自然和社会条件以及养殖经营的实际情况等，选择适合各养殖经营单位的管理方法。

日本国土面积狭小，城市和农村界限不分明。与国外相比，日本采用了许多欧美国家通常不会使用的堆肥处理和净化处理，处理和贮存方法非常丰富。

1999 年，日本家畜排泄物约为 9 000 万吨，其中约 7 500 万吨进行了便于还田的堆肥化、液肥化、干燥处理和粪尿混合浆液化处理等。但还有相当于产生量 10% 的 900 万吨左右未进行规范的管理，露天堆放或未采取防渗措施挖坑贮存。由于制定了《关于促进家畜排泄物合理化管理及利用的法律》（以下简称《家畜排泄法》），到 2004 年年底，露天堆放和无防渗措施挖坑贮存的家畜排泄物下降到 1%～2%。

1. 奶牛、肉牛

如图 5-4 所示，奶牛因泌乳需大量饮水，因此粪便中的水分含量较高。不同的饲养形态会使排泄物的性状发生很大变化，处理方法也会有所不同。相对来说，肉牛粪便中水分含量少，且大多为群养，粪便基本上都用来作堆肥。

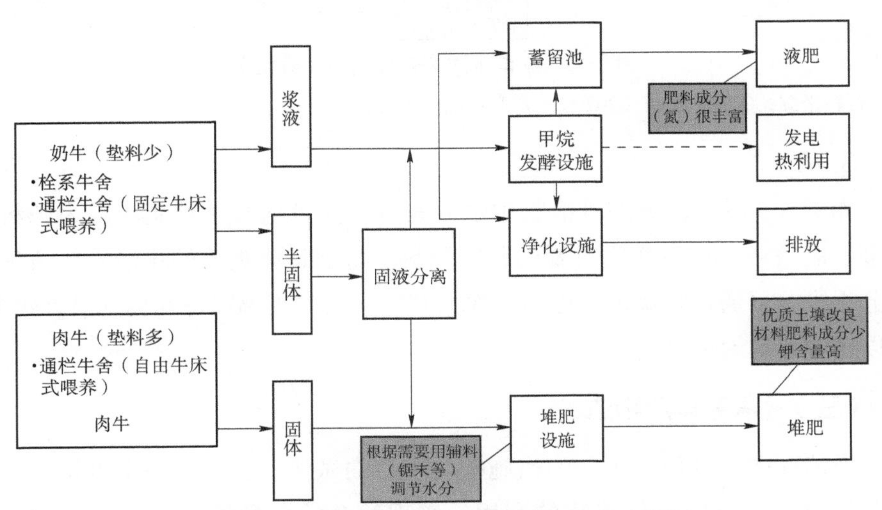

图 5-4　家畜排泄物处理流程（奶牛、肉牛）

资料来源：林水产省（2020）《畜产环境的形势》。

2. 猪

如图 5-5 所示，猪的尿量多，因此水分处理很重要。主流处理方式是进行粪尿分离后再分别处理，还可以利用发酵床吸附尿液后制成堆肥。此外，在猪排泄物处理方面，对臭气的投诉较多，所以需要着重采取臭气对策。

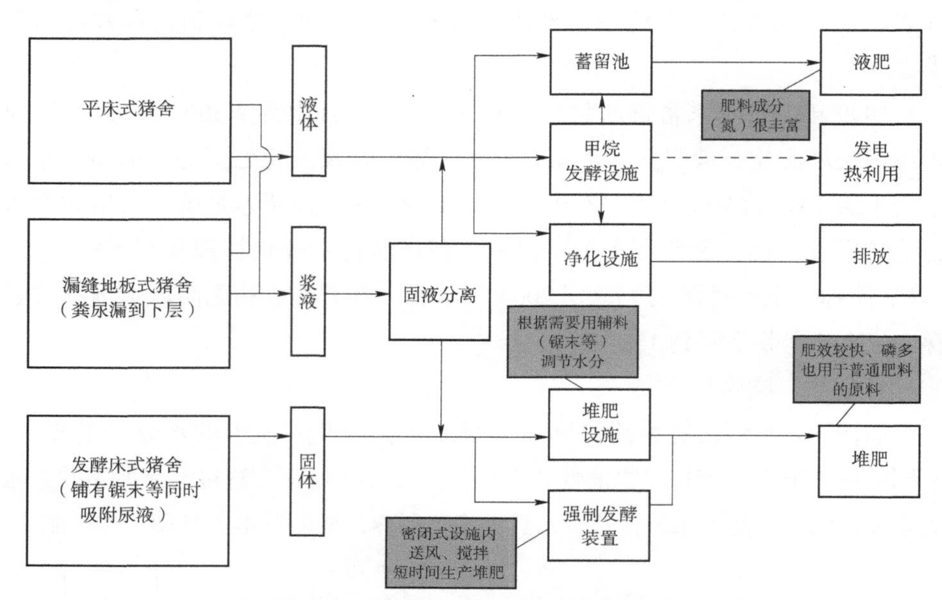

图 5-5　家畜排泄物处理流程（养猪）

资料来源：农林水产省（2020）《畜产环境的形势》。

3. 鸡

如图 5-6 所示，鸡的排泄物中水分较少，比较适合做堆肥。因为肥料成分多、肥效快，可以作为重要的肥料原料。特别是肉鸡等的排泄物在清理时水分很少，可通过焚烧进行更高层次的利用。因对蛋鸡鸡舍的臭气投诉较多，所以还应着重治理臭气。

（三）《家畜排泄物法》

为消除露天堆放和无防渗措施挖坑贮存的做法，努力实现家畜排泄物合理化管理，促进家畜排泄物的利用，实现健全的畜禽养殖业发展，1999 年 7 月日本制定了《家畜排泄物法》，同年 11 月 1 日起施行[①]。

---

① 法律施行之日起有 5 年的宽限期，部分规定可暂缓适用，2004 年 11 月 1 日起正式施行（所有规定均适用）。

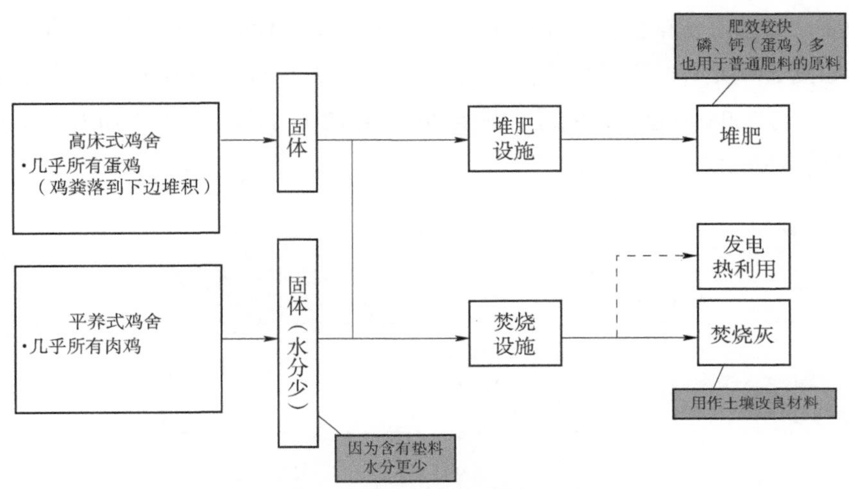

图 5-6　家畜排泄物处理流程（养鸡）

资料来源：农林水产省（2020）《畜产环境的形势》。

为实现家畜排泄物的合理化管理，该法要求畜禽养殖业经营者（小规模农户除外）必须履行义务，遵守国家（农林水产大臣）制定的管理标准，都道府县负责指导、建议等执法工作。为了促进家畜排泄物的利用，国家制定基本方针，都道府县制订计划。畜禽养殖经营者制订设施建设计划，得到都道府县的认定后，有资格申请日本政策金融公库的融资。

1. 管理标准

《家畜排泄物法》施行规则中，对畜禽养殖经营者（小规模农户除外）在管理家畜排泄物时应遵守的标准（管理标准）做了明确规定。法律规定的对象家畜包括牛、猪、鸡、马，牛或马 10 匹以下、猪 100 头以下、鸡 2 000 只以下的，不纳入管理标准适用对象。

管理标准包括管理设施结构设备和家畜排泄物管理方法两个部分。管理设施结构设备的相关标准为禁止露天堆放以及不采取防渗措施挖坑贮存等不合理管理，规定固体家畜排泄物管理设施的地面应采用防渗材料（混凝土等）修建，并设置适当的覆盖及侧墙；液态家畜排泄物的管理设施应为防渗材料修建的蓄留池。家畜排泄物管理方法的相关标准规定家畜排泄物应在管理设施内管理；对管理设施等应进行定期检查和维护管理，发现破损时应及时进行修缮；记录家畜排泄物的年产生量、处理方法及不同处理方法的数量。

如图 5-7 所示，关于管理标准的适用，1999 年 11 月法律施行时设定了过渡期[①]，自 2004 年起正式施行。截至 2017 年 12 月 1 日，基本上所有对象农户均遵守管理标准。

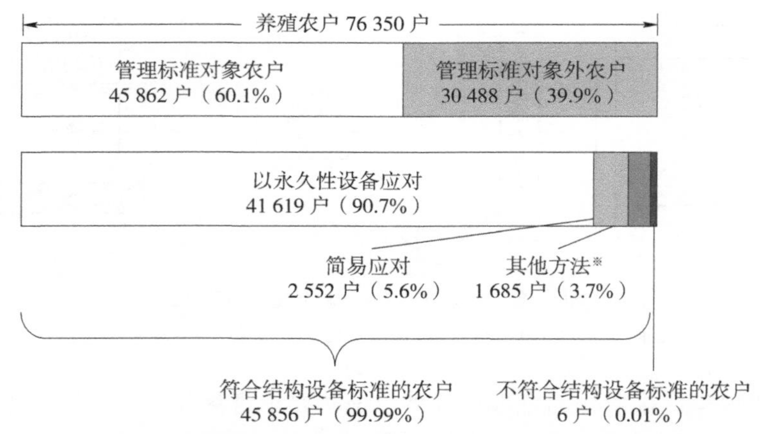

图 5-7 《家畜排泄物法》施行情况（截至 2017 年 12 月 1 日）

资料来源：农林水产省（2018）《家畜排泄物法施行情况调查结果》。

注：※ 从圈舍直接运到农田施用、全年放牧、委托处理、利用下水道等。

2. 基本方针

根据《家畜排泄物法》的规定，为了综合且有计划地实施促进家畜排泄物利用的相关政策措施，农林水产大臣有义务制定《促进家畜排泄物利用的基本方针》。1999 年 11 月，制定并公布了以 2008 年为目标年度的基本方针。之后，为顺应畜禽养殖业发展形势的变化，2015 年 3 月又制定了以 2025 年为目标年度的新基本方针。

《家畜排泄物法》在基本方针中规定：①有关促进家畜排泄物利用的基本方向；②深度处理设施建设目标设定的相关事项；③促进提高家畜排泄物利用技术水平的相关基本事项；④其他促进家畜排泄物利用方面的重要事项。

① 设施结构设备相关标准的过渡期为 5 年，记录家畜排泄物产生量等的过渡期为 3 年。

新的基本方针强调了3个重点：①通过地区内利用及跨区域流通，推动堆肥的利用；②通过沼气发酵和焚烧等促进能源利用；③根据无城市和农村界限的混居情况和环境管理强化的情况，采取畜禽养殖环境问题应对措施等。

3. 都道府县应发挥的作用

为了敦促畜禽养殖经营者遵守国家制定的管理标准，都道府县负责向其提供建议、指导和劝告等，并依据基本方针，制订符合地区实际情况的、包括设施建设目标等内容的都道府县计划[①]。畜禽养殖经营者按照都道府县计划编制各自的设施建设计划，向都道府县提出申请并获得认定。获得认定的畜禽养殖经营者（个人、法人、团体）可以享受日本政策金融公库的特别融资，该项融资为购置畜产环境对策所需设施设备提供了优厚的贷款条件[②]。

关于畜产环境对策所需设施建设的资金，除《家畜排泄物法》配套融资制度外，还有其他支援措施，如生物质利用设施补助事业（农林水产省、经济产业省、环境省）、畜产环境对策等所需设施机械的出租租赁事业（农林水产省）、污水处理设施固定资产税和事业所得税减税等税制特别措施。

（四）家畜排泄物的利用现状

2015年农林水产省统计显示，从生物质资源利用率（利用量/产生量、碳当量）来看，下水污泥的利用率为63%、食品废物的利用率为24%、农作物非食用部分（不含秸秆耕翻还田）的利用率为32%。与此相比，家畜排泄物以制成堆肥还田为主，有效利用的成果显著，据推测，利用率达到87%。

目前，存在的问题是各都道府县的单位耕地面积的家畜排泄物产生量差异较大，一些地区堆肥量过剩（如鹿儿岛县、宫崎县等）。对此，需要将工作重点放在养殖区和农耕区农户的协作（种养结合）以及降低运输成本以推动堆肥的跨地区利用，结合地区实际情况选择沼气发酵、焚烧或通过碳化等方面提高利用水平。

---

① 制订计划时需与国家协商。

② 例如，个人要建设深度处理设施时，最高融资额度为3 500万日元，宽限期为3年，偿还期为20年，利率为0.2%等（截至2019年4月）。

1. 堆肥利用

如表5-3所示，在全国大约有350家堆肥中心，将多家养殖农户的家畜排泄物集中进行处理，并以符合当地实际情况的运营方法，为促进地区的畜产环境对策以及堆肥利用做出了贡献。

表5-3　堆肥中心实际情况调查结果（2014年）

各地区的设施数量

地区	设施数量/个	地区	设施数量/个
北海道	15	近畿	21
东北	99	日本四国	72
关东	44	九州	37
北陆	31	冲绳	8
东海	20	合计	347

运营主体

运营主体	比例/%
农协	38
营农集团	20
自治体	16
第三部门	7
民间企业	7
其他	12

堆肥配送、施肥服务

	配送/%	施肥/%
收费	52	46
免费	29	3
无服务	19	50

资料来源：农林水产省（2020）《畜产环境的形势》。

注：由于末位四舍五入等原因，存在总计与分项之和不等的情况。

如表 5-4 所示，将家畜排泄物制成堆肥等提供给农户作为肥料还田时（自家利用除外），需按照肥料取缔法的规定，向都道府县申报备案［农林水产大臣指定的米糠、堆肥及其他肥料（特殊肥料）］或在国家登记［特殊肥料以外的肥料（普通肥料）］。生产普通肥料的需符合法定规格。近几年，对以堆肥为主的原料经过成分调整的普通肥料的法定规格进行了新设和追加，以促进堆肥的利用。

家畜排泄物制成堆肥后也无法作为有价物质加以利用时，会作为废弃物处理，需遵守《废弃物处理法》的规定进行规范处理（作为产业废弃物委托有资质的企业运输和处理等）。

表 5-4　原料中含家畜排泄物的主要普通肥料的法定规格

规格	概　要
加工家禽粪肥料	干燥处理的家禽粪
混合有机肥	有机肥中混入鸡粪碳化物等
化成肥料	氮肥等中配入一定的鸡粪碳化物、鸡粪或鸡粪与牛粪混合物的焚烧灰等，造粒成型
复合肥	氮肥等中配入一定比例的鸡粪碳化物、鸡粪或鸡粪与牛粪混合物的焚烧灰等
混合动物排泄物复合肥	氮肥等中混入干燥的牛、猪排泄物（最多 70%），造粒成型
混合堆肥复合肥	氮肥等中混入用排泄物制成的堆肥等（最多 50%），造粒并烘干

资料来源：农林水产省（2020）《畜产环境的形势》。

2. 深度利用

如表 5-5 所示，根据地区实际情况，开展以沼气发酵为主的家畜排泄物深度利用，如将家畜排泄物进行厌氧发酵，生成沼气后进行热能利用或发电。此外，2012 年开始对可再生能源发电的电力适用固定价格购买制度（FIT），生物质发电等的项目经济性得以提高[①]。

---

① 2017 年的售电单价，沼气发酵（39 日元 + 税）/ 千瓦・时，焚烧（17 日元 + 税）/ 千瓦・时。

表 5-5　深度利用的种类

	沼气发酵	焚烧	碳化
种类	在密闭发酵池内进行液态家畜排泄物的厌氧发酵，生成沼气后通过燃烧利用热能或发电	水分含量少的家畜排泄物（主要是肉鸡）进行完全燃烧，利用热能或发电。灰用于肥料等	将水分含量少的家畜排泄物进行不完全燃烧，获得的碳用作土壤改良材料或除臭剂
优点	√ 节省电费或通过售电改善收益 √ 臭气对策（密闭处理，臭气不外漏） √ 沼液用作液肥	√ 节省电费或通过售电改善收益 √ 排泄物减量	√ 排泄物减量 √ 碳化物利用
缺点	√ 设施设备费用高 √ 须确保沼液施用地（无法施用时须净化处理） √ 运行管理要求水平高	√ 设施设备费用高 √（与沼气发酵相比）售电单价低	√ 设施设备费用高
设施数量（2016 年）	179 个 其中：热能利用 73 个，发电 159 个	116 个 其中：热能利用 70 个，发电 6 个	9 个 其中：热能利用 1 个，碳化物利用 9 个

资料来源：笔者根据农林水产省（2020）《畜产环境的形势》资料编制。

参考文献

［1］【日】芋生宪司 . 2010. 第三节　稻秸、麦秸的可利用量和资源化及评估 . 未利用生物质的活用技术与实用性评估 . 东京，S & T 出版 .
［2］【日】齐藤渡，泉谷真美 . 2014. 积雪寒冷地区稻秸收集的不确定性与再生利用渠道的广域化——以青森县和岩手县为对象 . 弘前大学农学生命科学部学术报告，16：7-11.
［3］【日】村上智明，宫田刚志 . 2009. 稻秸、麦秸收集和销售组织的发展与收益性——大分县北部地区的案例分析 . 农业经营研究，47（1）：38-43.
［4］【日】泉谷真美 . 2015. 生物质静脉流通论 . 东京，筑波书房 .
［5］【日】竹谷裕之 . 2017. 农业废塑料再生利用市场——处理企业的动向以及从停业、退出看出口企业的特性 . 农业市场研究，25（4）：55-60.
［6］【日】农林水产省 . 2017. 园艺用设施设置等的状况 . https：//www.maff.go.jp/j/seisan/ryutu/engei/sisetsu/haipura/setti_30.html［2021-01-10］.

[7]【日】农林水产省 . 2019. 围绕农业领域排放的塑料的局势 . https：//www.maff.go.jp/j/seisan/pura-jun/pdf/haipura_josei.pdf［2021-01-10］.
[8]【日】农林水产省 . 2020. 畜产环境的形势 . https：//www.maff.go.jp/j/chikusan/kankyo/taisaku/pdf/201225kmegji.pdf［2021-01-10］.
[9]【日】农林水产省 . 2018. 家畜排泄物法施行情况调查结果 . https：//www.maff.go.jp/j/chikusan/kankyo/taisaku/pdf/housekou_2017.pdf［2021-01-10］.

第六章

中日再生资源
产业园区的发展路径

染野宪治　日本国际协力机构（JICA）
建设环境友好型社会项目首席顾问
早稻田大学现代中国研究所招聘研究员

一、园区发展主要类型（示范）

（一）生态城事业诞生背景

1. 零排放构想

1992年，在巴西里约热内卢召开的地球环境峰会上通过了以“可持续发展”（Sustainable Development）为目标的《21世纪议程》（*Agenda* 21）行动计划。作为实现该目标的具体方案，1994年联合国大学聘请将废弃物排放控制为零的“零排放”（Zero Emission）概念的倡导者昆特·保利（Gunter Pauli）为校长顾问，并发表了“零排放”研究与创新（Zero Emission Research Initiative，ZERI）。

自然界各种各样的物种通过集群化（Cluster），在生息过程中不会排放废弃物。“零排放”就是参考自然界的运作法则，通过对产业社会体系中多个产业进行集群化建设，使对于某个产业来说只是废弃物的物品，在其他产业可以作为资源加以利用，最终实现废弃物零排放的机制。这使废弃物产生经济价值，同时也可以降低环境负荷。

日本在零排放方面的先进案例是山梨县的国母工业园区。由于山梨县没有产业废弃物的管理型最终处理场，一直以来废弃物的最终处置都不得不依靠县外，出于会给今后生产活动造成影响的危机感，促使该工业园区内的23家电器和零部件生产企业于1992年创立了以“零排放”为目标的产业废弃物处理研究会[①]。

各家企业每年向研究会提交用于掌握现状的废弃物数量、费用等实际数据，并按照以下4项基本思路开展活动。

①各企业自行推动废弃物减排（与取得ISO 14001认证挂钩）；

②对于经过减排努力后仍会产生的废弃物，进行共同回收，致力于再利用和再资源化；

③无法进行再利用和再资源化的废弃物，通过中和等中间处理实现减量化；

① JFS News Letter，http：//www.japanfs.org/ja/news/archives/news_id027255.html.

④理解要实现再利用和再资源化，工业园区内的循环非常重要，建设循环型再生利用系统。

具体活动分阶段不断推进，首先，1995 年开始纸类集中回收，高品质的废纸作为生产高品质纸的原料，报纸、杂志和宣传页等作为生产再生厕纸原料进行再生利用，并由各家企业回购。其次，1997 年开始对废塑料和木屑进行集中回收，作为垃圾衍生燃料（RDF）提供给水泥工厂。同时还对食堂的餐厨垃圾进行集中回收后堆肥，交给当地的农户作为肥料使用，并由各企业购买其生产的有机农产品。

2. 政府的探讨

20 世纪 90 年代，日本分管废弃物行政的厚生省（现在的厚生劳动省，但现在废弃物行政划归环境省主管）面临着大量生产、大量消费、大量废弃型经济活动引发的废弃物最终处理场压力、非法倾倒等废弃物处理方面的环境问题，因而推动了数次《废弃物处理法》的修订[①]，并于 1995 年完成了《容器及包装物再生利用法》的制定等工作。

环境厅（现环境省）下辖的环境事业团针对住宅与工厂混建的地区，自 1965 年开始实施以中小企业公害防治为主要目的的“集团设置建筑物建设移交事业”（对中小工厂进行集团化改造，建设搬迁后专用的工业园区项目）。该事业团依照“零排放”构想，作为新的建设移交事业，开始了对以推动资源循环对策为目的的“零排放工业园区”项目的探讨。

具体内容包括：探讨在川崎市建设中小企业工业园区（资源循环型“零排放”工业园区），以此为核心开展与周边的大型企业等工厂和设施的再生利用技术合作，由此建设以该市临海工业地带全区域为对象的循环型产业体系。同时，作为继川崎市之后的第二个项目，探讨与北九州市的综合环境联合企业项目相结合，建设以当地中小处理业者与拆解业者的升级改造和提升再生利用业水平为目的的中小企业再生利用工业园区的构想。

此外，通商产业省（现经济产业省）从应对阻碍产业发展的资源制约问

---

① 20 世纪 90 年代，《废弃物处理法》分别于 1991 年、1997 年、2000 年进行大幅修订，引进并完善了产业废弃物转移联单制度，加大了对于非法倾倒的处罚力度，并创建了废弃物再生利用相关认定制度（放宽管制）等。

题与环境产业振兴的观点出发，于1991年制定出台了《再生资源利用促进法》，并在1994年提出的产业环境蓝图（产业结构审议会地球环境分会报告书）中，将废弃物、再生利用产业定位为环境商务的主要领域之一。

1997年通商产业省与厚生省创建的生态城事业，正是在应对环境问题与振兴产业这两大视角的背景下诞生的①。

（二）生态城事业

1. 概要

生态城事业是以上述“零排放”为基本构想，旨在推动先进的环境协调型城市建设的制度，由通商产业省与厚生省于1997年创建。

该制度包括都道府县或政令指定都市［由市町村（包括联合提供部分服务组织）编制的，与都道府县等联名进行］编制“生态城计划”（环境协调型城市建设计划），提交给通商产业省与厚生省（经省厅合并自2001年后为经济产业省与环境省），经两省根据标准审查合格后共同批准。对地方公共团体及民间团体按照该计划实施的获批项目，两省将提供综合性、多方面的支持。

都道府县等在制订计划的过程中，应充分听取和参考当地居民、相关团体、地区产业等相关方面的意见，合理考虑环境相关产业的发展。

松永（2004）认为，“指定地区”与“提供补贴”相结合的方法是传统的产业振兴方法。同时也表示，在审查批准过程中考虑了独创性、先驱性和对于其他地区的示范性等因素，计划雷同则无法获得批准，这激发了地区之间的竞争意识，对此应予以肯定，并认为采取该方法的原因之一，是出于对以往的产业开发政策中众多地区编制的计划千篇一律现象的一种反思。

---

① 以上是从国家角度出发，另外，从地方的角度来看，还包括振兴日渐衰退的地区经济背景。例如，北九州迫于若松区响滩的工业用地（闲置土地）有效利用的压力，于1992年提出了回收再利用联合企业构想。此外，还有宫城县莺泽町（现栗原市），该地区的细仓矿山于1987年关闭，迫于产业转型的压力，成为1993年提出的非铁金属再生园区（Recycle Mine Park，RMP）构想的候选地区之一。

2. 审批标准

生态城计划（Plan）的审批标准如下所示[①]。

①该地区的基本构想、具体项目在一定程度上具有独创性、先驱性，且很有可能成为其他地区参考的模式。

②照顾到当地居民、相关团体、地区产业等相关方面的意见，计划成熟度高，能够切实顺利地实施。

③目标是推动贯彻减量、再利用及再生利用的环保生活环境的城市建设，通过综合实施相关项目，切实有助于控制和减少废弃物的排放、资源的有效利用。

④按照计划开展的项目，能够实现废弃物的规范处理，不会给现有的废弃物收集、运输和处理体制带来不良影响。

⑤制订计划的地方公共团体对于建设环境协调型地域社会具有很高的积极性。

⑥计划进行再生利用相关设施建设的，其审查标准如下：

a. 符合周边的各种环境条件，其原材料，即再生资源的供给量与设施的规模相符，且产品的需求量与设施的规模相符。

b. 为了确保再生利用项目顺利实施，制订计划的都道府县等必须制订相关计划，为稳定原材料的采购和利用设施生产的产品拓展销路提供支持。

c. 核心项目的主体已经设想充分，且资金方面的筹备工作已经落实。

d. 为确保良好稳定的运营，经济性预测要客观明确，与原材料供应方和利用该设施生产的产品需求方之间的合作设想充分。

⑦计划的制订应有当地居民、团体、地区产业等相关方参与，对于实现地区资源循环型经济社会建设，具有促进可持续性和提高经济效益的活动效果。

计划获批的都道府县等要在每个年度的 3 月底，向经济产业省和环境省报告该年度的计划进展情况。如需要进行计划变更，就需要获得变更的批准。此外，经济产业省和环境省根据该报告的内容，对计划所列的项目进展情况

---

① “关于推动地区（零排放）构想的生态城计划（环境协调型城市建设计划）的编制要领与审查标准”（2004 年 3 月，经济产业省、环境省）。

进行研究，对于其中难以执行或难以实现原定目标的计划予以撤销。

3. 补贴措施

如图 6-1 所示，生态城事业最初是计划于 1997—2001 年实施 5 年项目，这期间，对于获批的计划，通商产业省（事业启动时）对于地方自治体（都道府县、政令指定都市、市町村）分别在“环境协调型地域振兴设施建设费补贴”的框架下，就再生利用设施建设相关的工程费、设计费、设备费等（硬件项目），在“环境协调型地域振兴事业费补贴”的框架下，就计划相关的调查费、展览洽谈会的举办、为当地居民提供信息、环境相关培训、讲座的运营管理费等（软件项目）提供了相应的补贴（补贴率为 1/2 以内）。此外，厚生省也对地方自治体分别在“废弃物处理设施建设费补贴”的框架下，优先批准生态城计划的设施建设，以推动再生利用所需的废弃物再生利用设施建设（硬件项目），在“废弃物再生利用等推进费补贴”的框架下，对推动垃圾减量化、再生利用的宣传普及项目（软件项目）提供相应的补贴（前者补贴率为 1/4 以内，但公害防治计划制订地区为 1/2 以内；后者补贴率为 1/3 以内）。[①]

该项目后来计划延长 3 年，从 2002 年起经济产业省（项目启动时为通商产业省）的补贴分别更名为“资源循环型地域振兴设施建设费补贴”和“资源循环型地域振兴事业费补贴”，并将硬件项目补贴率由原来的 1/2 以内，降低为采用日本最早的、最先端的再生利用工艺技术的 1/2 以内（每个项目的补贴限额为 50 亿日元），其他设施则为 1/3 以内（每个项目的补贴限额为 30 亿日元）。同时，环境省（项目启动时为厚生省）创建了“垃圾零排放型社区建设推进设施建设费补贴”，规定对于有示范效应的项目补贴率为 1/2 以内，其他则为 1/4 以内。

其后，根据行政改革（“三位一体”的改革），经济产业省的软件项目补贴按计划于 2004 年后结束，经济产业省和环境省的硬件项目补贴比计划再延

---

① 硬件项目和软件项目的补贴有所不同。硬件项目（设施建设）由企业来进行，因而补贴的方式是经由自治体发放，最终补贴给企业（间接补贴），而软件项目为针对自治体自行开展的项目的补贴（直接补贴）。同时，自治体也规定了独自的补贴金支付纲要，结合国家的补贴提供一定的硬件补贴。各个自治体补贴金额有所不同，为固定金额或是国家硬件补贴金额的一定比例（几个百分点）。

长一年，2005 年结束后废止。

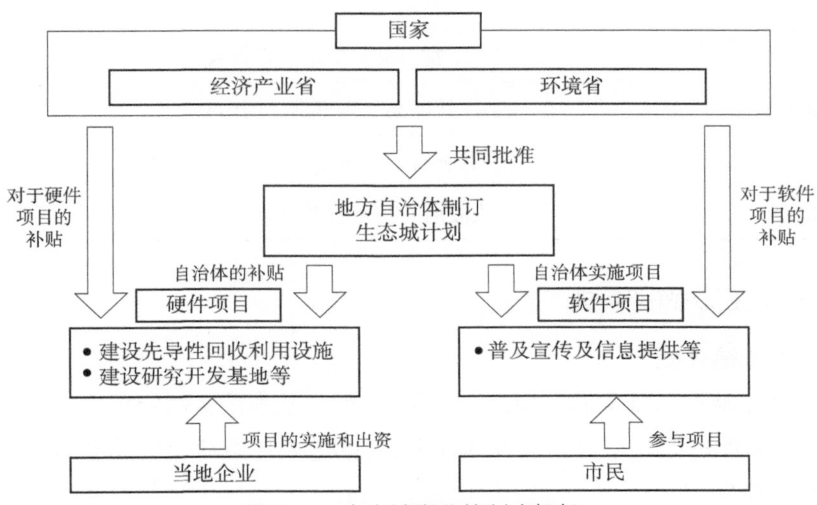

图 6-1　生态城事业的制度框架

4. 获批地区

如表 6-1 所示，自 1997 年该制度创建直至 2005 年（2006 年 3 月末）的 9 年时间里，获批的生态城分别位于 26 个地区，国家（经济产业省或环境省）对该地区内的 62 个设施（补贴对象设施）采取了相应的支持措施。虽然国家开展的硬件项目相关补贴措施已于 2005 年结束，但对生态城计划进行审批的机制仍旧延续至今。此外，未获国家补贴建设而成的补贴对象外设施（正在运营中的设施）约有 110 个（截至 2015 年 6 月）[①]。

表 6-1　生态城获批地区（各指定年份）

年份	地区
1997 年	长野县饭田市、川崎市、北九州市、岐阜县
1998 年	福冈县大牟田市、札幌市、千叶县与千叶市
1999 年	秋田县、宫城县莺泽町（现栗原市）
2000 年	北海道、广岛县、高知县高知市、熊本县水俣市

① 补贴对象外设施（正在运营中的设施）在 2009 年 1 月的环境省调查中为 109 个，2014 年 11—12 月经济产业省调查约为 120 个（调查表发放数量）。

续表

2001 年	山口县、香川县与直岛町
2002 年	富山县富山市、青森县
2003 年	兵库县、东京都、冈山县
2004 年	岩手县釜石市、爱知县、三重县铃鹿市
2005 年	大阪府、三重县四日市、爱媛县

（三）生态城的类型

1. 地域循环圈

2000 年被称为日本循环型社会元年，《循环基本法》制定出台，该法律要求制订全面促进循环型社会建设的计划，《推进循环型社会建设基本计划》于 2003 年编制完成。

2008 年，《第二次推进循环型社会建设基本计划》出台，“地域循环圈”概念首次亮相。地域循环圈是一种理念，认为结合当地的特点和静脉资源（使用过的产品、零部件、材料等）的性质，形成最合适的规模循环是最重要的，对于能够在当地实现循环的资源应尽可能在地区内进行循环，而难以在地区内实现循环的，需要将循环圈子扩大化，以此推动多层次的循环型地区建设。

环境省不断深化对地域循环圈理念方针的探讨，并于 2012 年 7 月公布了《地域循环圈形成推进指南》。该指南将地域循环圈划分为四大类型：①里地、里山、里海地域循环圈；②城市、近郊地域循环圈；③动脉产业地域循环圈；④循环型产业（跨区域）地域循环圈。在②和④中，生态城被认为将发挥形成地域循环圈的核心作用。具体来说，特别是在金属和塑料等静脉资源利用领域，生态城具有高水平的处理技术和较高的处理能力，因而有望在包括生态城周边以外的广阔地区内建设跨区域的地域循环圈。

2013 年 5 月制订出台的《第三次推进循环型社会建设基本计划》，沿袭上述思路，提出将“地域循环圈的升级发展”提升为今后国家层面的工作，其具体活动之一就包括“生态城项目建设的再生利用设施的有效利用”[①]。

2. 生态城的类型化

为了对生态城进行评价和分析，已有很多研究工作试图对其进行分类。

外川（2000）列举了生态城的五大要素：①临海地区工业联合企业（如北九州市、川崎市、广岛县、山口县等）；②旨在开展跨区域废弃物处理与再生利用工作的地区（如千叶县、山口县、北海道等）；③作为对旧煤矿、矿山地区的振兴政策出台的地区（如大牟田市、宫崎县莺泽町、秋田县等）；④作为经济低迷地区的振兴政策出台的（如大牟田市、北海道等）；⑤过去曾受到严重公害问题困扰，但已经基本治理完成，并得到世界性好评的地区（如北九州市、水俣市等）。

松永（2001）按照各地生态城面临的重点课题，将其划分为：①环境产业培育型（如北九州市、大牟田市、宫城县莺泽町等）；②废弃物处理应对型（如千叶县、东京都、香川县直岛等）；③社区建设型（如水俣市、饭田市等）。其中，①是拥有成熟产业或夕阳产业，为了保障就业和振兴地区经济，迫切需要培养新产业的地区；②是面临最终处理场的枯竭和中间处理场建设等课题的地区；③是积极推动当地居民的参与和 NPO 等市民活动的地区。

此外，松永（2008）还从再生利用行业建设选址的角度提出了另一种分类方法：①再生利用工业园区建设型（如北九州市、札幌市、东京都、大牟田市、水俣市等）；②现有设备活用型（如青森县、秋田县、兵库县、爱媛县等）。其中，①在特定的区域建设工业园区，然后吸引静脉企业入驻，大多是侧重于再生利用行业的创业和招商的案例；②利用现有企业的生产设备或用地，开展再生利用和废弃物处理活动，主要目的在于有效利用闲置土地或闲置设施，通过动脉产业与静脉产业的衔接提高生产效率等。

经济产业省组建的产业结构审议会（2004）则从用于循环行业建设的地区资源角度，提出了五大类型：①现有设施活用型；②现有商流活用型；③再生利用园区型；④市民参与型；⑤其他等。该分类方法的①和③属于松

① “生态城与地域循环圈”瑞穗信息综研，http：//www.mizuho-ir.co.jp/publication/column/2013/kankyo1004.html。

永提出的建设选址划分方式，④则与重点课题划分法相同，但在现有设施的基础上，补充了现有商流有效利用②的观点，颇有新意。该审议会针对在生态城内建设的再生利用设施，也从再生利用设施相关的行业需求角度，划分为：①符合法律制度的要求；②满足一般废弃物与城市垃圾焚烧灰渣等的规范处理和再生利用的要求；③满足使用后的产品、难以处理的物品等的规范处理和再生利用的要求；④达到以地区特有的废弃物为原材料的再生利用的要求；⑤侧重再生产品的地区需求的再生利用事业，并根据生产出来的再生产品特征，分为现有产品和新产品两大类型。

环境省（2008）从生态城的建设选址情况出发，划分为：生态城计划内各个设施基本上在半径 1 千米范围内相互重叠的集约型（札幌市、青森县、东京都、北九州市等共 17 处）；广阔范围内多个设施分散建设的分散型（北海道、秋田县、千叶县、爱知县、兵库县、广岛县共 6 处）；单个企业的单一型（宫城县莺泽町、四日市市、铃鹿市共 3 处）。该分类分析显示，集约型中建筑类废弃物、煤灰和焚烧灰渣等、家电、设备类、废塑料类设施较多，分散型中垃圾衍生燃料（RDF）、食品废弃物设施相对较多。

经济产业省（2015）按照生态城的目标方针及现状，将其划分为三大类：①国际化拓展型：不仅是国际化拓展，同时也重视地区的资源循环和激发活力，且致力于国际化拓展的理由包括希望推动生态城内企业的进一步发展和为全球环境做出贡献等情况。②地域资源循环型：建于大型消费地区的近郊或现有工业园区等具有地理优势的案例较多，除此以外，也多属于例如拥有金属精练技术等便于再生利用的现有技术的案例。从倾向性来看，也都比较重视环保政策，例如同时积极推动生态城以外的环保领域活动等。③正在发展型：则没有前二者的优势，且生态城内设施中民间企业相对较少，自治体或第三部门的设施相对较多。其中，①已经具有相当程度的经营状态和技术水平，为了实现进一步资源循环和发展，正在探讨或已经开展国外业务的；②已经达到一定程度经营状况，充实地区内或国内的资源循环，希望稳定资源获取量和经济状况、提升水平的；③希望获得生态城审批，保障地区的资源循环，激发地区经济活力，但仍处于发展阶段，尚未达到预期目标的。经济产业省并未公布各个生态城分别属于哪种类型的具体信息，但指出 26 个生态城获批地区中属于①的有 4 个，属于②的有 5 个，属于③的有 6 个。此外，由于生态城所属企业数量低于 3 家而被列在该归类以外的有 9 个，生态城项目实质上已经中止的为 2 个。

上述内容如生态城类型化概念图所示（图 6-2）。生态城事业的诞生，出于解决环境问题和推进产业振兴两大背景原因，因而基于两种不同出发点制订出来的计划，对以后面向国际还是面向国内发展带来了一定的影响。需要注意的是，分类方式虽然对分析生态城的成功因素等具有积极的作用，但有的属于利用现有设施，有的是从用地建设开始做起，同一个生态城内既有追求经济效益的设施，也有致力于废弃物规范处理的设施，很多案例即使在一个地区内也同时涉及多种因素，很难单纯、明确地分类。

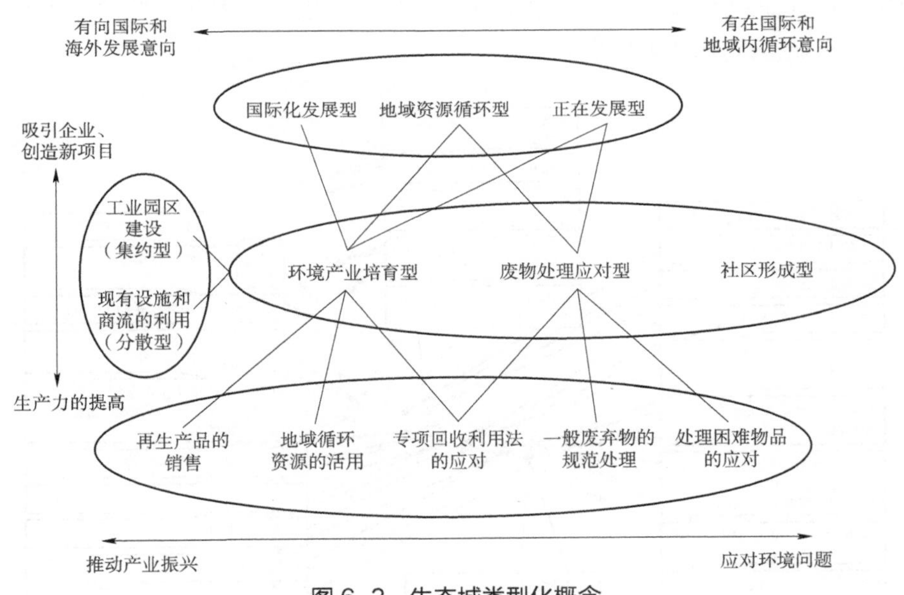

图 6-2　生态城类型化概念

二、园区现状布局

（一）动脉产业布局与生态城获批地区

如图 6-3 所示，过去曾经支撑日本经济快速发展的重化工业集中地区，被称为“四大工业地带”，即京浜工业地带（东京都、神奈川县）、中京工业地带（爱知县、岐阜县、三重县）、阪神工业地带（大阪府、兵库县）、北九州工业地带（山口县中西部、福冈县北部、大分县北部）。另外，还有与这些工业地带类似的地区，即京叶工业地域（千叶县东京湾沿岸部）、东海工业地域（静冈县）、濑户内工业地域（冈山县、广岛县、山口县东部、香川县、爱媛县）等，通常统称为“太平洋沿岸工业带”。

松永（2008）指出，生态城获批地区，大多集中在以太平洋沿岸工业带为中心的工业地带，其背景包括制造业聚集，在原料、技术、市场、信息方面为再生利用行业的形成提供了经济要素，而经济快速发展时期曾经极度辉煌的钢铁、化学、矿业等原材料型重化工业地带，在产业结构转型的过程中经历了产业重组和大幅裁员，给地方经济带来了重创，因此这些地区亟须新的成长产业，即所谓政策要素。

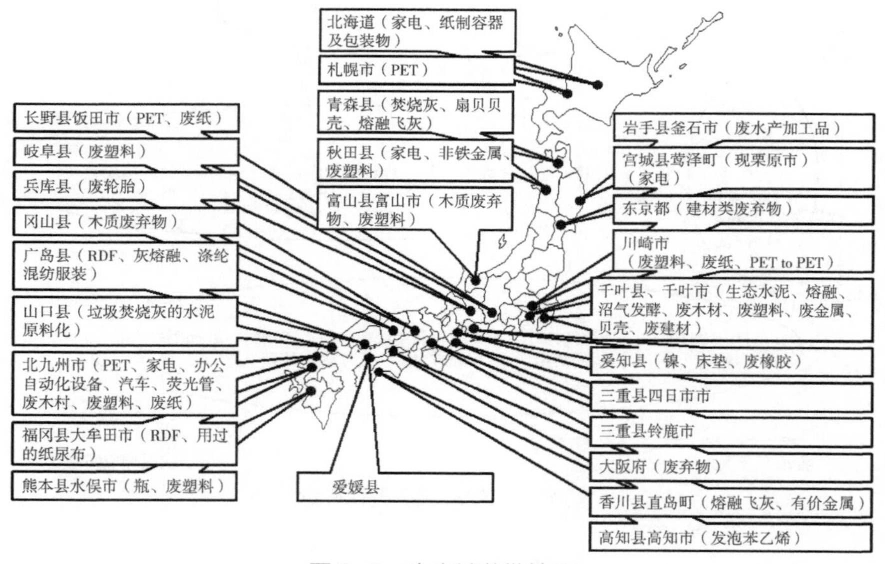

图 6-3　生态城获批地区

（二）各地概况

26 个生态城获批地区的概况如下所示（表 6-2、表 6-3）。

除生态城下属的企业数量为 3 家以下的，以及生态城事业中止的，还有北海道、札幌市、秋田县、千叶县与千叶市、东京都、川崎市、富山县富山市、爱知县、大阪府、兵库县、广岛县、北九州市、福冈县大牟田市、熊本县水俣市共 14 个地区。

表 6–2　各生态城的概要

获批日（修改日） 计划名称（地区）	■补贴对象设施（事业主体） •负责省厅：补贴金交付额 / 总事业费（补贴年度） （注）经 = 经济产业省，环 = 环境省，金额单位：千日元 •投入使用时间 □补贴对象以外的设施
1997.7.10 天龙峡生态谷项目 （长野县饭田市）	■废塑料瓶再生利用设施（㈱ Earth · Green · Management） •经：200 000/420 000（1999） •2000.4.1
	■废纸再生利用设施（Ecotopia 饭田㈱） •经：76 212/160 047（1999） •2000.4.1
1997.7.10 （2002.2.22，2002.12.6） 川崎市环境协调型城市建设基本构想 （神奈川县川崎市）	■废塑料高炉还原设施［JFE 环境㈱（继承自 JFE 钢铁㈱）］ •经：382 100/764 200（1998）、990 104/1 980 209（1999） •2000.4.1
	■废塑料制混凝土预制板模具生产设施［JFE 环境㈱（继承自 JFE 钢铁㈱）］ •经：1 300 000/2 606 600（2001） •2002.9.5
	■难再生废纸再生利用设施［（独）环境再生保全机构（继承自环境事业团）］ •经：1 414 000/3 290 297（2000 补充预算）、686 000/1 724 498（2001） •2002.11.14
	■废塑料转化为氨原料的设施（昭和电工㈱） •经：3 700 000/7 400 000（2001） •2003.4.1
	■PET to PET 再生利用设施（㈱ PET Reverse） •经：4 000 000/8 000 000（2002） •2005.8.31
	□废家电产品再生利用设施（JFE Urban Recycle ㈱）

续表

<table>
<tr><td rowspan="8">1997.7.10
（2002.9.13，2004.10.7）
北九州生态城计划
（福冈县北九州市）</td><td>■废塑料瓶再生利用设施（西日本塑料瓶再生利用㈱）
•经：264 779/529 560（1997）、982 750/491 375（1998）
•1998.7.1</td></tr>
<tr><td>■废家电产品再生利用设施（西日本家电再生利用㈱）
•经：718 000/1 540 591（1998）
•2000.4.13</td></tr>
<tr><td>■办公自动化设备再生利用设施（㈱ Recycle Tech Japan）
•经：48 609/102 066（1998）
•1999.4.1</td></tr>
<tr><td>■报废机动车再生利用设施（西日本报废机动车再生利用 WARC ㈱）
•经：428 176/898 824（1998）
•2000.2</td></tr>
<tr><td>■荧光灯管再生利用设施（㈱ J-relights）
•经：400 000/949 200（2000）
•2001.10.3</td></tr>
<tr><td>■用废木材、废塑料生产建材设施（㈱ Eco Wood）
•经：900 000/1 825 393（2001）
•2003.5.21</td></tr>
<tr><td>■废纸再生利用、炼钢用泡沫渣抑制剂生产设施（九州造纸㈱）
•经：248 000/900 000（2004）
•2006.11</td></tr>
<tr><td>□医疗用具再生利用事业（麻生矿山㈱北九州事业所）
□建筑混合废弃物再生利用事业（㈱ NRS）
□建筑混合废弃物再生利用事业（㈱响 Eco Site）
□复合核心设施（北九州 Eco-Energy ㈱）
□非铁金属综合再生利用事业（日本磁力选矿㈱）
□食用油再生利用事业（九州・山口油脂事业协同组合）
□清洁剂、有机溶液再生利用事业及塑料油化再生利用事业（高野兴产㈱）
□废纸再生利用事业（㈱西日本 Paper Recycle）
□空罐再生利用事业（㈱北九州空罐再生利用站）
□报废机动车再生利用事业（北九州 ELV 协同组合）
□弹子游戏机再生利用事业（㈱ Yuko-Repro）
□饮料容器再生利用事业及自动售货机再生利用事业（可口可乐西日本控股㈱）
□泡沫塑料再生利用事业（西日本泡沫塑料再生利用㈱）
□办公自动化设备再利用事业（㈱ Anchor-network Service）
□熔融飞灰资源化事业（光和精矿㈱）</td></tr>
</table>

续表

<table>
<tr><td rowspan="5">1997.7.10
岐阜县生态城计划
（岐阜县）</td><td>■废塑料再生利用（粒化）设施（岐阜县清扫事业协同组合）
•经：169 700/552 600（1999）
•2000.4.1</td></tr>
<tr><td>■废塑料再生利用（产品生产）设施（TAIBO Product ㈱）
•经：123 000/271 000（1999）
•2000.4.1</td></tr>
<tr><td>■废轮胎、橡胶再生利用设施（中部 LEC ㈱）
•经：38 000/82 000（1999）
•2000.4
*项目公司破产（停业）</td></tr>
<tr><td>■废塑料瓶再生利用设施（㈱ Abic）
•经：96 000/201 000（1999）
•2000.4
*项目公司破产（停业）</td></tr>
<tr><td>□SASAYURI Clean Park 项目（可茂卫生设施利用组合）
可燃垃圾处理设施、废熔融设施、再生利用中心、最终处理场等一体化综合性建设项目</td></tr>
<tr><td rowspan="3">1998.7.3
大牟田生态城计划
（福冈县大牟田市）</td><td>■RDF 发电设施（大牟田再生利用发电㈱）
•经：911 100/10 164 194（1999、2002）
•环：2 380 939/10 164 194（2000、2002）
•2002.12.1</td></tr>
<tr><td>■使用后的纸尿布再生利用设施（Total Care-system ㈱）
•经：170 000/630 000（2003）
•2005.4</td></tr>
<tr><td>□废建材再生利用（高喜开发有限会社）
□办公自动化设备等再生利用（柴田产业㈱）
□废建材再生利用（有限会社万叶）
□报废机动车再生利用（㈱平尾机动车商会）
□饮料容器等再生利用（㈱成田美装中心）
□RPF 制造（㈱高野环境）
□废轮胎再生利用（㈱ OHC 大牟田）
□旧娱乐设备等再生利用（㈱ J・E・P）
□大牟田荒尾 RDF 中心（大牟田荒尾清扫设施组合）
□大牟田市再生利用中心（大牟田市再生利用中心）</td></tr>
</table>

续表

1998.9.10 生态城札幌计划 （北海道札幌市）	■废塑料瓶制片再生利用设施（北海道塑料瓶再生利用㈱） •经：372 245/766 000（1998） •1999.7.1
	■废塑料瓶薄膜化设施［Poly Tech ㈱札幌工厂（原 Eco Sheet 札幌㈱）］ •经：479 925/981 700（1998） •1999.7.1
	■废塑料油化设施（札幌塑料再生利用㈱） •经：2 547 000/5 182 000（1998） •2000.4.1 * 2011.1 解散（停产）
	□札幌市中沼塑料分拣中心（札幌市） □中沼资源分拣中心［（一般财团法人）札幌市环境事业公社］ □废混凝土再生设施（札幌再生利用骨材㈱） □札幌饲料化再生利用中心（三造有机再生利用㈱） □废轮胎再生利用设施（㈱轮胎再生利用北海道） □中沼产业废弃物处理中心（协业组合公清企业） □中沼废纸分拣中心［（一般财团法人）札幌市环境事业公社］ * 2008 年㈱札幌再生利用公社解散，该公社于 1997 年开始运营的废建材再生利用中心停产，建筑物作为中沼废纸分拣中心继续使用
1999.1.25 （2005.8.18） 千叶县西・中央地域 生态城计划 （千叶县）	■环保水泥生产设施（市原环保水泥㈱） •经：2 900 000/5 800 000（1998）、1 100 000/2 200 000（1999）、1 800 000/4 594 532（1999，2 次补充预算） •2001.4.1
	■直接熔融设施（㈱ Kazusa Clean System） •第一期：环：715 435/1 430 871（1999）、2 386 595/4 915 413（2000）、2 553 208/5 697 216（2001） 第二期：环：1 265 250/2 627 730（2003）、1 937 670/4 574 740（2004）、1 720 005/5 292 530（2005） •2002.4.1（第一期）、2006.4.1（第二期）
	■沼气发酵气化设施（Japan Recycle ㈱） •环：600 000/1 395 000（2002） •2003.8.1

续表

1999.1.25 （2005.8.18） 千叶县西・中央地域 生态城计划 （千叶县）	■废木材、废塑料再生利用设施（㈱东京木工所） •经：785 600/2 561 156（2003） •2004.11
	■高纯度金属、塑料再生利用设施（东日本资源再生利用㈱） •经：94 141/293 765（2004） •2005.1
	■贝壳再生利用设施（富津市水产加工业协同组合） •经：28 333/97 195（2004） •2005.4
	■氯乙烯类废弃物再生利用设施（㈱ Kobelco Vinyloop® East） •环：750 000/1 500 000（2004） •2006.5 * 2009.4 开始特别精算（停业）
	■建筑类复合资材废弃物再生利用设施（Refinverse，Inc. ㈱） •环：180 000/392 111（2005） •2006.7
1999.11.12 （2003.1.30， 2004.10.7） 秋田县北部 生态城构想 （秋田县）	■废家电产品再生利用设施（㈱ Eco Recycle） •经：250 000/500 802（1999） •2000.5.26
	■非铁金属回收设施［Eco System 小坂㈱（原小坂精炼㈱）］ •经：850 000/2，123 350（2000） •2002.5.1
	■利用废塑料的新建材生产设施（秋田 Wood ㈱） •经：714 310/1 554 000（2002） •2003.12.16
	■煤灰、废塑料再生利用设施（秋田 Ecoplash ㈱） •经：300 246/1 425 151（2004） •2005.10.1
	□堆肥中心（大馆市） □再生利用中心（北秋田市） □大规模风力发电事业（东北自然能源开发㈱）

续表

1999.11.12 宫城县·莺泽町生态城计划［宫城县莺泽町（现栗原市）］	■废家电产品再生利用设施（East Japan Recycling Systems ㈱） •经：437 341/918 226（1999） •2001.4.1
2000.6.30 EcoLand 北海道 21 计划（北海道）	■废家电产品再生利用设施（北海道 HERS ㈱） •经：650 000/1 538 250（2000） •2001.4.2
	■其他纸制容器包装再生利用设施（㈱丸升增田本店北广岛 Eco Factory） •经：150 000/331 170（2000） •2001.4.14
	□固形燃料（RDF）生产设施（留萌市美再生利用馆） □固形燃料（RDF）生产设施（富良野市再生利用中心） □扇贝壳再生利用设施（㈱常吕町产业振兴公社） □废干电池、荧光灯管再生利用设施（野村兴产㈱ ITOMUKA 矿业所） □废塑料瓶再生利用设施（根来产业㈱三笠工厂） □其他纸再生利用设施（王子造纸㈱） □水产类废弃物再生利用设施（钏路化成工业㈱） □水产类废弃物再生利用设施（㈱钏路 High-Meal） □固形燃料（RDF）生产设施（札幌市垃圾资源化工厂） □玻璃瓶再生利用（玻璃棉）设施（北海道再生利用有限会社） □纸袋再生利用设施（道荣纸业㈱本社工厂） □固形燃料（RDF）生产设施（㈱苫小牧清扫社再生利用中心） □其他塑料（焦炭替代材料）再生利用设施（新日本制铁㈱棒线事业部室兰制铁所） □气化熔融炉（西胆振域联合） □气化熔融炉（新日高町·日高中部卫生设施组合） □扇贝内脏再生利用设施（森町） □废轮胎再生利用设施（太平洋水泥㈱上矶工厂） 注：除上述 19 个以外，似乎还有其他设施。北海道厅资料[①]显示，该计划制订阶段，已经投入运行的有 28 个，尚在计划中的有 10 个，截至 2006 年 11 月，已经投入运行的为 27 个，终止的为 8 个，计划中止的为 3 个。此外，据经济产业省资料记载，除上述 19 个设施以外，还有塑料油化、家畜粪尿处理（沼气发酵、堆肥）、农业用废塑料（氯乙烯）和玻璃瓶再生利用设施等

① 北海道（2007）"《EcoLand 北海道 21 计划》的整理与今后的发展方向"，http://www.pref.hokkaido.lg.jp/ks/jss/grp/08/plan-seiri.pdf［2021-01-10］。

续表

2000.12.13 （2001.12.20） 备后生态城计划 （广岛县）	■RDF 发电、灰熔融设施（福山再生利用发电㈱） •经（NEDO）：约 800 000/ 约 8 800 000（2001—2003） •环：约 3 200 000/ 约 10 800 000（2001—2004）） •2004.4
	■涤纶混纺衣料服装再生利用设施（㈱ Ecolog Recylcing Japan Co.） •经：125 000/267 920（2002） •2003.6.1
	□泡沫塑料托盘再生利用设施（㈱ FP Corporation） □氟利昂销毁、替代氟利昂再生设施（Mexichem Japan ㈱三原制造所） □废塑料高炉原料化设施（JFEJFE Plastic Resource Corporation ㈱福山原料化工厂） □废塑料瓶再生利用设施（有限会社 Suzuka） □废塑料瓶再生利用设施（日本合纤㈱） □废塑料瓶再生利用设施（㈱广岛再生利用中心久井工厂） □废弃物发电、灰熔融设施（Tsuneishi Kamtecs ㈱） □RDF 生产设施（甲世卫生组合垃圾固形燃料化设施） □RDF 生产设施（福山市垃圾固形燃料工厂） □RDF 生产设施（府中市清洁中心） □RDF 生产设施（神石高原町清洁中心神石）
2000.12.13 生态城高知市· 事业计划 （高知县高知市）	■泡沫塑料再生利用设施（㈱ Ecolife 土佐） •经：175 000/368 929（2000） •2001.11.28
	□废木材碎片化设施（㈱再生利用高知） □鱼粉中心［（公益财团法人）高知县鱼材加工公社］
2001.2.6（2002.8.29） 水俣生态城计划 （熊本县水俣市）	■瓶类的再利用、循环利用设施（㈱田中商店） •经：149 142/308 031（2000） •2001.11.1
	■废塑料复合再生树脂再生利用设施（Repla Tech ㈱） •经：700 000/1 402 302（2002） •2003.4.1 * 2008.11 申请破产（停产）
	□废家电再生利用设施（Act-B Recycling ㈱） □废油再生利用设施（喜乐矿业㈱） □粪尿等为原料的肥料生产设施（㈱ RBS Business Solution Reliance） □废建材、沥青再生利用混合材料生产设施（㈱水俣沥青混凝土） □废塑料瓶再生利用设施（wakuwork. 水俣） □完全循环型食品再生利用设施（㈱环境综合技术中心）

续表

<table>
<tr><td rowspan="2">2001.5.29
山口生态城计划
（山口县）</td><td>■垃圾焚烧灰水泥原料化设施（山口 Eco-tech Corporation ㈱）
•经：250 000/551 565（2001）
•2002.4.1</td></tr>
<tr><td>□塑料瓶原料再生处理设施（帝人纤维㈱德山事业所）</td></tr>
<tr><td rowspan="3">2002.3.28
Eco Island Naoshima Plan
（香川县直岛町）</td><td>■熔融飞灰再资源化设施（三菱综合材料㈱）
•经：150 493/522 848（2001）
•2003.2.21</td></tr>
<tr><td>■有价金属再生利用设施（三菱综合材料㈱）
•经：1 306 727/5 209 000（2001—2003）
•2004.7.15</td></tr>
<tr><td>□丰岛废弃物等中间处理设施（香川县）</td></tr>
<tr><td rowspan="5">2002.5.17
（2004.11.11）
富山市生态城计划
（富山县富山市）</td><td>■混合型废塑料再生利用设施（㈱ Prtec）
•经：650 000/1 310 000（2001）
•2003.4.1</td></tr>
<tr><td>■木质废弃物再生利用设施（IOT Carbon ㈱）
•经：500 000/1 078 681（2001）
•2003.4.1</td></tr>
<tr><td>■废合成橡胶高附加价值再生利用设施（㈱ RIX）
•经：83 405/557 474（2004）
•2005.4.1
* 2007.9 申请破产（停业）</td></tr>
<tr><td>■难处理纤维及混合废塑料再生利用设施（㈱ Eco-mind）
•经：220 420/735 000（2005）
•2006.3.30</td></tr>
<tr><td>□餐厨垃圾与剪枝再生利用设施（富山 Green Food 再生利用㈱）
□报废机动车再生利用设施（日本 AUTO 再生利用㈱）
□废食用油再生利用设施（富山 BDF ㈱）
□废弃物能源再生利用设施（㈱ IZAK 环境事业本部能源中心）</td></tr>
<tr><td rowspan="3">2002.12.25
（2005.9.9）
青森生态城计划
（青森县）</td><td>■焚烧灰、扇贝壳再生利用设施（太平洋金属㈱）
•经：77 400/532 200（2002）
•2003.7.1</td></tr>
<tr><td>■熔融灰渣再生利用设施（㈱ MTR、太平洋金属㈱）
•经：43 800/2 383 000（2005）
•2006.6.1</td></tr>
<tr><td>□废塑料、ASR 再生利用设施（东京铁钢㈱）</td></tr>
</table>

续表

2003.4.25 兵库生态城构想 （兵库县）	■废轮胎气化再生利用设施（关西轮胎再生利用㈱） •环：1 500 000/3 389 400（2003） •2004.7.28
	□电脑等办公自动化设备的再利用、循环利用设施（Asahi Pretec Corp. ㈱） □废塑料高炉还原剂化设施（㈱神户制钢加古川制铁所） □食品生物质饲料化设施（Eco-feed 循环事业协同组合） □报废机动车再生利用设施（㈱兵库报废机动车再生利用） □报废机动车再生利用设施（㈱神户 KPR 再生利用） □食品废弃物复合再生利用设施（生活协同组合 Coop 神户）
2003.10.27 东京都生态城计划 （东京都）	■建筑类混合废弃物深度分选再生利用设施（㈱ Recycle Peer Corp.） •环：1 013 025/7 000 000（2003—2004） •2005.4
	□PCB 废弃物处理设施（日本环境安全事业㈱） □气化熔融等发电设施（东京临海 Recycle Power ㈱） □建筑混合废弃物再生利用设施（高俊兴业㈱） □废信息设备类等再生利用设施（㈱ Future Ecology） □废信息设备类再生利用设施（㈱ Re-tem） □食品废弃物饲料化设施（㈱ Alfo） □食品废弃物生物质能发电设施（Bio-energy ㈱） □建筑废渣类、泥土再生利用设施（成友兴业㈱）
2004.3.29 冈山生态城计划 （冈山县）	■木质炭化设施（㈱日本再生利用 Management） •经：180 000/712 461（2004）
	□仓敷市、资源循环型废弃物处理设施（㈱水岛 Eco-works） □利用化学纤维碎料再生资源技术的再生利用事业（三乘工业㈱）
2004.8.13 釜石生态城计划 （岩手县釜石市）	■水产加工废弃物再生利用事业（协同组合 Marinetech 釜石） •经：71 000/300 000（2004） •2005.7
	□报废机动车再生利用事业（协同组合岩手报废机动车再生利用中心）
2004.9.28 （2007.3.30） 爱知生态城计划 （爱知县）	■镍再生利用设施（大同 Daido EcoMet Co. ㈱） •经：333 900/1 330 000（2004） •2005.10.7
	■低环境负荷、高附加价值垫子生产设施（三幸毛线纺织㈱） •经：21 000/63 000（2004） •2005.6.1

续表

2004.9.28 （2007.3.30） 爱知生态城计划 （爱知县）	■原料废橡胶的原料再生处理设施（㈱ INB Planning） • 经：44 000/134 000（2005） • 2006.4.1
	□木质废弃物综合处理设施（名古屋港木材仓库㈱） □木质 100% 塑料生产设施（中日精工㈱） □机动车拆解残渣再生利用设施（新日本制铁㈱） □利用亚临界（水热）装置的食品残渣肥料化、饲料化设施（㈱小枡屋） □使用后的产业用铅电池的回收、再生、销售设施（BBS Battery-bank Systems ㈱・㈱ SHIROKI） □利用废玻璃生产泡沫粒子（人工轻型骨材）的设施（水野陶土㈱） □食品废弃物为原料的乙醇生产设施（名古屋 Nagoya Container ㈱） □游戏机个体管理、再生利用系统（爱知县游戏业协同组合） □住宅装修废材为中心的住宅设备机器回收、循环系统设施（㈱ INAX）
2004.10.29 铃鹿生态城计划 （三重县铃鹿市）	■涂装污泥堆肥化设施（本田技研工业㈱铃鹿制作所） • 经：24 833/74 500（2004） • 2005.3.7 * 2010 年财产清理，补贴金同额返还（停业）
2005.7.28 大阪府生态城计划 （大阪府）	■利用亚临界水反应进行废弃物再资源化设施［Rematec. ㈱（原近畿环境兴产㈱）］ • 环：220 000/860 000（2005） • 2006.12
	□混合废弃物 Recycling Assort 中心事业（㈱ RAC 关西） □食品残渣的饲料化肥料化、废塑料等原料燃料化事业（太诚产业㈱） □容器包装塑料 100% 再利用高品质货运托盘生产事业（㈱ Recycle and Equal） □食品类、木质废弃物综合再生利用事业（㈱关西再资源 network） □废木材等生产生物乙醇事业［㈱ DINS 堺生物乙醇事业所（原生物乙醇・Japan・关西㈱）］
2005.9.16 四日市生态城计划 （三重县四日市）	■废塑料高度利用再生利用系统设施（铃鹿富士施乐㈱） • 经：101 448/303 346（2005） • 2006.4.28 * 2010 年财产清理，补贴金同额返还（停业）
2006.1.20 爱媛 Eco Land 构想 （爱媛县）	□造纸碎屑焚烧灰的土壤改良剂生产设施（大王造纸㈱） □再生填料生产设施（大王造纸㈱）

表 6-3　生态城设施设置情况

生态城获批自治体	合计	补贴对象［（ ）内为终止项目］	补贴对象外
北海道[①]	19	2	17
札幌市	9	2（1）	7
青森县	3	2	1
岩手县釜石市	2	1	1
宫城县栗原市	1	1	0
秋田县	7	4	3
千叶县、千叶市	7	7（1）	0
东京都	9	1	8
川崎市	6	5	1
富山县富山市	7	3（1）	4
长野县饭田市	2	2	0
岐阜县	3	2（2）	1
爱知县	12	3	9
三重县四日市市	0	0（1）	0
三重县铃鹿市	0	0（1）	0
大阪府	6	1	5
兵库县	7	1	6
冈山县	3	1	2
广岛县	13	2	11
山口县	2	1	1
香川县直岛町	3	2	1
爱媛县	2	0	2
高知县高知市	3	1	2
北九州市	22	7	15
福冈县大牟田市	12	2	10
熊本县水俣市	7	1（1）	6
合计	167	54（8）	113

① 另有资料显示，截至 2006 年 11 月属于补贴对象外的有 25 个设施，合计为 27 个设施（参见表 6-2）。

三、园区发展的关键驱动力及发展趋势

（一）生态城的评估

1. 经济产业省开展的评估

针对生态城事业的情况，迄今为止经济产业省、环境省和各地区都曾分别开展过评估工作。经济产业省（2006）[①]继 2002 年以山口县、秋田县、川崎市 3 个项目为对象开展评估后，2005 年 4 月 1 日—2006 年 3 月末前针对作为补贴对象建设的 47 个项目进行了中期评估。

截至 2006 年 3 月末，该 47 个项目中，2 个项目由于项目公司倒闭而停业，另 1 个项目正在就重建进行相关调整（民事再生手续），其余 44 个项目正在运行。这 44 个项目中，2004 年前开始投入生产的有 38 个，现已知其中 27 个的收支情况。2004 年前，计入折旧费后单年度收支实现盈利的有 17 个，其余 10 个单年度收支为赤字[②]。按照该收支情况进行分析可见，由于得到补贴金的支持，投资回收期提前约 4 年时间，因此评估认为补贴制度为企业提高经济效益做出了贡献。

已经掌握的 2003 年再资源化业绩的 29 个项目中，接收一般废弃物约 27 万吨，产业废弃物约 44 万吨，分别相当于日本全国的 0.5%（全国一般废弃物排放量约 5 161 万吨）和 0.1%（全国产业废弃物排放量约 4.1 亿吨）。对于通过再资源化减少最终处置量产生的效益进行评估，推测得出最终处置费用削减 826 亿日元，避免新建最终处理场效益为 1 225 亿日元，企业废弃物处理费用削减 13 亿日元[③]。

此外，参观再生利用工厂实现的提高再生利用意识方面的效益为 3 亿日元（假定参观再生利用设施与购买相关书籍具有同等效果，按照在小学购买

---

① 2005 年经济产业省委托，《生态城事业相关中期总结方法调查报告书》，2006 年 3 月，㈱野村综合研究所。

② 但是，其中包括 2003 年尚处于刚刚投入生产阶段的项目、在计划阶段就计入赤字的项目。

③ 这些效益评估额为投入生产后 15 年的总额，按照 2005 年价格进行换算，未来价格按照社会折现率 4% 换算为现在的价值。在推算过程中，采用了以废弃物等合理处理所需的其他方法的价格为参考得出效益的替代法。其他的效益评估也按照同一条件计算得出。

相关图书人均单价 1 533 日元得出），减少塑料焚烧造成温室效应气体 CO_2 减排等降低环境负荷效果为 378 亿日元等。

根据对生态城事业整体费用效益分析，得出费用效益比（与投入的费用相比作为社会整体能够获得什么程度的效益：效益 / 费用）数据为效益约 70 亿日元，费用约 45 亿日元，即比率约 1.55。

由此可见，从社会整体来看，效益大于费用，但从具体数据来看，与费用中建设投资和项目支出约 41 亿日元、设施建设等的补贴金为 4 亿日元（合计约为 45 亿日元）相比，效益中项目收入约 45 亿日元，上述再资源化、降低环境负荷的社会效益约 25 亿日元。即如果没有补贴金，企业是无法获得收益的。

补贴对象的项目收入虽然每个年度有所不同，但基本上占全部收入的五成左右。在项目收入中，主要是接收废弃物等委托处理带来的受托收入（入口）和再生产品的销售收入（出口）两种。塑料油化与工业原料化、家电、荧光灯管、焚烧灰等再生利用项目的再生产品价格竞争力低，多数要依赖入口一方的收入；PET、塑料复合建材、机动车、瓶子的再利用则出口一方相对稳定，更多是由于再生产品具备相应的市场竞争力。

该中期评估也推算了创造就业方面的效果。补贴对象项目已经取得了就业方面的业绩。推测再加上补贴项目相关企业的引导就业将达到 1 300 人左右。

比较补贴对象和补贴对象以外的项目，2004 年年末补贴对象 47 个项目，就业人数为 1 520 人，总投资额约 902 亿日元；补贴对象以外的 72 个项目，就业人数为 1 650 人，总投资额为 1 268 亿日元。设施平均投资额基本相同，但从就业人数来看，补贴对象项目达到了近 1.5 倍的规模。

2. 环境省开展的评估

环境省（2009）针对生态城的物质流进行了分析。如图 6-4 所示，投入到生态城设施的静脉资源量约为 2 200 000 吨，其中相当于约 91% 的静脉资源量，即 2 000 000 吨用于产品、原料或能源（包括减量化）。这 2 000 000 吨中，约有 1 200 000 吨在生态城设施中实现了物料再生处理（再生品化），物料再生处理率约为 50%（日本 2005 年整体的物料再生处理率为 35%）。此外，相当于约 35% 的静脉资源量，即近 780 000 吨实现了热利用（包括减量化）。

一方面，生态城设施采购循环资源的 59% 左右属于在同一生态城计划地区内的采购，生态城设施所在的市町村内采购率较高的品种有食品废弃物、建筑废渣类、木屑、一般废弃物（可燃烧垃圾、不可燃烧垃圾、资源垃圾）。另一方面，生态城设施中生产的产品、原料约 890 000 吨（40%）用于供给同一生态城计划地区，实现生态城设施所属市町村内供给率较高的品种，包括固形燃料（RDF）、饲料、建设用资材、肥料。

通过有效利用生态城设施而产生的环境保护效果，达到了削减约 1 000 000 吨最终处置量的效果，相当于 2005 年日本最终处置量（32 000 000 吨）的约 3%。据推测，新增资源消费削减量约为 1 200 000 吨，CO_2 减排量约为 420 000 吨。

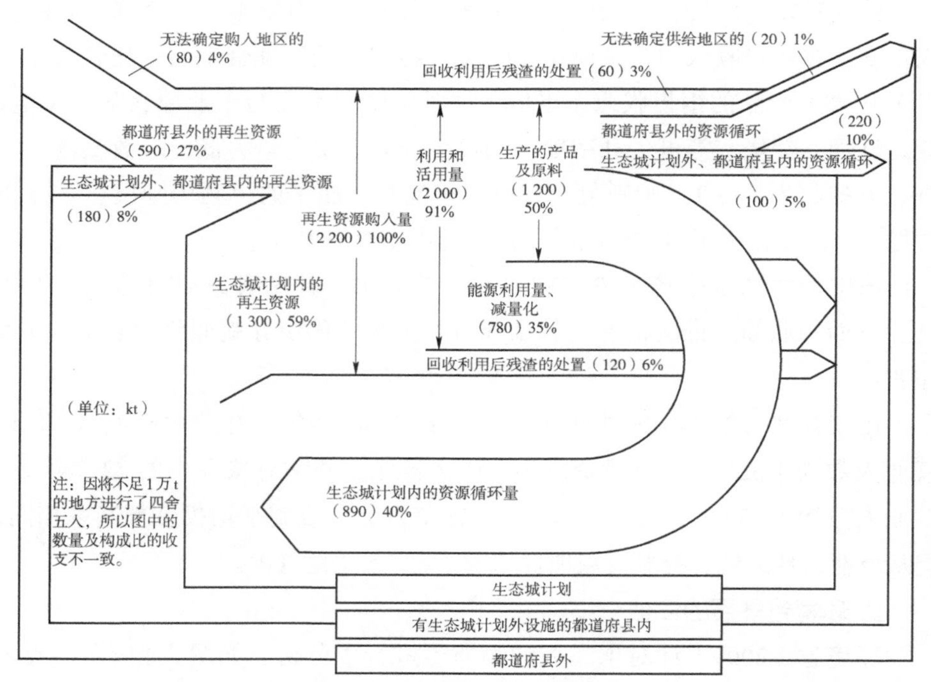

图 6-4　生态城设施的物质流

注：由于各项数值来源不同以及末位四舍五入等原因，存在总计与分项之和不等的情况。

3. 各地区开展的评估

生态城计划获批的自治体中有很多自行开展了生态城事业的政策评估等

工作。采用的评估指标如下：①废弃物处理量、资源化量、再生利用率等有关环境保护效果的；②企业建设数量、创造就业数量、投资额、企业生产量、经济辐射效果等有关地区经济效果的；③其他，如参观视察人数、举办用于实现商品化的研究会等的次数、根据条例规定为企业提供支持的项目数量等。

例如，2007年某县进行的项目评估中，列出了项目名称及其在政策体系上的定位，并分别针对如下内容编制了单独的表格文件：①项目目的与内容等（项目对象、活动内容、目标、措施目标）；②项目的效率性等（过去5年的项目费、财源、估算人工费、估算经费）；③项目相关措施指标的实际数值变化（过去5年生态城的废弃物处理量及目标值）；④项目指标的目标完成情况（视察企业数量、补贴对象项目数量、废弃物再资源化新增件数、研讨会参会人数等）；⑤总结（项目成果与课题、该年度项目的改善情况）；⑥基于措施评估结果等项目及今后的方向性（方向性：项目终结、维持现状、改善后持续、持续的判断理由）。这种自治体内部开展的政策评估，有的是在面向市民的公开场合进行的，也有通过自治体HP等公布了探讨的结果，开展了致力于确保项目公开透明的相关活动。

（二）生态城的课题

1. 入口问题与出口问题

如果将日本静脉企业进入市场开展相关经营活动的条件归纳来看，以下5点至关重要：①能够收集一定数量以上的静脉资源（使用过的产品、零部件、材料等）；②拥有再生资源化（再利用、再生利用）的技术；③拥有再生资源的销售渠道；④能够获得再生资源销售收益以外的收益（处理费、补贴金等）；⑤其他（获得各种许可、批准，项目资金、容许公平竞争的市场的存在等）。

经济产业省和环境省开展了多次问卷调查和口头调查，对生态城面临的课题进行了分析。其中经常被提及的问题是这5点中的①和③，即所谓“入口问题”和“出口问题”。

经济产业省（2003）[①]数据显示，面向在生态城实施项目的38家企业进行

① 经济产业省（2003）产业结构审议会环境分会产业与环境小委员会《第一次地域循环商务专门委员会会议资料》。

的问卷调查中，约半数企业表示项目收益性低于预期，究其原因，74% 认为“原料数量的保障与稳定”以及 47% 认为“原料品质的保障与稳定”是现在面临的主要问题。原料（静脉资源）保障面临困境的理由包括：不得不从邻近地区以外采购原料，从而提高了成本；与自治体之间的协作不充分，无法保障满足设备能力的原料供应；与同行企业之间的原料再生竞争矛盾激化等。这种涉及静脉资源保障的问题称为“入口问题”。

其次有 68% 回答面临“拓展和确保再生产品销路”方面的问题，其原因包括生产产品的市场认知度不够，原生材料产品、进口产品等市场流通价格下跌，在价格方面竞争不过现有产品等。这种涉及再生资源销路的问题称为“出口问题”。

环境省（2009）[①]面向在生态城实施项目的 93 家企业进行的问卷调查显示，入口问题（原料即静脉资源的采购）是最大的问题，受此困扰的企业高达 67%（前一年度为 55%），其理由包括与其他企业竞争（竞标应对）激化，造成采购状况不稳定（44%，前一年度为 35%），市场废弃物、副产品减少（40%，前一年度为 23%）。受出口问题（生产产品、原料的销售渠道）困扰的企业达到了 55%（前一年度为 42%），其理由包括难以找到在附近有效利用渠道（25%，前一年度为 22%）、希望在远处找到有效利用渠道但存在运输成本问题（24%，前一年度为 22%）、原生材料的价格变动造成销路不稳定（24%，前一年度为 16%）。

经济产业省（2013）[②]面向生态城地区的 20 个自治体及 18 家企业进行的问卷调查显示，20 个自治体中回答生态城状况不佳的达到了 40%（前一年度为 25 个自治体中的 43%，前前年度为 21 个自治体中的 15%），其理由归于入口问题（原料不足等使企业的再生利用率、再生利用量无法提高）的最多，达到 75%（前一年度为 44%、前前年度为 75%），归于出口问题（生产年产品的销售渠道难以保障）的紧跟其后，为 50%（前一年度为 56%、前前年度为 25%）。另外，18 家企业中回答项目状况不佳的为 22%（前一年度为 15%），

① 环境省（2009）《平成 20（2008）年度关于进一步推动生态城策略的调查与研究事业报告书》。

② 经济产业省（2013）《平成 24（2012）年度全球变暖问题等对策调查（地域循环圈形成促进等基础调查事业）报告书》。

谈到其原因，认为 2012 年出口问题最多，达到 75%，2011 年则是入口问题最多，达到了 67%。

关于入口问题，造成静脉资源采购困难的原因包括国内同行企业之间的竞争、经济景气的变化等，同时应该也包括静脉资源流向海外带来的影响。例如第三章所述，日本排放的废塑料中，通过物料再生处理得到再生利用的约八成向国外出口，据推测 2013 年塑料瓶销售量的一半左右均出口到了国外。废塑料出口不仅造成日本废塑料再生利用企业经营情况恶化和生态城事业的停产，甚至可能动摇日本《容器及包装物再生利用法》的根基。

关于静脉资源的出口，如果其质量低劣，还有可能引发在出口地区造成环境污染、在运输过程中发生事故等问题。此外，如果有资源价格和汇率波动、投机行动等造成短期内静脉资源进出口量波动等情况，企业难以进行合理的投资、经营预测，影响再生产品的稳定供给[①]。因此，有必要对相关制度设计进行探讨，以便站在国际视角防止环境污染，实现静脉资源的有效利用。

2. 其他问题

经济产业省（2015）[②]对 2010—2012 年实施的生态城事业问卷及口头调查的结果进行了整理。作为面临的问题，除了入口及出口问题，还列举了再资源化过程中处理成本过高、设备投资资金不足等问题。从 2014 年问卷调查结果来看，自治体和企业都谈到了提高技术水平和技术开发的问题，认为与事业初始阶段相比，市场和需求都在发生变化，需要开发能够应对这些变化的再生利用技术和优于同行企业竞争对手的技术，通过技术革新提高产品附加值、改善成本。自治体认为存在的问题包括原料和销路缺少保障、找不到能够通过有机的合作、有效利用静脉资源的合作伙伴等。与此同时，企业认为国家和自治体的支援体制是现在面临的课题，希望为设备改造、扩建工程提供补贴，国家和自治体统一相关的法律解释等。其背后的原因包括生态城事

---

① 由于 2004 年 5 月九州某家日本企业出口的废塑料中混有异物等问题，使日本的废塑料在一年多的时间里被禁止向中国出口（“青岛废塑料事件”）。因此不仅对日本的出口企业造成影响，还引发了中国废塑料价格上升等问题，给两国相关企业造成了严重的经济影响。

② 经济产业省（2015）《平成 26（2014）年度全球变暖问题等对策调查（地域循环圈形成与升级发展等基础调查事业）报告书》。

业创始至今经过了一定时间，企业出现设备老化问题，而燃料费高涨造成经营成本升高也成为新的问题。

调查显示，生态城对于地区内静脉资源的利用虽然取得了一定的成果，但在地区内产生的热、能源的利用方面，与海外［如丹麦的凯隆堡市（Kalundborg）］相比仍不够充分。不仅是资源，为了实现低碳社会，还需要推动热、能源的循环（相互供给）。

（三）生态城事业的发展

1. 近年来的事业支持对策

生态城事业自开始以来已经走过了近 20 年的历程。当初对于硬件和软件的项目补贴制度已经废止。虽然 2012 年制定出台了《小型家电再生利用法》，但事业创始时期频繁出台新再生利用法律制度的环境已经不复存在。

截至 2015 年 6 月底，作为生态城地区获批的 26 个地区中的 62 个补贴对象项目中，已经有 8 个项目停产，导致 2 个地区的生态城事业实质上也已消失。停产项目中涉及塑料领域的（包括氯乙烯）最多，达到 5 个。虽然原本获批项目中塑料领域就相对居多，但入口问题造成的收益性恶化是重要原因之一。

由此可见，众多的生态城难以保证稳定的静脉资源采购，还面临再生产品销售渠道问题，生态城设施能力无法得到充分发挥的状况逐渐凸显。

为此，近年来经济产业省和环境省针对生态城获批的 26 个地区，结合对地域循环圈生态城作用的期待，就全国各地生态城的现状、成果、课题持续开展调查研究工作。

（1）经济产业省

2013 年，经济产业省以提高生态城企业认知度和创造新的合作机会为目的，收集整理了生态城企业的技术信息、公司信息，创建了“生态城企业数据库”。该数据库除了企业的基础信息，还记录了处理业绩量和可接收量、环境负荷削减效果、再生产品的品质、利用用途等内容[①]。

---

① 经济产业省“生态城事业者（企业）数据库”，http://www.meti.go.jp/policy/recycle/main/3r_policy/policy/html/20140612.html。

此外，还从 2012 年开始实施地域循环圈相关的基础调查项目，面向生态城内的企业及生态城地区的各自治体实施了问卷调查。

（2）环境省

环境省从 2010 年开始“现有静脉设施聚集地区的高效利用示范事业（项目）”（2010—2011 年名为“有助于发挥现有静脉设施聚集地区作用的动脉产业与静脉产业有效合作对策相关的调查事业”），目的是验证通过生态城和动脉产业的合作能达到最大限度发挥生态城能力的方法。具体内容包括：2010 年在神奈川县川崎市、福冈县北九州市，2011 年在北海道、秋田县、大阪府，2012 年在秋田县、大阪府、神奈川县川崎市，2013 年在京都府南丹市（注：该市并非生态城地区）开展废塑料、生物质、小型家电等领域的回收体系构建和技术开发等[①]。

此外针对生态城的热、能源利用，自 2014 年开始了“生态城等与资源循环社会共生的低碳地区建设补贴金事业（项目）”，为实现静脉资源的循环利用与低碳化双方面零排放的先进示范地区建设相关的调查和计划制订提供支持。

（3）其他

为了通过在生态城开展的活动实现产业培育等目标，经济产业省和环境省举办了“全国生态城会议”，旨在调研有关利用生态城事业开展今后的环境都市建设的方向性与课题，探讨地域循环圈建设所需的相关措施。

2004—2009 年，“全国生态城会议”以经济产业省独家举办的形式召开（2004 年福冈县水俣市、2005 年富山县富山市、2006 年青森县、2007 年福冈县北九州市、2008 年爱知县、2009 年神奈川县川崎市），2010 年开始由经济产业省和环境省联合举办（2010 年东京、2011 年东京、2012 年北九州市、2013 年东京）。

2. 再生利用事业的收益性提升

在生态城事业得以顺利推行的原因中，回答是源于企业创意的屡见不鲜。经济产业省（2006）作为调查研究的一个环节，对企业进行了访谈，总结再

① 该示范事业自 2014 年开始更名为“生态城等升级示范事业”。

生利用企业提升收益性的优秀案例如下。

（1）稳定的收入来源保障

作为再生利用事业的主要收入来源，即废弃物等处理受托收入、再资源化物品的销售收入以外的稳定的收入来源，涉及自治体的静脉资源（容器包装）分类保管业务、民间店铺的回收物（塑料瓶）的再生利用。

（2）通过工厂之间废弃物等的相互接收控制处理成本

将塑料接收物中混入的铁屑拿到邻近的报废机动车再生利用工厂（相互接收时的交易价格基于通常的商业交易价格）等，自家企业中产生的副产品等相互接收，提高控制废弃物等处理成本的效果。

（3）通过相邻建设、产品制造的一体化通关等控制成本

将废弃物等进行原料化的企业和利用该原料生产产品的企业在邻近地点建设，例如，塑料颗粒化工厂与利用颗粒进行产品生产的工厂在邻近地点建设，控制原料的运输成本。

（4）开展向自治体提出提高接收废弃物品质的建议的活动

开展向自治体提出建议的活动，通过提高接收废弃物的品质，降低手工分拣线的负荷，控制残渣的产生，以提升收益性。

（5）确保大宗销售渠道

通过自家公司的其他项目、出资企业等相关公司或独自开发的新渠道等确保大宗交易的销售渠道，降低销售方面的不确定性。

（6）销路的多样化、生产品种的多样化

致力于新客户的开发和利用再生资源的新产品开发等用于扩大收益的销路多样化、生产品种的多样化活动。

（7）有效利用相关公司的设备（手工分拣线）控制前期投资

有效利用手工分拣线等相关公司的现有设备，控制自家公司经营的前期投资，有助于提高收益性。

（8）闲散期到繁忙期的设备运转切换（以年为单位假日倒休）

提前做好准备以应对年末等高峰期的销售产品季节性需求变化，在用电量增加、基本价格上涨的夏季控制生产量等，在设备运行方面进行闲散期到繁忙期的切换（以年为单位假日倒休），以实现控制成本的效果。

3. 今后的方向

自治体和企业如何思考今后生态城、各种项目的发展方向。

经济产业省（2015）[①]数据显示，面向生态城地区的 26 个自治体和 99 家企业（该提问共有 88 家企业做出有效回答）的问卷调查中，自治体和企业回答最多的是“通过生态城的存续，确保地区的资源循环”，另外还有“激发地区经济的活力”“通过地区内协作实现再生利用的升级”和“生态城内闭环处理”等回答较多，而回答“走出海外促进国际性资源循环”“建设具有海外竞争力的资源循环圈、确立再生利用技术”的较少。

总体来看，自治体和企业对于“走出去”的关注度较低，有兴趣的不过一两成。2013 年实施的问卷调查中，回答希望推动国际资源循环的自治体为 5%，企业则为 22%。特别是不仅自己没有“走出去”的想法，甚至表示尚无计划对企业“走出去”提供支持的自治体就多达 55%。

对于生态城的国际合作，2011—2013 年进行的问卷调查中，自治体有六七成、企业有五六成表示尚未考虑；已经开展国际合作的自治体有两三成，企业则只有一两成。

下面介绍的北九州生态城，大多数认为其成为成功案例的原因是“聚集效果”。环境产业聚集可以实现各种技术和信息的集结，同时研究功能的强化也有望推动环境产业的升级（高附加值再生产品的生产等）。另外，最终处理场等硬件条件、静脉产业建设时的各种手续（获得周边居民的理解所需的交易费用等）等软件条件的完善，可以带来削减成本的效果。另据环境省（2009）[②]报告显示，从现状来看，静脉资源的采购区域和再生产品的供给区域大多均集中在 30 千米区域内，采购达到约 74%，供给则达到约 81%。环境产业聚集不断发展，也将有助于解决入口和出口问题。

可见，目前日本多半以上的生态城尚未期待进入海外市场，而是选择在地区内实现循环，致力于不断提升研究和技术能力。

---

① 经济产业省（2015）《平成 26（2014）年度全球变暖问题等对策调查（地域循环圈形成与升级发展等基础调查事业）报告书》。

② 环境省（2009）《平成 20（2008）年度关于进一步推动生态城策略的调查与研究事业报告书》。

4. 典型园区案例：北九州生态城

（1）创始期（1997年以前）

20世纪90年代，北九州市面临原来的支柱产业，即重、厚、长、大型产业结构转型的紧迫课题。特别是北九州市西北部面向响滩的若松区，由于港湾建设产生的疏浚土砂、北九州洞海湾周边的工厂群排放的矿渣等废弃物填埋而成的2 000公顷巨大填海造地，必须要重新探讨实现有效利用的计划。针对填埋土地的利用方式，1989年开始以九州大学矢田俊文教授为核心，由产、官、学联合组成的学习会正式启动，2 000公顷的广阔土地，周边有可以进行价低质优规范处理的管理型废弃物处理场、丰富的工业用水、可实现低价运输的港口等优势、以钢铁产业为核心的工业城市积累的技术力量和治理公害的经验等，各种可应用于静脉产业的创意涌出。最后提出了培养和振兴环境产业作为填埋土地利用方式之一，并于1996年3月制订出台了“响滩开发基本计划”。

该计划的同一时期，1994年7月新日铁下属的川崎制铁所高层人员变动，受命开拓新的商机。新日铁拥有这2 000公顷中300公顷以上闲置土地的所有权，必须考虑如何实现有效利用。结合最终处理场用地紧张、垃圾非法倾倒等伴随城市生活产生的环境问题不断凸显的社会形势，以及响滩开发基本计划的新动向，川崎以环境为主题，开始了与三井物产、北九州市等共同实施的学习会，并于1996年5月总结提出了综合环境联合企业概念图。在探索具体产业化内容的过程中，将目光投向1995年制定的《容器及包装物再生利用法》，对当时作为垃圾废弃的塑料瓶再生利用项目进行了研究。新日铁作为一个钢铁生产企业，涉足竞争对象塑料产品的再生利用，曾在公司内部受到严厉的指责，最终该项目以“土地出售”而非“新建项目”的名义获得总公司经营层批准通过，于1997年4月成立了西日本塑料瓶再生利用㈱。

在同一时期，北九州市与国家进行交涉，将包括西日本塑料瓶再生利用㈱在内的响滩开发事业作为国家补贴事业，“环境产业”进行新的定位，而非传统的废弃物处理行业，并于1997年开始作为新建补贴事业创建了“生态城事业”。1997年7月，北九州市与川崎市等作为第一批生态城事业获得批准，西日本塑料瓶再生利用㈱也获批成为补贴制度的第一号成套设备，得到国家

50% 和市 2.5% 的补贴，开始建设工作[①]。

（2）第一期事业（1997—2002 年）

北九州生态城第一期事业由综合环境联合企业区域、响滩再生利用园区区域、实证研究区域三大分区组成。

1）综合环境联合企业区域

该区域是北九州生态城核心的 25 公顷区域，规划利用临海的响滩地区新日铁闲置土地，通过集中建设再生利用工厂，构建废弃物和能源的循环体系。同时涉及 PET 瓶、办公自动化设备、机动车、家电、荧光灯管、医疗器具、建筑混合废弃物（2 个项目）共七大领域的 8 个再生利用项目，希望通过废弃物的跨区域回收和大规模处理带来的规模效应，降低处理费用，保障项目的收益性。同时还对二次残渣进行发电和再生利用。

特别值得关注的是，该项目再生利用工厂的主要投资方中有很多与北九州关系密切的大型企业。例如，西日本塑料瓶再生利用㈱的主要出资方是新日铁和三井物产，办公自动化设备再生利用项目㈱ Recycle Tech Japan 的主要出资方是新菱和理光。同时不仅是资金，在各家再生利用工厂采用的工艺技术、经验、人才方面也都能看到与这些大企业之间密切的联系。例如，PET 瓶再生利用的成套设备技术应用了新日铁的经验，人才方面挂职和外派等与总公司之间的关联性也显而易见。

不过，以大企业为主体的再生利用项目在其他的生态城也同样可以见到。凸显北九州生态城先进性的是另外两个区域。

2）响滩再生利用园区区域

该区域的目的是通过将中小废弃物处理业者集中在一起，实现规范和高效的再生利用，并培养再生利用领域的风险投资公司。

分为占地面积 3.5 公顷的报废机动车再生利用区域和 2.4 公顷的新领域区域，前者将分散于市区的机动车拆解企业集体搬迁，集结成由 7 家公司组成的联合企业（北九州报废机动车 ELV 协同组合），致力于开展规范和高效的

① 川崎顺一（2012）《北九州生态城事业诞生前的历程》《九州国际大学经营经济论集》第 18 卷第 3 号，39-48 页。

报废机动车再生利用项目（车辆拆解 2 家、二手零件销售 5 家）。后者则由当地的中小企业、风险投资公司利用各种独创技术、先导技术和经验进行食用油、空罐、有机废液、废纸等各种再生利用项目的探讨和实施。

与综合环境联合企业区域以跨区域为前提的再生利用不同，响滩再生利用园区以市内为中心，以相对狭窄的区域内产生的废弃物为对象，探索立足社区型的再生利用。

3）实证研究区域

北九州生态城的先进性不仅在于成功地招商引入上述静脉企业，还在于其将实证研究功能集约在一起。这里集中了涉及再生利用和废弃物处理的研究机构，到 2004 年这里已经建有大学的研究所和企业的实证研究设施等共计 24 家单位，包括非全职的外聘人员在内共有约 250 名研究人员在此工作。废弃物处理的研究工作由于受到需要相对开阔的土地和难以取得居民的同意等制约，能建设这类研究设施的地方很少。但是，该研究区在远离住宅区的地方争取到了 16.5 公顷（现在使用的土地为 7.7 公顷）的用地，其聚集的研究设施达到了其他项目无以企及的规模。

另外，生态城中心也位于该区域内。该中心建于生态城设施已经基本建成的 2001 年，由北九州市负责建设，用于生态城设施的管理，具体管理和运营委托第三部门——响滩开发㈱进行。主要目的是作为环境学习（教育）场所、接待参观视察、为研究活动提供支持、技术和产品展示。用于学习和交流活动的会议室、生态城企业的技术产品展示厅、接待外部人员住宿的休息设施等相关功能完善。2003 年 7 月又建成了生态城中心分馆，完善了用于介绍生态城以外的市内环境相关企业的展厅等相关设施。

对于北九州生态城的关注，不仅停留在日本国内，同时也获得海外的高度关注。第一期事业（1998—2002 年）的 5 年时间里，共有国内外近 3 000 家团体前来参观，累计视察人数达到 25 万多人。

（3）第二期事业（2002 年至今）

北九州生态城事业几乎都以超出计划的速度完成。为此，2002 年 8 月启动了第二期事业，以“亚洲的国际资源循环、环境产业基地城市”为目标，对象区域扩展到了整个响滩东部地区。

开展的主要活动包括进一步招商引资，弹子游戏机、硒鼓墨盒、废木材和废塑料、饮料容器的再生利用工厂和风力发电企业已经投产。除了再生利用企业，还致力于再利用、零部件翻新（rebuilt）等新项目的建设。同时，2002 年 5 月北九州港（响滩地区）被指定为“综合静脉物流基地港（再生利用港）”，已经建设了静脉产业物流网航路基地。

其后，在与当地的制造业、能源相关企业等协商的过程中，“环保、联合企业构想”等若松地区以外的新商机也逐渐显露。根据项目内容的不同可以在市内选择最合适的场所，由此也提供了新的建设布局条件。2004 年 10 月经过国家批准，对象区域扩展到了北九州市全部区域。

如图 6-5 所示，北九州生态城独具特色之处在于不仅完善了企业选址和研究开发相关的补贴金等为入驻生态城的支援制度，同时该市本身也为再生利用项目的建设采取了一系列举措。如前所述，生态城的重要课题就在于“入口问题”和“出口问题”，一方面，该市通过强化相关的法律、法规及跨区域回收渠道的保障等进行了促进静脉资源聚集的机制建设，另一方面也通过再生产品的政府机关优先采购（绿色采购）和税收制度优惠等政策致力于健全市场体系。在企业开展项目建设时，提供各项手续的一站式服务，为适应从基础研究到技术开发、商业化等各个不同阶段的区域建设等，能够为进入生态城的企业提供全方位的支持。

此外，利用再生利用工厂等集中的优势，将再生利用过程中产生的各家工厂的残渣用于其他工厂，建设进行余热回收利用的复合型核心设施（直接熔融炉），接收最终无法再生利用的残渣，并将发电以低价销售给生态城的企业，以实现零排放的目标。

除此之外，北九州市生态城也积极投身国际活动。例如在中国，2007—2008 年与青岛新天地静脉产业园、2008—2009 年与天津子牙循环经济产业区、2009—2011 年与大连国家生态工业示范园区，就现有园区的升级和新建工作的基本计划制订给予合作，并开展了赴日培训等活动。

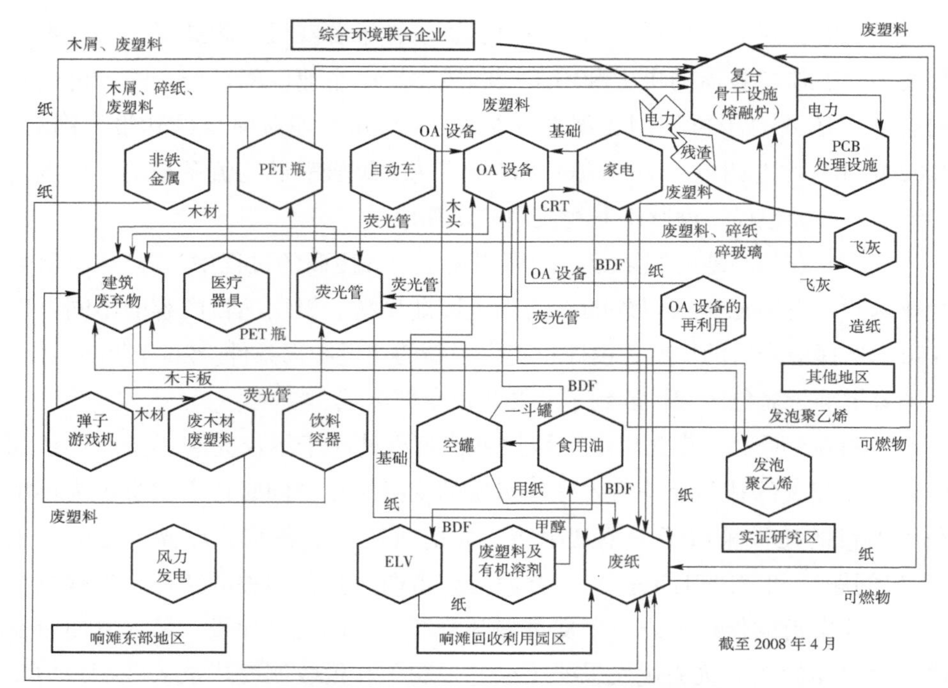

图6-5　北九州生态城的相互协作示意图

现在，若松响滩地区除了开展资源循环的生态城，还建设了实现低碳社会的新生代能源产业园、与自然共生的绿色回廊——响滩生态园，形成了这三大要素相互联动的未来城市“响滩生态新领域园区”。通过各领域之间活动的多层次和叠加效应，推动城市与自然和谐共存，实现社会的可持续发展。

（4）评价

九州经济产业局调查显示，截至2003年3月，当地就业人数约为490人，投资额为420亿日元。对于周边企业的辐射效果包括：①当地企业进驻生态城事业；②环境影响评价机构、咨询企业接受咨询委托增加；③工程、设备厂家订单增加；④废弃物运输带动了铁路货运等。同时还指出，各种环保展等活动更加活跃，利用讲座等提供的信息促进当地产业加强环保对策也是辐射效果。

经济产业省计算的1998—2003年北九州生态城带来的经济效果认为，生产带来1 093亿日元，附加值561亿日元，创造就业6 470人。同时，2002年累计参观人数约为93 000人，其交通、餐饮、住宿等一年产生的效益达到7 365万日元。

北九州市在生态城事业中共建设了16所研究设施和29家企业设施，投资总额约为660亿日元（其中市、国家等、民间的投资额比例为1：2：7），就业人数约为1 300人（包括非全职人员），参观视察人数达到约100万人（1998年—2011年10月），这些都为环境保护和产业振兴做出了贡献[①]。

之所以能够取得这些成功，其原因包括：①作为制造业的聚集地区北九州市排放的产业废弃物约占福冈县的一半，是质均量大的再生利用原料的供应基地；②作为基础设施，原本就拥有了现有产业的物流体系和大规模的管理型废弃物处理场；③现有制造业积累的技术得到了有效应用；④北九州市已经形成一定的再生产品市场，例如再生利用的铁、非铁金属的销售趋向几乎都集中在市内，因为和①同样具有制造业聚集的背景；⑤产业聚集使动脉和静脉、静脉产业之间、环境产业的需求和供给相关的信息交换更加便捷，方便获取更多废弃物回收和再生产品销路的相关信息。

除了一般性问题，北九州生态城面临的主要问题包括以下三点：第一，生态城内企业之间的相互合作尚不充分。第二，实证研究区域中开展的实证研究、以学研都市区域为核心的基础研究与再生利用产业之间的衔接还相对薄弱，建于实证研究区域的研究设施产生的成果仅仅停留在企业之内，甚至3年左右的试验阶段结束后就撤离的例子也有。此外，在研究区域内创造聚集效益和研究成果的地区辐射方面也存在一些问题。第三，与市民之间的联动，要使生态城事业不沦为大量生产、大量废弃、大量再生利用的一部分，不仅要对动脉产业的生态设计施加影响，同时还要在控制排放、再生产品需求拓展等市民意识和行动方面发挥推动作用。北九州生态城的运行集中在产业废弃物领域，其与市民之间的联动还存在一定的改善空间。

---

① 摘自2012年3月于天津举办的“北九州市与天津市合作开展的循环经济促进论坛”上北九州市的演讲（“北九州生态城的经验与中国生态城的发展”）。

参考文献

［1］【日】松永裕己 . 2001. 作为地区产业政策的生态城事业 . 北九州产业社会研究所纪要，42：45-59.

［2］【日】松永裕己 . 2004. 重化学工业的聚集与环境产业的创造 . 经济地理学年报，50：325-339.

［3］【日】松永裕己 . 2005. 环境产业的聚集与网络 . 地区的复兴与网络 . Minerva 书房 .

［4］【日】松永裕己 . 2008. 生态城事业及再生利用产业的课题与展望 . 季刊中国综研，12-2（43）：43-51.

［5］【日】外川健一 . 2000. 静脉产业的建设选址及其培养政策——以生态城事业为例 . 经济学研究（九州大学经济学会），67（4・5）：141-181.

［6］【日】外川健一 . 2001. 作为静脉产业振兴政策的生态城事业——以北九州生态城为例 . 产业立地，11：33-37.

［7］【日】山本健儿，西泽荣一郎，增田寿男 . 2006. 生态城事业的理念与现实——以大牟田生态城为例（上）. 经济志林（法政大学经济学会），73（3）：741-795.

［8］【日】山本健儿，西泽荣一郎，增田寿男 . 2006. 生态城事业的理念与现实——以大牟田生态城为例（下）. 经济志林（法政大学经济学会），73（4）：459-485.

［9］【日】川崎顺一 . 2012. 北九州生态城事业诞生前的历程 . 九州国际大学经营经济论集，18（3）：39-48.

［10］【日】经济产业省 . 2003. 产业结构审议会环境分会产业与环境小委员会 . 第一次地域循环商务专门委员会会议资料 .

［11］【日】经济产业省产业环境政策科与环境协调产业推进室编 . 2004. 循环商务战略（产业结构审议会环境分会产业与环境小委员会地域循环商务专门委员会中期报告）. Kenbun 出版 .

［12］【日】环境省（2009）. 平成 20（2008）年度关于进一步推动生态城策略的调查与研究事业报告书 .

［13］【日】经济产业省 . 2013. 平成 24（2012）年度全球变暖问题等对策调查（地域循环圈形成促进等基础调查事业）报告书 .

［14］【日】经济产业省 . 2015. 平成 26（2014）年度全球变暖问题等对策调查（地域循环圈形成与升级发展等基础调查事业）报告书 .

［15］【日】平成 17. 2005. 年度经济产业省委托《生态城事业相关中期总结方法调查报告书》、㈱野村综合研究所 . 平成 18（2006）.

［16］【日】北九州市环境政策手册 . 2004. 通过生态城建设循环型社会 .

第七章

中日再生资源产业发展合作战略

细田卫士　中部大学经营信息学部部长、教授

染野宪治　日本国际协力机构建设环境友好型社会项目首席顾问

早稻田大学现代中国研究所招聘研究员

李玲玲　中日友好环境保护中心国际合作处副处长、高级工程师

董旭辉　中日友好环境保护中心总工程师、研究员

一、日方专家视角下的中日再生资源产业发展合作

（一）中日再生资源产业与社会体系

1. 中日迥异的“垃圾范畴”

曾经有中国方面的人士指出，日本拥有先进的技术，如果将其引进中国，既可以解决环境问题，对日本企业来说也是很好的商业机会。但是中国环境问题的本质，并非在于是否拥有先进的技术，而是难以实现技术引进的社会体系。在讨论日本与中国的再生资源产业合作之前，需要先就合作的背景，即两国的经济社会体系进行说明。

细田（1999）从经济学的观点进行分类，将通常的物品和资源称为“goods”，垃圾称为“bads”。“goods”是可在市场交易中获得正的价格，为用于生产或消费的物质。即便对于个人来说是废品，有人花钱将其买下就算是“goods”。而所谓“bads”，就是或许有用，但无人花钱将其买下来，且如果未经处理就废弃，还会造成环境污染等外部不经济的物品。此外，有人愿意免费获取的物品被称为“免费物品”（free goods）。

通常的物品即“goods”的交易，物与钱的流向互为反向，而“bads”的物与钱的流向则为同向（逆有偿），即必须支付相应的费用才能将“bads”交给别人。如果不能设定某种制约而是任由市场进行交易，意味着物品得不到规范化处理而被直接废弃，将引发环境污染。因此，对于“bads”的交易，必须在市场之外施加某种制约。

某个物品成为“goods”或是“bads”，取决于需求与供给。供需的平衡，受到收集费用、处理费用、再资源化费用、再生资源化后物品的价格、作为再生资源替代的天然资源的行情等的影响，依存于制度机制（regime）。例如，实现标准化和非标准化的饮料容器的形状和材质，其收集或再资源化的成本有天壤之别。如果属于非标准化，即便是技术上能够实现再资源化，也会由于经济原因造成相关技术得不到应用，使饮料容器最终成为垃圾（bads）。

结合“goods”和“bads”的概念，不难看出在日本和中国，“垃圾”的范畴大不相同。日本由市町村负责对生活垃圾（一般废弃物）进行回收。不同

市町村分别有不同的分类回收要求。2016 年，1 321 个市町村（约占市町村总数的 80%）要求进行 10 种以上的分类，除可燃垃圾、不可燃垃圾以外，还包括废纸等纸张类、空罐等金属类、瓶子等玻璃类、塑料瓶、布类等资源垃圾、家具和自行车等大型即所谓“粗大垃圾”。日本全国用于回收、处理这些废弃物的一般废弃物处理事业经费约为 196 亿日元（折合人民币约为 11.5 亿元），相当于年人均 15 300 日元（900 元人民币）。这些经费大部分由税收承担，1 395 个市町村（约占市町村总数的 80%）同时也要缴纳回收手续费[①]。此外，《家电再生利用法》规定，废弃电视、电冰箱、洗衣机、空调时要缴纳再生利用费。因品目、大小、生产企业的不同，费用为 1 000～6 000 日元（60～350 元人民币），另外还会产生相应的收集搬运费[②]。

而在中国社区等有资源回收站，可回收空罐或塑料瓶等。废家电也是上门回收，都可以换钱。与日本不同的是，在中国对于个人来说，空罐或塑料瓶、废家电都可以算是“goods”。

日本和中国“垃圾”的范畴会存在差异是由需求平衡造成的，依赖于收集费用、处理费用、再资源化费用以及制度机制。“goods”是有价物，因此除了操作中需要注意的化学药品和危险品，没有必要对其交易主体进行限制。但对于物与钱的流向相同的“bads”，为了保证规范化处理，日本对其交易主体进行了严格的限制。具体包括在《废弃物处理法》中明确排放废弃物主体（供给侧）的排放者责任，要求其不得非法抛弃或交给非正规的处理企业进行处理等，同时针对进行废弃物收集、搬运、处理的主体（需求侧），则建立了仅限拥有规范化处理及再生利用技术、设施和知识者方可获准从事该业务的机制。

在日本，由于废弃物回收和处理行业的准入门槛很高，不存在类似中国

---

① 主要的手续费缴纳方式包括必须使用收费的指定垃圾袋、张贴粗大垃圾的收费标签等（未放入指定垃圾袋、未张贴标签的垃圾不予回收）。

② 状态良好的家电产品（生产后 5 年左右）有时可在专门的店铺作为二手货出售。这种情况下该物品就是作为“goods”进行交易。但也有企业免费回收不再具有二手货价值的老旧家电产品。这种情况下由该企业承担回收费用，所以本应算是“bads”（废弃物），但从事废弃物回收是需要许可的，所以单纯从表面上看是免费物品的交易。企业回收的废家电产品最终出口到愿意买下的国家，企业因此而获利，日本政府将其视为违法回收加以取缔。

这样农民作为副业从事废家电回收的情况[①]。这种规则带来相应的费用差距，再加上天然资源的价格，与从事主业获得的收入等相比，再资源化后，物品价值的差距等相互作用，在中国被视为“goods”的塑料瓶、废家电在日本就变成了废弃者需要支付处理费的“bads”。简而言之，在环境管控更宽松、不必花费更多环境治理费用的中国，可以实现廉价的再生利用，所以买进废家电亦可产生相应的收益，而在环境管控严格的日本，再生利用成本更高，买入废家电无法创造收益，所以没人会愿意去做。这种情况同时也显示，即便是日本企业进入中国市场，以与在日本同样的水平开展业务，仍难以获得收益。这里体现的是高品质的再生利用企业无法在市场生存，相反地，是品质低下的企业才会存活下来，即所谓的“劣币驱逐良币”的规则。

2. 中日迥异的“静脉技术”

无论是20世纪五六十年代实现经济腾飞的日本，还是经历改革开放，自20世纪90年代开始持续快速发展的中国，在发展过程中牵引国家GDP实现增长的，都是生产制造和流通物品的动脉产业。在动脉产业牵引经济发展的初期阶段，经济规模相对有限，或许仅靠自然环境也可以迅速分解大气或水污染物、废弃物。当经济规模达到一定程度后，就超越了大自然能够应对的容量。一旦进入这个阶段，就需要进行污染物和废弃物的规范化处理与再资源化的静脉产业（再生资源产业）发挥作用。

这里我们将动脉产业利用的生产技术简称为动脉技术，将静脉产业使用的规范处理、再资源化技术称为静脉技术。观察现实社会不难发现，动脉技术的进步极为迅猛，而静脉技术无论是量还是质，发展都相对迟缓，结果就是利用高水平的技术生产的“goods”遭到废弃变成“bads”之后，不得不以较为原始的方法进行处理，最终引发环境污染。

静脉技术中，例如废弃物领域也拥有生物降解塑料、稀有金属再生利用、熔融处理等先进的技术。但即使已经存在这样的静脉技术，仍然还属于很少

---

① 金（2017）指出，中国的垃圾回收与贫困问题和社会差距亦存在密切关系。即在中国非法的垃圾回收或可算是作为一种社会保障制度得到了某种默许。在日本也可见到所谓无家可归者（homeless）拣出已分类放置的空罐等资源垃圾，但总体来说与中国相比日本收入水平更高，社会保障制度更加完善，这也被认为是非法的垃圾回收较少的原因之一。

被市场采用的“潜在技术”。如果是动脉技术，只要是能带来比现有技术更高的附加值、能提高收益的先进技术，就算没有管控、补助金等附加制度，企业也愿意主动采用。其结果就是，想要尽可能增加收益的各家企业争相追逐先进技术，使得最佳技术得以崭露头角。但对于静脉技术，即便是全社会期盼的环境保护高性能技术，对于单个的企业来说只会加大设备投资费用，无助于企业的收益，因而激励企业采用先进的静脉技术的机制无法发挥作用。在这种情况下，要让静脉技术得以推广应用，就要依靠管控和财政补贴等制度的支持。

3. 案例——机动车再生利用技术的“潜在化”

日本机动车再生利用企业 A 公司，利用独有的粉碎设备，从粉碎残渣（ASR）中回收铝、钢、铜、金、银、钯等非铁金属，通过将 ASR 用于水泥原料，实现了报废机动车原材料 100% 的再生利用。从实际成果来看，铁占 71.4%、非铁金属约为 1.9%、剩余 ASR 约为 26.7%，利用这种独有的分选技术，从 ASR 回收包括稀有金属在内的非铁金属和废塑料（约占 ASR 的 5.6%），不仅提升了收益率，还通过降低 ASR 含有的金属比例，使其可作为水泥原料进行再生利用。2013 年，在日本和中国地方政府的指导下，A 公司就将此项技术引进中国展开研究。

技术引进候选企业——中国的机动车再生利用 B 公司表示，该公司约有 100 名作业人员，以手工方式进行机动车回收拆解再利用，每天最多可处理 100 辆。经推算，利用这种方式进行再生利用，企业的损益分歧点（即收益转折点，零利润点）为每天 34 辆。

如果在 B 公司开展与日本同样的再生利用业务，作为初期投资，有实际业绩的生产商生产年处理能力可达 20 万吨（2 000 马力）的粉碎设备大约需要 10 亿日元，用于非铁金属的彻底回收的各种分选设备的引进调试、建设、自动化费用约 10 亿日元，剪切机（拆解用油压粉碎机）等重机类约 2.5 亿日元，合计需要约 22.5 亿日元（1.3 亿元人民币）。此外，投入运行后每年还需要运营成本，如修缮费和耗材等约 1.0 亿日元 / 年，电费每年约 0.3 亿日元，合计 1.3 亿日元 / 年（800 万元人民币 / 年），同时设备运行还要拥有设备运行经验的 A 公司提供咨询和 EPC（设计、采购、建设）的支持。

A 公司在日本通过将 ASR 用于水泥原料，降低了回收拆解经费，提高了收益率，因而委托附近的水泥企业对是否可在中国实施同样的操作进行探讨。该公司表示，虽然在中国尚未有 ASR 用于水泥原料的业绩，但日本和中国水泥生产工艺基本一致，将来是有可能实现的，但却发现由于没有像日本的水泥工厂那样能够投入 ASR 等废弃物类资源的设备，中国也需要进行前期的新设备投资。

对收益率进行测算后确定，每天处理规模可达 667 辆（按每周休息 1 天计算，年处理能力为 20 万辆），设备投资 10 年全额回收，其后亦可保障每年 3.2 亿日元（0.2 亿元人民币）的稳定收益。另外，如果继续按照现在的手工拆解进行机动车再生利用，未来将由于人工费的大幅上扬而造成赤字。

结合以上情况，B 公司就引进粉碎机进行了探讨，但最终还是决定放弃该项目。理由包括：①如果不能保证年 20 万辆处理台数，很可能造成亏损；②与日本相比，中国处理的车辆过于老旧，零部件质量差，二手零件的销售收益少；③从 B 公司所处地理条件看，报废机动车运输成本较高，难以进行大规模设备投资。

对于再生资源项目来说，尤其关键的因素在于是否能够确保“原材料”，即废弃物的供应。来自日本的静脉技术虽然确实有益于环境保护和提升再生利用率，但要推动技术进入实用层面，还需要保证报废机动车的处理数量和处理费的提升等。现在的市场，没有废油回收装置和氟利昂回收装置，非法倒卖明令禁止的基础零部件等无视环保法规的机动车拆解企业混杂其间，会使更多报废机动车流向不用支付环保成本的廉价处理企业，先进技术是不可能得到落地应用的。

（二） 中日再生资源产业的合作历程、现状与趋势

1. 政府间的交流

日本和中国在自然保护和污染对策等环境领域有着长期的交流历史。例如，双边外交文件中包括 1981 年签署的《中日候鸟保护协定》和 1994 年签署的《中日环境保护合作协定》。1988 年，作为中日和平友好条约签署 10 周年项目，经时任日本首相的竹下登向时任中国总理的李鹏提议，确定以日本无偿援助的方式建立中日友好环境保护中心（1996 年落成），且自该中心还在建设中的

1992年起到2021年的近30年时间里，一直由日本国际协力机构（JICA）负责实施有日本专家长驻的技术合作项目。该技术合作项目从2003年前后开始向中国介绍日本的《循环基本法》《家电再生利用法》和生产者责任延伸制度（EPR）的相关政策措施，为中国相关法律制度的建设做出了贡献。此外日本的生态城工作也备受关注，2007—2011年日本经济产业省开始实施中日循环型城市合作项目，在北九州市和青岛市（青岛新天地）/天津市（天津子牙）/大连市（大连庄河）、兵库县和广东省、川崎市和上海市浦东新区、茨城县和天津市（天津经济技术开发区：TEDA）、福冈县和江苏省等之间推动了城市之间的交流活动。

2. 企业间的交流

如表7-1所示，和政府之间的交流一样，2003年以来再生资源产业领域的中日交流也在不断深化。以中日地方政府之间的交流和以日本环境省、经济产业省开展的项目可行性调查（FS调查）等为基础，中日企业成立了很多从事废家电和电子设备、报废机动车等废弃物再生资源业务的合资企业。但有不少在项目研究立项阶段就中断，企业成立后至今（2018年3月底）顺利运行的案例也极为少见。究其原因，主要是前节所述作为再生资源项目“原材料”的废弃物的供应得不到保障。

表7-1　再生资源产业领域主要的中日合作（包括已经结束的活动）

时间	企业	内容
2003年12月	（日）DOWA Eco-System （中）苏州高新区经济发展集团总公司	成立苏州同和资源综合利用有限公司（合资企业），在江苏省苏州市开展贵金属再生利用、电子基板等废弃物处理项目，并于2009年开始废家电、电子设备再生利用项目
2005年1月	（日）东邦亚铅株式会社、株式会社GS汤浅国际、高兴实业株式会社、白亚通商株式会社 （中）天津统一工业有限公司	成立天津东邦铅资源再生有限公司（合资企业），在天津市启动含铅废渣、废铅酸蓄电池资源化、再生合金铅生产、蓄电池再生产的回收再利用项目
2008年11月	（日）Re-Tem、早稻田环境研究所	成立利早（北京）环境科技咨询有限公司，[2011年更名为利泰姆（北京）环境科技有限公司]，在北京市开展资源循环、节能相关的咨询项目

续表

时间	企业	内容
2009年5月	（日）吉川工业 （中）天津市国联报废机动车回收拆解有限公司	签署《天津子牙环保产业园机动车再生利用技术合作备忘录》
2009年8月	（日）ASTEC入江	成立上海入江环境科技有限公司（独资企业），在上海市开展蚀刻废液再生处理项目，同年11月与上海市嘉定工业区管理委员会、上海市嘉定区发展改革委员会就电子零件产业废液的再资源化项目达成协议
2009年11月	（日）大荣环境 （中）广州市万绿达集团有限公司	就在广东省实施资源、废弃物再生利用项目达成技术合作意向
2010年4月	（日）DOWA Eco-System、住友商事 （中）天津市绿天使再生资源回收利用有限公司	成立天津同和绿天使顶峰资源再生有限公司（合资企业），在天津市开始废家电、电子设备再生利用项目
2010年10月	（日）住友商事 （中）天津市绿天使再生资源回收利用有限公司	就在天津市实施废纸再生利用项目达成合作意向
2010年10月	（日）住友商事 （中）上海金桥出口加工区开发股份有限公司	就在上海开展废机动车及废家电、电子设备再生利用项目达成合作意向
2010年10月	（日）伊藤忠商事、伊藤忠金属、三众物产、铃木商会 （中）大连三众科学技术发展有限公司、伊藤忠（中国）集团有限公司、大连新绿再生资源加工有限公司	作为大连市长兴临海工业区的综合再生利用企业，成立大连新绿再生资源加工有限公司，2015年8月出售给从事废金属再生业的齐合天地集团有限公司，同时在香港由伊藤忠金属、铃木商会（原文有误）、齐合天地集团有限公司联合成立综合再生利用企业
2010年12月	（日）Re-Tem	在江苏省太仓市的废塑料加工工厂竣工
2011年1月	（日）DOWA Eco-System （中）江西省余江县再生资源公司	成立江西同和资源综合利用有限公司（合资企业），在江西省鹰潭市开始废家电、电子设备再生利用项目
2011年5月	（日）松下、DOWA Eco-System、住友商事 （中）杭州大地环保有限公司	达成设立杭州松下大地同和顶峰资源循环有限公司（合资企业）的意向，在浙江省杭州市开展废家电、电子设备再生利用项目

续表

时间	企业	内容
2011年10月	(日)CRS埼玉、Shinobuya、Auto Recycle Nakashima (中)Long Tree	在香港共同出资成立公司，在江苏省张家港市建设子公司CAPA(张家港)资源再生的工厂，开始废机动车再生利用项目
2011年12月	(日)加藤商事、东亚石油兴业所、会宝综合研究所、早稻田环境研究所 (中)大连国家生态工业示范园区(东达集团)	签署文件开展废轮胎再生利用项目(加藤商事)、废油再生利用和二手电脑的再利用项目(东亚石油兴业所)、进驻园区企业的人才建设(会宝综合研究所)、再生利用领域体系构建和安心安全应对研究(早稻田环境研究所)方面的合作
2012年8月	(日)日本亚洲投资 (中)江苏大为科技有限公司	就在江苏省成立机动车拆解再生利用企业(合资公司)达成协议
2014年2月	(日)丰田通商、昭和金属 (中)北京博瑞联通汽车循环利用科技有限公司	参与北京博瑞联通汽车循环利用科技有限公司的投资，成立合资公司，在北京市启动机动车拆解再生利用项目
2014年12月	(日)丰田通商 (中)大连凯博城市矿山基地有限公司	就在大连市实施机动车拆解再生利用项目达成协议
2014年12月	(日)日本亚洲投资 (中)烟台市	就烟台市矿业废弃物再利用及改善环境的合作达成协议
2015年6月	(日)HONEST、三井物产 (中)格林美股份有限公司	成立武汉三永格林美汽车零部件再制造有限公司(合资公司)，在武汉市推进机动车零部件再制造产业

资料来源：笔者根据日本媒体报道、企业新闻通稿、日中经济协会(HP)编制。

3. 案例——再生资源(废塑料)贸易

中日在废金属和废塑料、废纸等再生资源的贸易中也有积极表现。中国与日本的原料用废弃物进口贸易可追溯到20世纪80年代中期，90年代初期开始迅猛发展，到2005年，日本已成为仅次于美国的第二大面向中国的再生资源出口国。

中国贸易统计显示，2016年中国(大陆地区)废塑料进口量为734.7万吨，其中来自日本的进口量为84.2万吨，占中国进口废塑料总量的10%以上[①]。对中国来说，日本是废塑料的主要进口国之一，中日企业正在携手构建资源回收、改性、注塑成型、产品制造等的循环生产体系。但与此同时，不符合中国国内标准的非法再生资源贸易问题也时有发生。2004年日本SANIX株式会社出口的废塑料被认定违反中国国内相关法律，中国发出了进口禁令，在近一年的时间里禁止进口日本的废塑料。基于这种经历，进出口管理得到了强化，例如通过中日商品检验，加强了对华出口的再生资源检查，中日双方当局进行废弃物进出口磋商，开通了热线等。

中国进一步加强在环境保护方面的管控，为了防止来自海外的非法再生资源造成环境污染，2018年开始，对外国的生活源废塑料、未经分拣的废纸以及混合废金属等采取禁止进口措施。中日之间的再生资源贸易也就此迎来了转型期，中资企业走向日本，在日本国内进行直至可出口的原料化加工后再向中国出口的案例出现。

例如，总部位于茨城县笠间市的亚星商事株式会社原本在江苏省太仓市从事废塑料再生利用业务，在中国发布禁止进口措施后，2017年在笠间工厂启动每月1 000吨的再生塑料颗粒的量产体制，2018年8月与日本企业东洋海运通商共同出资，在千叶县野田市成立从事废塑料接收、粉碎、减容的东洋亚星株式会社（野田工厂）并投入运行。2018年，该工厂开始向中国出口再生颗粒后，关闭了太仓的工厂。

中国浙江省的纺织企业宁波大发化纤有限公司的关联企业——总部设于东京都新宿区的大发关东株式会社在日本回收、粉碎废塑料瓶，并加工成再生原料碎片向中国出口。该公司在中国发布进口禁令后，也强化了在日生产体制，2017年3月在埼玉县熊谷市、12月在埼玉县加须市建立了工厂。据报道今后还计划在大阪、九州开设工厂。

与此同时，环境省为了推动日本国内废塑料的资源循环，于2018年创建了为高水平再生利用塑料的设备引进提供补助的制度（2018年为15亿日元、2019年为33.3亿日元），推动设备的高端化和高效化，完善国内的废塑料再生利用体制建设。

鉴于塑料对海洋环境的影响也日益受到关注，环境省于2018年10月公

① 日本的贸易统计显示，向中国（大陆地区）的废塑料出口量约为100万吨。

布了塑料废弃物减排的“塑料资源循环战略”草案初稿。对于塑料生产利用、资源再生、规范处理的最佳方式，今后很可能会展开世界规模的大讨论。引领亚洲的日本和中国应该率先就合理的资源循环体系构建展开讨论。

（三）中日再生资源产业的合作需求

1. 政策层面的合作

本章第一节介绍过日本与中国“垃圾”的范畴（“goods”与“bads”）存在巨大差异，而这种差异源于两国的供需平衡。但是，无论是日本还是中国，一个物品所拥有的物理特性并无二致。虽然因物品的不同而存在程度差异，但作为资源的性质（即资源性）与作为污染物的性质（即污染性）都是一样的。

当然这种资源性与污染性并非都会表面化，而是具有潜在资源性和潜在污染性的特点。例如，废电器和电子设备使用了金属和塑料，经过规范化处理可以取出其中有用的金属和塑料。但是不规范的处理可能无法取得有用的物质，甚至会使有害物泄漏，最终会造成哪种结果全靠处理方法。但如果不加处理，有用物和有害物都不会显现。因此，废电器和电子设备兼具潜在资源性和潜在污染性，且几乎所有的废旧产品都具有这样的属性。

如果最终得到的资源，其污染性大于价值，就会被认为不划算，从而得不到市场的青睐而变成“bads”。这里的问题是人有某种倾向，在评价物品的价值时会更关注物品能够带来经济效益的潜在资源性，而忽视其潜在污染性。结果就是在再生利用过程中忽视环境污染问题。

从潜在资源性和潜在污染性的相对大小程度来看，物品可划分四大类。潜在污染性较小的物品（例如，潜在资源性大而潜在污染性小的包括废电线、电缆等，潜在资源性和潜在污染性都较小的如废纸等），都作为“goods”在市场交易，因此实施制度性制约的必要性就相对较小。潜在污染性大的物品（例如，潜在资源性和潜在污染性均较大的包括废基板等，潜在资源性小而潜在污染性大的包括环卫工厂的焚烧渣等），则需要有制度来制约。

日本在1970年出台《废弃物处理法》[①]正是为了防止未来这种潜在污染性

---

① 作为废弃物相关法令，还包括1900年制定的《污物扫除法》，1954年出台的《清扫法》。

可能带来的环境影响，规定对于家庭排放的一般废弃物由可信度高的市町村负责进行处理、再生利用，对于工厂等排放的产业废弃物，不完全依靠市场机制，而是对收集搬运、处理处置加以管制，且对可参与该市场的人进行限制。但是，该制度性制约也有碍资源分配效率的提升，损害了物品的潜在资源性。因此，1995 年出台的《容器再生利用法》等，针对具有潜在资源性的废电器和电子设备、报废机动车等依次建立专项再生利用制度，以便推动交易的灵活展开。

中国也于 1995 年出台了《固体废物污染环境防治法》，其目的与日本相同，是为了防止潜在污染性可能带来的环境影响。但不同之处在于：①规定城市居民排放的城市垃圾由地方政府负责，但对农村居民排放的农村垃圾未做出限制规定；②对于工厂等排放的工业废弃物中的危险废物进行严格的管控，但对于其他工业废弃物的管控相对宽松。在这种情况下，着眼于潜在资源性，又于 2009 年制定出台了《废弃电器电子产品回收处理管理条例》，规定从家庭排放的废弃电器和电子产品属于城市垃圾，生产过程中的残次品等属于工业废弃物，其中若含有列入危险废物清单的零部件，则属于危险废物加以管控。这样，从更专业的角度进行管理的《废弃电器电子产品回收处理法》就作为新制度建立起来。

中日再生利用制度之间的很大的不同在于，日本的再生利用法律制度具有“废弃物处理法”特别措施的特性，而中国的制度不存在这一特性。中国的法律制度由于没有针对所有物品防止其潜在污染性的统一的制度性制约，故容易引发农村地区的废弃物和市场交易的再生资源带来的环境污染等问题。

同时，中国的“废弃电器电子产品回收处理法”和日本相比，EPR 仅为有限度地适用，生产企业只需结合生产数量承担费用责任，不需要承担资源回收的物理责任。因此中国的生产企业存在这样一种倾向，就是在更便于再生利用的产品生态设计（DFE）方面难有进展。同时中国在利用统计数据或调查掌握产品从生产到再生利用、废弃的物质流（Material Flow，MF）举措不充分的情况下，推动制度设计，生产数量与再生利用数量难以达到平衡，甚至不得不暂停再生利用的补贴制度。可对至今为止顺利实施的日本家电再生利用制度进行分析研究，同时结合中国的国情开展制度设计工作。

作为废弃电器电子产品以外的再生利用制度，中国虽然有针对报废机动车的《报废机动车回收管理办法》（2001 年），但该法的主要目的是对报废机动车拆解企业的管理，再加上存在拆解业务的收益过低和再生利用率有待提升等问题，机动车再生利用制度至今仍未得以全面实施。此外，日本在专项再生利用法方面还出台了关于容器包装废弃物、大型及小型废家电产品、食品废弃物、建筑废弃物、报废机动车等的法律，中国现在仅有废弃电器电子产品和报废机动车两方面的法律。可以料想，随着经济发展和收入水平的提高，潜在污染性大而潜在资源性小的物品（如前述的焚烧灰和含汞的荧光灯、电池、化学药品、农药等）、潜在污染性和潜在资源性都较小的物品（如前述的废纸和容器包装等），在中国也将逐渐从“goods”变成“bads”，导致资源循环举步维艰。2016 年国务院下发通知[①]指示，要探讨实施铅蓄电池和纸制饮料容器的 EPR，今后中国制度将得到进一步的建立与完善，在这些政策领域里，中日政府和有识之士之间会进一步展开交流。

2. 产业层面的合作

针对再生资源化技术，中国企业也从欧美等采购了最新的设备、装置，部分设备和装置也大幅提升了中国企业的技术力量，在硬件方面与日本企业之间并没有太大的技术差距。同时，中国企业通过引进符合中国国情、性价比出色的设备或装置（对于已进入中国市场的日资企业来说有的规格过高），以及基于远低于日本的劳动力价格的劳动力密集型作业等，在中国国内出现不少竞争力高于日本企业的案例。

但是从再生资源化的效率、环境保护对策等综合体系来看，日本企业亦有所长。与再生利用技术水平和管理体系方面尚有待提升和改善的中国企业相比，拥有先进经验的日本企业今后加入中国市场也相当值得期待。但是，如本章第二节所述，看好中国市场的规模（量），进军中国的日本企业在与日本迥异的中国市场的不稳定（质）中依旧陷于苦战。

日本再生资源产业得以发展，其背景在于拥有一定规模的市场以及硬法、软法、执行制度三位一体的“制度性基础”。虽然今后中国的市场规模仍有扩

---

① 《国务院办公厅关于印发生产者责任延伸制度推行方案的通知》（国办发〔2016〕99 号）。

展的空间，但制度性基础相对滞后。可以预测，日本企业的对华投资，将受到中国法律制度的完善、商业惯例和市场的透明化、废弃物处理与资源再生利用相关社会投资与费用负担体系的建设等制度的影响。

拥有庞大体量的中国市场，如果制度性基础得到完善，潜在的静脉技术有更多机会浮出水面，完全有可能实现动脉经济与静脉经济的共同发展。与已经达到一定水平的动脉技术相比，静脉技术有更大的技术进步空间。期待不仅是日本企业，海外以及中国企业都能在中国市场实现合理、公平的竞争，创造更高的附加价值。对于日本企业来说，将在中国市场诞生的技术反引进本国，也意味着可能创造新的附加价值。

为完善制度性基础，如果上述政策层面的合作将有助于硬法和执行制度建设，那么剩下的问题就是软法的建设。禁止与非正规回收企业之间的交易、收受回扣、签署合约后降价（事后降价），设立行业团体致力于高于法律制度水平的再资源化目标等，建立各相关主体的社会责任、社会规范、健全的商业惯例等措施都很重要。中国的软法当然要依靠中国的国民和企业来构建，但在其过程中了解日本的经验也会大有裨益。

同时，在日本的资源再生领域，钢铁、有色金属冶炼、水泥生产等原材料产业都发挥了重要的作用。钢铁行业在铁屑的原料利用方面拥有悠久的历史，在机动车再生利用等各种再生利用制度中也作为重要的利用者扮演了重要角色。特别是电炉厂家已将铁屑用作主要原料，传统上将铁屑作为副原料使用的高炉厂家出于资源价格高涨和温室效应气体减排的原因，在不断加大对铁屑的利用力度。水泥生产企业广泛接收各种废弃物用作原料或热源，机动车再生利用中的 ASR 资源化也已实现了商业化。

与通过竞争发展起来的动脉产业不同，再生资源产业需要与众多的利益相关方协同发展。产业链得到延伸，通过再生资源化处理具有资源价值的再生资源也将随之增多，也有助于企业收益的提高。中国的再生资源产业与日本相比，存在竞争过度，有时企业甚至将利益抛之脑后，过于看重市场份额或销售业绩等，今后应确立合理的经营体系，以提升企业收益率。

相信中日在再生资源产业之间的交流与合作必将为两国的环境保护与经济发展做出重要贡献。

参考文献

[1]【日】细田卫士 . 2012.“goods”与“bads”经济学：第二版 . 东洋经济新报社 .
[2]【日】细田卫士 . 2015. 资源的循环利用究竟是什么 . 东京，岩波书店 .
[3]【日】金太宇 . 2017. 中国垃圾问题的环境社会学 . 京都，昭和堂 .

（细田卫士　中部大学经营信息学部部长、教授，庆应义塾大学名誉教授
染野宪治　日本国际协力机构（JICA）建设环境友好型社会项目首席顾问，早稻田大学现代中国研究所招聘研究员）

二、中方专家视角下的中日再生资源产业的合作需求

（一）中国再生资源的内涵和产业发展现状

在中国，再生资源是指在社会生产和生活消费过程中产生的、已经失去原有全部或部分使用价值的，经过回收、加工处理，能够使其重新获得使用价值的各种废弃物，包括废旧金属、报废电子产品、报废机电设备及其零部件、废造纸原料（如废纸、废棉等）、废轻化工原料（如橡胶、塑料、农药包装物、动物杂骨、毛发等）、废玻璃等。

从属性看，再生资源既有资源属性，又有污染属性，但再生资源内在资源价值更多一些；从管理看，中国一直以来将再生资源纳入固体废物管理范畴，即纳入固体废物产生、利用范畴。从管理角度来看，中日对于再生资源有着根本的不同，日方将再生资源纳入商品管理，更多地是从成熟的经济学角度依照再生资源的物质流和资金流流向相反判定的。

中国再生资源回收数量稳步增长。目前，中国再生资源回收企业约 10 万家，回收行业从业人员约 1 500 万人。统计结果显示（表 7-2），2016—2019 年，中国废钢铁、废有色金属、废塑料、废纸、废轮胎、废弃电器电子产品、报废机动车、废旧纺织品、废玻璃、废电池十大品种的累计回收量约 12.15 亿吨，相较于“十二五”期间的 11.9 亿吨，同比增长 2.1%。

表 7-2　2016—2019 年中国主要品种再生资源回收情况

序号	名称	单位	2016 年	2017 年	2018 年	2019 年	合计
1	废钢铁	万 t	15 130	17 391	21 277	24 097	77 895
2	废有色金属	万 t	937	1 065	1 110	1 199	4 311
3	废塑料	万 t	1 878	1 693	1 830	1 890	7 291
4	废纸	万 t	4 963	5 285	4 964	5 244	20 456
5	废轮胎	万 t	680	685	680	655	2 700
6	废弃电器电子产品	万 t	366	373.5	380	390	1 509.5
7	报废机动车	万 t	442.8	415.5	478.8	564.8	1 901.9
8	废旧纺织品	万 t	270	350	380	400	1 400
9	废玻璃	万 t	860	1 070	1 040	984	3 954
10	废电池（铅酸电池除外）	万 t	12	17.6	18.9	23.6	72.1
11	合计（重量）	万 t	25 538.8	28 345.6	32 158.7	35 447.4	121 490.5

注：商务部《中国再生资源回收行业发展报告》。

中国再生资源回收模式不断创新。目前大多数地区已建立起回收网点、分拣中心和集散市场（回收利用基地）三级回收网络，据不完全统计，河北、山西、辽宁、黑龙江、江苏、安徽、江西、山东、河南、湖北、湖南、广东、海南、甘肃、青海、宁夏、新疆、重庆、厦门、宁波、大连、青岛 22 个省份（含副省级城市），已建成回收网点 15.96 万个、分拣中心 1 837 个、集散市场 266 个、分拣集聚区 63 个。“互联网 + 回收”、垃圾收运与再生资源回收协同发展、再生资源全产业链运营等新型回收模式不断发展，资源利用技术装备不断进步。商务部分四批完成 56 个再生资源回收领域创新案例和 7 种分拣加工先进适用技术的征集和推广工作，对再生资源回收经营管理方式创新、分拣加工技术及设施进步提供有力支撑。多地鼓励和推动再生资源回收系统与生活垃圾收运系统有机结合、协调发展。如宜春宜丰建设生活垃圾回收服务点，推进全县农村垃圾分类和减量工作；内蒙古开展农村牧区生活垃圾治理，推动再生资源回收利用网络和环卫清运网络的融合。

1. 龙头企业的发展壮大

各地坚持政府引导与市场主导相结合，大力培育龙头骨干企业，促进再生资源产业化经营。如新疆再生资源集团有限公司构建线上与线下相结合的再生资源回收网络体系，深度介入报废汽车拆解、电子废弃物拆解等新领域，由流通型向精深加工制造型升级，每年回收处理各类再生资源40多万吨，对周边地区再生资源回收网络体系建设起到了示范带动作用。格力绿色回收在废旧电子电器产品业务稳定增长的基础上，大力拓展报废汽车、再生塑料和稀贵金属回收等资源环保领域，目前3个汽车拆解自动化流水线、10余条再生塑料生产线和1个稀贵金属回收车间均已投入生产运营，业务范围得到进一步拓宽。

2. 重点项目的稳步推进

各地以再生资源回收为核心，加大工作力度，推进重点项目有序开展。黑龙江、江苏、安徽、河南、湖南等地确定再生资源回收体系建设试点城市21个，目前试点城市已初步形成社区回收网点、分拣加工中心、集散市场三位一体的回收发展模式，再生资源回收率明显提高；河南、贵州等地再生利用产业园以及黑龙江、江苏、湖南、甘肃等地城市矿产示范基地均已建设完成，地方循环经济发展试点和工业园区循环化改造示范试点建设有序推进，对完善再生资源回收利用体系，推动再生资源清洁化回收、规模化利用和产业化发展起到重要作用。

3. 宣传推广的力度加大

各地把握全国节能宣传周和全国低碳日等重要时间节点，围绕“绿色回收进社区”“绿色回收进机关”“绿色回收进商场”“绿色回收进校园”等主题，借助电视、广播、报纸、网络等媒介，多渠道、多层面、全方位加强废塑料、废纸、废弃电器电子产品等再生资源回收宣传，强化社会公众节约资源、保护环境的意识，提高社会各界对再生资源回收利用工作的认知和重视，提升了行业的整体形象，为再生资源回收利用行业发展创造了良好的社会环境。如哈尔滨把再生资源回收与垃圾分类纳入基层工作范畴，街道、社区每300～500户居民配备一名志愿者，指导再生资源回收和垃圾分类投放。

（二）中日在再生资源方面的合作现状与挑战

中日在固体废物领域合作源远流长。特别是日本长期持续推进循环型社会建设，无论是在法律制度、管理理念，还是具体推进方式上都对中国固体废物管理产生了重要的、积极的影响。

在前面章节，日本专家回顾了中日合作的一些历程。简单地说，无论是中日政府间、产业界围绕固体废物管理交流、技术产业交流以及贸易往来一直都很紧密。在此，再补充一些重要的事件。

2009 年，中国发展和改革委员会与日本经济产业省举行“中日循环经济政策对话”，双方首次将“对话”提至正司长级，充分表明了双方对深化循环经济领域合作的重视。中日双方就两国推进资源循环利用等方面的政策措施进行了交流，通报了两国循环型城市合作进展情况，日方提出了进一步扩大合作的建议，中方提出了建设中日韩循环经济示范项目的初步构想。双方商定建立“中日循环经济政策对话”机制。

2009 年，第二次中日韩领导人会议发表的《中日韩可持续发展联合声明》，明确提出探讨建立中日韩循环经济示范基地。2010 年，第三次中日韩三国领导人会议发表的《2020 中日韩合作展望》重申了关于探讨建立中日韩循环经济示范基地的承诺。2011 年和 2012 年，中国发展和改革委员会分别组织召开了中日韩示范基地建设工作协调会以及第三次中日韩循环经济示范基地建设处长协调会。2020 年，由中国发展和改革委员会、商务部与日本经济产业省、日中经济协会共同举办的第十四届中日节能环保综合论坛以线上线下结合方式，在北京和东京通过视频连线举行。该论坛是国务院批准的中日经贸合作领域的综合性论坛，覆盖循环经济、资源循环利用等方面。

2018 年中国开展“无废城市”建设试点工作，在很多理念和推进方式上也充分借鉴了日本在推进循环型社会方面的经验。2019 年 10 月，生态环境部组织深圳等“11+5”个试点城市和地区的相关同志专程赴日本交流学习日本在循环型社会建设和各类固体废物减量化、资源化和无害化管理等方面的先进经验，为指导试点工作开拓思路，提供借鉴和帮助。

在中日产业合作方面更是密切。例如，2017 年 12 月，（中）桑德再生资源投资控股有限公司、连云港龙顺塑料有限公司、（日）亚信株式会社成立合资公司桑德顺宝株式会社计划将在一年半时间内投资100亿日元，在日本主要工业城市新建或收购8～10家塑料再生企业，再生塑料颗粒年产能超过30万吨。2020年9月，国家新能源汽车技术创新中心、株式会社日本综合研究所、明和产业株式会社将围绕中日两国在新能源汽车全生命周期碳排放、动力电池剩余价值和安全评估、梯次和回收利用等领域进行深度合作。2020年12月，比亚迪、伊藤忠商事株式会社双方建立合作伙伴关系，根据协议，比亚迪负责回收电动公交车、电动出租车和其他电动车辆汰换的废旧动力电池，由深圳初创公司Pandpower完成性能检测后交由伊藤忠商事。

自20世纪80年代，中国改革促进产业发展，也同时出现原料的短缺。为缓解原料不足，我国开始从境外进口可用作原料的固体废物。固体废物进口量逐年快速增加，1995—2016年进口量从450多万吨增加到4 600多万吨，20多年间增加了10倍多。以废铜、废钢铁为例（图7-1、图7-2），日本是向中国出口固体废物数量最多的国家或地区之一。

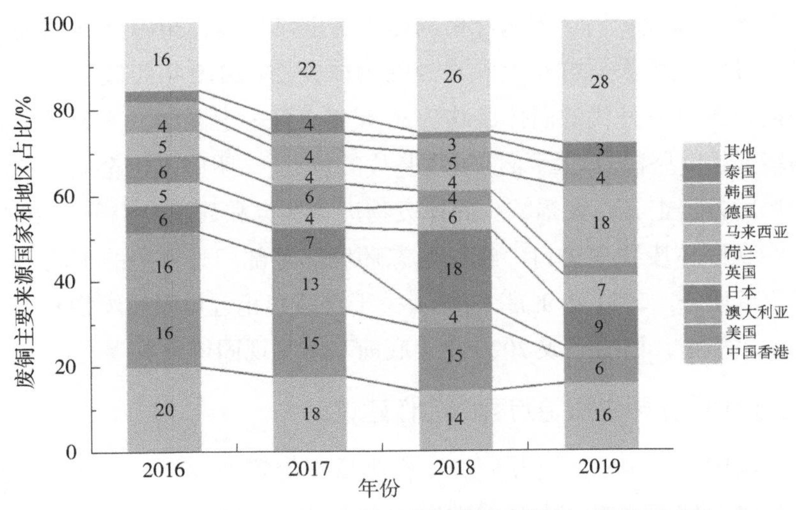

图7-1　2016—2019年进口废铜主要来源国家和地区占比

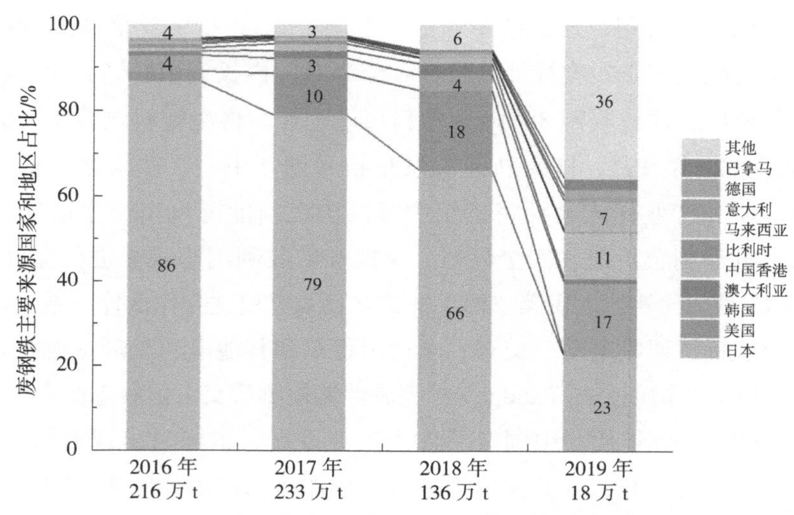

图 7-2　2016—2019 年进口废钢铁主要来源国家和地区

随着中国可用作原料固体废物进口制度实施，走私、夹带问题和环境污染问题日益突出，也难以适应新的发展要求。2017 年 7 月，国务院印发《禁止洋垃圾入境推进固体废物进口管理制度改革实施方案》（国办发〔2017〕70 号，简称“禁废令”），要求严格固体废物进口管理，2017 年年底前，全面禁止进口环境危害大、群众反映强烈的固体废物；2019 年年底前，逐步停止进口国内资源可以替代的固体废物。2018 年 5 月，中国印发《关于全面加强生态环境保护　坚决打好污染防治攻坚战的意见》，明确提出全面禁止洋垃圾入境，严厉打击走私，大幅减少固体废物进口种类和数量，力争 2020 年年底前基本实现固体废物零进口。经过生态环境部等部门近 4 年的不断努力，圆满完成改革任务。2021 年 1 月 1 日，《关于全面禁止进口固体废物有关事项的公告》正式实施，如期完成 2020 年年底前基本实现固体废物零进口目标。

（三）中日在再生资源方面的合作建议

中日两国一衣带水、文化同源，在固体废物管理方面一直有良好的合作历史和基础。展望未来，中日双方继续在深度、广度方面相互交流、相互借鉴，为推动区域固体废物治理体系治理能力现代化贡献力量。

在制度标准政策层面的合作方面，日本在《废弃物处理法》和《资源有效利用促进法》之后又出台了包括《绿色消费法》《家电再生利用法》《建筑废弃物再生利用法》《容器包装再生利用法》《食品再生利用法》《汽车再生利用法》《小型家电再生利用法》在内的 7 部产业性法律。这些法律法规充分考虑了不同产业的特性，为日本政府鼓励绿色消费而实施的补贴、税收政策、绿色采购、环保积分政策提供了法律保障。中国在生产环节制定了《清洁生产促进法》和《循环经济促进法》等法律法规和相关产业政策，但是在消费环节并未出台相关法规和具有约束力的政策条例。针对政府采购，中国出台的《政府采购法》明确了政府绿色采购的目标，但缺乏细则明确、可操作性强的规定，也没有搭建起相关的配套措施；绿色消费的概念在中国还处于起步阶段。中国应借鉴日本政策管理思路，加强再生资源回收利用行业法律法规建设，完善责任分担机制，系统科学评估生产、销售、消费和回收等环节责任，避免单一环节采取措施，出现责任在不同环节之间“隐性”转移。同时，中国应尽快完善绿色消费法律法规体系建设，加强相关再生产品标准的制定及推广，针对资源化利用分选以后的各类再生产品，制定相应的标准，明确等级划分的技术指标，且不同等级应用场景进行明确区分。再生产品的性能达到天然原材料制成的产品时，应优先使用再生产品。加强宣传，提高全民对再生产品的信赖度、接受度，解放原有的“再生产品质量差、品质低、价格低”等固有思维。

在污染防治的监管落实方面，中国虽然制定了一系列的标准和规定，但执法力度需要进一步加强。目前中国再生资源行业污染防治水平参差不齐，部分龙头企业排放水平已和国际接轨，一些规模较小、工艺技术简单、投入较少、污染物排放量高的企业在一些落后地区仍然存在。中国应学习和借鉴日本的政府监督、社会监管和居民互相约束等一系列模式。

在再生资源产业合作层面，日本是世界上推行循环经济最早的国家之一，在再生资源回收利用方面积累了大量的经验，中国有必要借鉴日本再生资源发展的经验和教训。主要包括以下几个方面：

一是学习精细化管理。日本企业成功的关键是精细化管理，这方面值得中国参考借鉴。科学严谨的法律（法规）制度、深度的民间参与、专业的分析监测、长期的分类教育等因素推动日本固体废物分类既明确又很精细。日本企业拥有几十年的设备研发、生产经验，很多产品质量高于中国。日本经营的各个环节都有严密规范的操作准则，对供应商与下游客户都采取供应链管理，明确每批货的规格和到货时间，注重产品质量。中国再生资源行业的快速发展，增加了对再生资源加工设备的需求，为设备制造企业带来发展生机，目前已形成国产设备为主、部分进口设备为辅的多元化格局。中国需要在源头分类、后续精细化管理方面向日方学习相关理念和管理要求，补齐短板。

二是深化技术合作。中国再生资源自主创新能力不强，需要在以下方面与日本加强技术合作，不断提高创新能力和技术水平。中国再生资源产业规模很大，但产品同质化严重，缺乏竞争力，产品主要面向中低端市场，很少能够满足高端市场的差异化需求，产品附加值低，产业总体效益不高。以报废汽车循环利用为例，日本废旧汽车经过多达50多道工序的自动分拣后，提炼的钢、铁、铜、铅、锡等所有金属都会被送到工厂回炉，甚至连座椅上的泡沫塑料都可回收再利用，针对报废汽车破碎残渣，采用不会产生碎屑的工艺流程。目前中国报废汽车针对破碎残渣等低值再生资源的处理技术缺乏。此外，日本废玻璃、建筑垃圾资源化率均较国内高出不少，技术合作潜力巨大。

三是投融资合作。中国再生资源企业缺乏足够的抵押物和能提供担保的公司或者企业营利能力不足，多数企业处于微利经营的状态，融资难、信贷难成为众多中国再生资源企业发展的痛点。建议中国相关企业应与资金雄厚、拥有丰厚外汇储备的日本加强合作，引入金融资本，提高企业风险控制能力，并运用资本市场促进产业转型升级，加快结构调整与提高效益。

四是智能化、信息化建设。中国再生资源“互联网+回收”模式逐级成熟，不少再生资源企业建立线上线下融合的回收网络，为再生资源回收行业迎来新的发展机遇。在利用环节，中国再生资源企业更加注重智能化、信息化建设。部分企业正在推进智慧化工厂建设，如数据采集系统、智能仓库、智能制造系统的实施与改造，未来智能化在先进企业中的覆盖率将逐步提升。在智能化、信息化方面，中国有许多经验和案例，可以与日本加大技术交流与合作力度。

五是再生资源的贸易。中国修订了《固体废物污染环境防治法》，并通过法律的方式明确规定，国家逐步基本实现固体废物零进口，由国务院生态环境主管部门会同有关部门组织实施。在操作层面，生态环境部会同相关部门通过发布公告的方式明确，自 2021 年 1 月 1 日起全面禁止进口固体废物。与此同时，中国为推动高质量发展，制定并实施《再生铜原料》《再生黄铜原料》《再生铸造铝合金原料》《再生钢铁原料》国家产品质量标准，并通过联合发布公告方式规范再生原料进口。2021 年 1 月 20 日，欧冶链金与日本三井物产签订的 3 000 吨重型再生钢铁原料到达上海港，标志着自《再生钢铁原料》国家标准发布后，中国首批再生钢铁原料顺利进口，这也为未来中日两国如何解决对再生资源定义和内涵的分歧，利用好高品质再生资源指明了方向。未来，中日在再生资源的合作模式将从过去的直接进口来自日本的可用作原料的固体废物到国内拆解加工利用的模式，转变为在日本加工成符合中国再生原料产品质量标准后，以商品的方式出口到中国的新模式。

参考文献

[1] 别涛，邱启文 . 2020. 中华人民共和国固体废物污染环境防治法 . 北京：中国法制出版社 .

[2] 商务部 . 中国再生资源回收行业发展报告（2017—2020 年）. http：//ltfzs.mofcom.gov.cn/article/ztzzn/202106/20210603171351.shtml［2021-05-13］.

[3] 国务院办公厅 . 国务院办公厅关于印发禁止洋垃圾入境推进固体废物进口管理制度改革实施方案的通知（国办发〔2017〕70 号）. http：//www.gov.cn/zhengce/content/2017-07/27/content_5213738.htm［2021-05-13］.

[4] 生态环境部，商务部，国家发展和改革委员会，海关总署 . 关于全面禁止进口固体废物有关事项的公告（公告 2020 年 第 53 号）. https：//www.mee.gov.cn/xxgk2018/xxgk/xxgk/xxgk01/20201125_809835.html［2021-5-15］.

李玲玲　中日友好环境保护中心国际合作处副处长、高级工程师

董旭辉　中日友好环境保护中心总工程师、研究员

附　录

日本循环经济法律体系

染野宪治　日本国际协力机构（JICA）
建设环境友好型社会项目首席顾问
早稻田大学现代中国研究所招聘研究员

一、建设循环型社会的法律体系

如图1所示，日本建设循环型社会的法律体系中最根本的是《循环基本法》，该法在阐明环境政策主要内容的《环境基本法》的框架下，规定了建设循环型社会的基本理念和想法。《循环基本法》之下是建设循环型社会的具体法律，包括通过对废弃物的排放控制、合理处理等保护生活环境并提高公共卫生水平的《废弃物处理法》，确保资源有效利用与控制废弃物产生以及保护环境的《资源有效利用促进法》，此外还根据单个物品的特性制定了6部单独的再生利用法，并且为了促进再生产品的普及，推动国家机关率先采购可降低环境负荷的产品和服务，完善了《关于推动国家等采购环境物品的法律》（简称“绿色采购法”）[①]。

《循环基本法》以产品的生产与流通、消费与使用、回收与废弃的整个生命周期为对象，提出了建设循环型社会的原则，《资源有效利用促进法》从清洁生产的角度主要完善了生产和流通的规则，《废弃物处理法》及6部再生利用法主要规定了消费与使用、回收与废弃的规则。

一般来说，物品同时具备作为污染物的污染性和作为资源的资源性，《废弃物处理法》主要着眼于物品的污染性，通过排放控制与合理处理，达到“保护生活环境”和“提高公共卫生水平”的目的。但仅从这个角度出发，很难充分发挥物品的资源性特征，为了实现资源的有效利用，6部再生利用法以“保护生活环境”和“发展国民经济”为目的，通过放宽对《废弃物处理法》特例等的限制，建立了物品的再生利用规则[②]。

---

① 关于建设循环型社会的法律体系建设史，请参照第二章内容。

② 关于物品的污染性和资源性与法律制度的关系，请参照第七章内容。

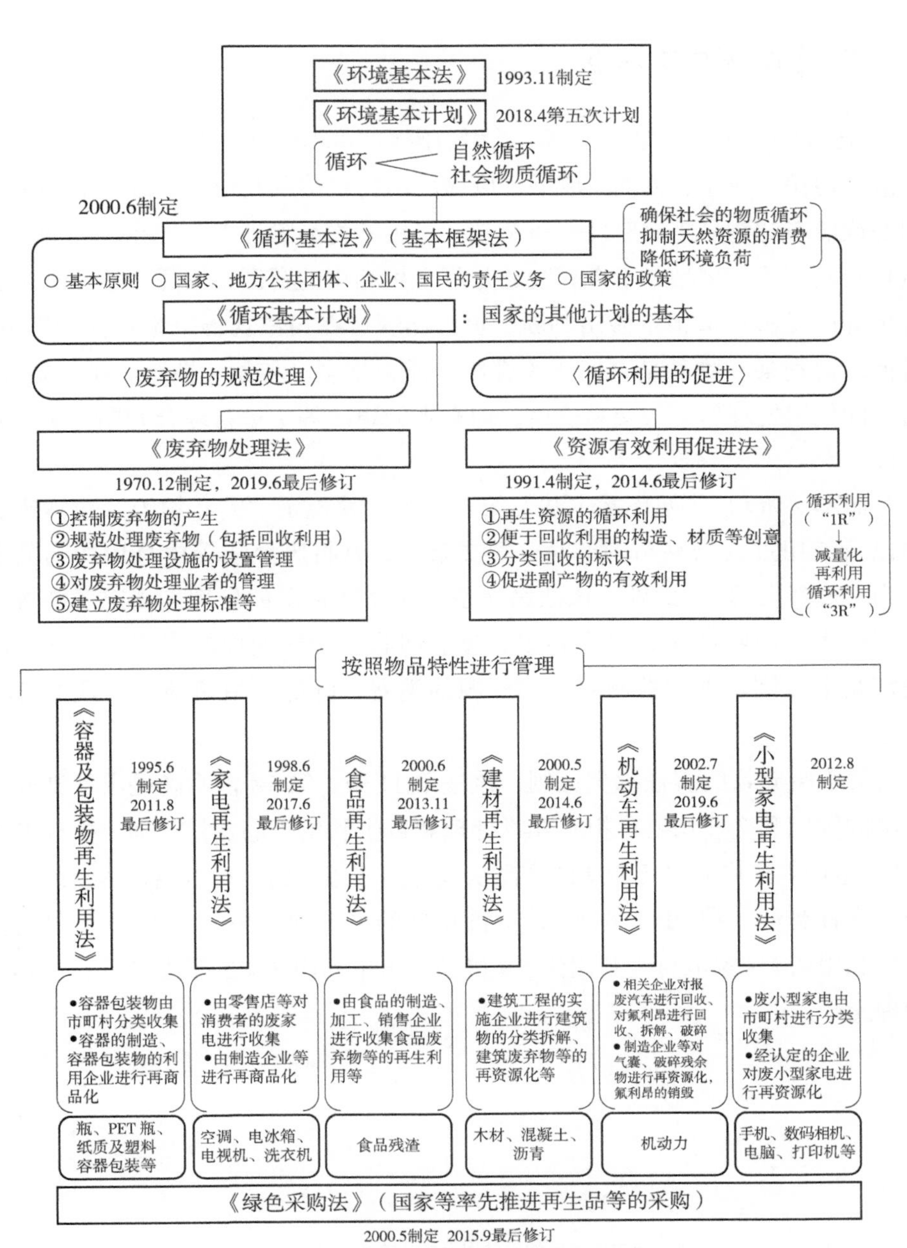

图 1 建设循环型社会的法律体系

二、《循环基本法》

《废弃物处理法》第 2 条第 1 款中对废弃物的定义是："垃圾、大型垃圾、炉渣、污泥、粪尿、废油、废酸、废碱、动物尸体及其他污物或不需要的呈固态或液态的物品（放射性物质及被其污染的物品除外）。"但在实际的法律执行层面，某一物品属于废弃物还是可再生利用的资源，仅凭其性状和是否有价等的经济价值很难做出判断，也曾出现过在司法现场争论不休的案例。目前，辨别某一物品是否属于废弃物，需根据多个要素（性状、排放状况、通常的使用处理形态、交易价值、拥有者的想法等）进行综合判断（综合判断说）[①]。

如图 2 所示，《循环基本法》第 2 条第 2 款规定"废弃物等"包括废弃物以及使用过的物品与副产品，第 2 条第 3 款将废弃物等中有用的物品定义为"循环资源"。此外，该法第 7 条针对循环资源的处理，规定了应按照抑制产生、回收使用、再生利用、热能回收、合理处理的顺序进行处置的法定基本原则。据此控制对天然资源的消费，降低环境负荷，实现循环型社会。

关于废弃物的责任承担原则，该法第 11 条、第 18 条明确提出了排放废弃物的国民和企业均要承担废弃物处理和再生利用等的责任，即"排放者责任"，生产者还应对自己制造的产品从设计到使用后的处理承担负责，即"生产者责任延伸"（EPR）的理念。6 部单独的再生利用法中，《容器及包装物再生利用法》《家电再生利用法》《机动车再生利用法》3 部法律引进了 EPR 的理念[②]。

---

① 通知规定港湾、河流等地疏浚所产生的泥沙以及施工产生的废土等不属于废弃物。此外，即便是废弃物，如矿渣按照《矿山保安法》、下水污泥按照《下水道法》的规定进行处理。但是，泥沙、矿渣、下水污泥等中含有有害物质的，适用于《废弃物处理法》。

② 关于依据《循环基本法》制订循环基本计划等，请参照第二章内容。

循环型社会的形态

- “循环型社会”是指：通过①抑制废弃物等的产生、②循环资源的循环利用、③确保合理的处理，控制天然资源的消费，建立最大限度减少环境负荷的社会

循环资源的定义

- 法律所指的物质无论是有价还是无价，都作为“废弃物等”，废弃物中有用的物质定位为“循环资源”，促进其循环利用

对处理的优先顺序

- 排列顺序为①抑制产生、②回收使用、③再生利用、④热回收、⑤合理处理

责任

- 在循环型社会的建设过程中，为了使国家、地方公共团体、事业者以及国民都积极参与，应明确这些团体的责任和义务
- 特别是①明确事业者和国民的“排放者责任”、②确立“生产者责任延伸”的一般原则，即生产者对自己生产的产品，在其使用后成为废弃物时，还应负有一定的责任

《循环基本计划》

- 为了综合、有计划地推动循环型社会的建设，政府应按照下列程序制订《循环基本计划》

基本的对策

- 抑制废弃物等产生的措施
- 彻底贯彻“排放者责任”的规定措施等
- “生产者责任延伸”的措施（实施产品等的回收和循环利用、产品等的事先评价）
- 促进再生产品的使用
- 环保方面发生问题时，由责任单位承担恢复原状等费用的措施等

图 2 《循环基本法》

三、关于废弃物处理及清扫的法律

（一）废弃物的定义与分类

如图 3、图 4、图 5 所示，该法第 2 条第 2 款、第 4 款中将废弃物分为产业废弃物和一般废弃物两类，产业废弃物是指“伴随事业活动产生的废弃物中的炉渣、污泥、废油、废塑料等”，一般废弃物是指“产业废弃物以外的废弃物”。此外，该法第 2 条第 3 款、第 5 款中将废弃物中具有爆炸性、毒性、传染性的废弃物归类为特别管理一般废弃物和特别管理产业废弃物。

一般废弃物除生活垃圾外，还包括店铺和办公室等工作中产生的办公类一般废弃物。产业废弃物也是事业活动中产生的，但《废弃物处理法》对此

有具体的行业类别（如污泥、废油、金属屑等）规定，办公类一般废弃物不属于产业废弃物的范畴。

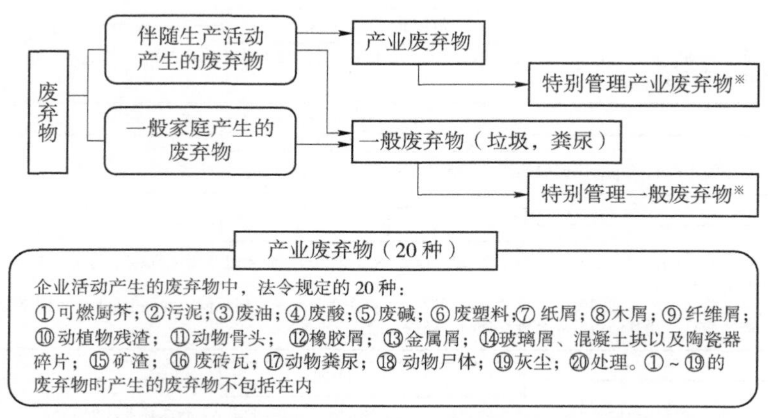

※ 特别管理一般废弃物和特别管理产业废弃物是指具有爆炸性、毒性、感染性及其他有可能对健康等产生危害的废弃物。

图3　废弃物的分类

	主要分类	概要
特别管理一般废弃物	包含PCB的零部件	废旧空调、废旧电视机、废旧微波炉中包含PCB的零部件
	煤尘	垃圾处理设施所带除尘装置所产生的煤尘
	二噁英类物质	《二噁英特别措施法》指定废弃物焚烧炉所产生的物质，包括二噁英类成分含量超过3 ng/g的煤尘、灰烬、污泥
	传染性一般废弃物※	医疗机构等所排放的一般废弃物、含有或者可能附着有传染性病原体的物质
特别管理产业废弃物	废油	挥发油类、灯油类、轻油类（不包括难燃的焦油沥青类等）
	废酸	pH不高于2.0的废酸
	废碱	pH不高于12.5的废碱
	传染性产业废弃物※	来自医疗机构等的废弃物，含有或者可能附着有传染性病原体的物质
特定有害产业废弃物	废PCB等	包含废PCB及PCB的废油
	PCB污染物	附着有PCB的污泥、纸屑、木屑、纤维屑、塑料类、金属屑、陶瓷器碎片、瓦砾类
	PCB处理物	废PCB等或PCB污染物的处理物且所含PCB超过一定浓度*
	废汞等	特定设施产生的废汞等 从含有汞或其化合物的产业废弃物或从废弃的含汞产品中所回收的废汞
	指定下水污泥	《下水道法实施令》第13条之4的规定中所指定的污泥*
	矿渣	所含重金属等的含量超过一定浓度*
	废石棉等	石棉建材拆除过程中所产生的，或《大气污染防治法》特定粉尘产生设施排放的可能发生扬散的物质
	煤尘或灰烬※	所含重金属等及二噁英类超过一定浓度*
	废油※	含有有机氯化合物等*
	污泥、废酸或废碱※	所含重金属、有机氯化合物、PCB、农药、硒、二噁英类等超过一定浓度*

注：为处理上述废弃物而一并处理的物质也被列入特别管理类废弃物的范畴。
※ 只限于排放源头设施。
* 已发布省令，对判定标准做出了规定。

图4　特别管理废弃物的分类

审查方法（浓度）			溶出试验		含量试验
有害物质	灰烬、煤尘、矿渣	污泥	为处理特定有害产业废弃物而一并处理的物质		废酸、废碱
			废酸、废碱以外	废酸、废碱	
1 烷基汞化合物	ND	ND	ND	ND	ND
汞或其化合物	0.005	0.005	0.005 mg/L	0.05 mg/L	0.05 mg/kg
2 镉或其化合物	0.09	0.09	0.09 mg/L	0.3 mg/L	0.3 mg/kg
3 铅或其化合物	0.3	0.3	0.3 mg/L	1 mg/L	1 mg/kg
4 有机磷化合物	—	1	1 mg/L	1 mg/L	1 mg/kg
5 六价铬化合物	1.5	1.5	1.5 mg/L	5 mg/L	5 mg/kg
6 砷或其化合物	0.3	0.3	0.3 mg/L	1 mg/L	1 mg/kg
7 氰化物	—	1	1 mg/L	1 mg/L	1 mg/kg
8 PCB	—	0.003	0.003 mg/L	0.03 mg/L	0.03 mg/kg
9 三氯乙烯	—	0.1	0.1 mg/L	1 mg/L	1 mg/kg
10 四氯乙烯	—	0.1	0.1 mg/L	1 mg/L	1 mg/kg
11 二氯甲烷	—	0.2	0.2 mg/L	2 mg/L	2 mg/kg
12 四氯化碳	—	0.02	0.02 mg/L	0.2 mg/L	0.2 mg/kg
13 1,2-二氯乙烷	—	0.04	0.04 mg/L	0.0 mg/L	0.0 mg/kg
14 1,1,-二氯乙烯	—	1	1 mg/L	10 mg/L	10 mg/kg
15 顺-1,2-二氯乙烯	—	0.4	0.4 mg/L	4 mg/L	4 mg/kg
16 1,1,1,-三氯乙烷	—	3	3 mg/L	30 mg/L	30 mg/kg
17 1,1,2-三氯乙烷	—	0.06	0.06 mg/L	0.6 mg/L	0.6 mg/kg
18 1,3-二氯丙烯	—	0.02	0.02 mg/L	0.2 mg/L	0.2 mg/kg
19 秋兰姆	—	0.06	0.06 mg/L	0.6 mg/L	0.6 mg/kg
20 西玛津	—	0.03	0.03 mg/L	0.3 mg/L	0.3 mg/kg
21 灭草丹	—	0.2	0.2 mg/L	2 mg/L	2 mg/kg
22 苯	—	0.1	0.1 mg/L	1 mg/L	1 mg/kg
23 硒或其化合物	0.3	0.3	0.3 mg/L	1 mg/L	1 mg/kg
24 1,4-二氧六环	0.5	0.5	0.5 mg/L	5 mg/L	5 mg/kg
25 二噁英类	3 ng/g	3 ng/g	3 ng/g	100 pg/L	100 pg/L

注：1. 判定标准依据《废弃物处理法》的实施规则及判定标准省令的有关规定来实行。
2. 溶出试验的标准值为溶剂中的溶出浓度：含量标准值为在废酸、废碱中的浓度。
3. 烷基汞化合物的未检出是以其检出限为 0.000 5 mg/L 为前提。
4. 金属类的标准值为排水标准的 3 倍（考虑到金属易吸附于土壤这一特性，因此将其标准值定为排放标准的 3 倍）。
5. 有机磷化合物是指对硫磷、甲基对硫磷、甲基内吸磷、EPN。
6. 二噁英类的数值是指矿渣以外的煤尘、灰烬、污泥及其处理物中的含量。
7. 指定下水污泥省略不计。

图 5 特别管理产业废弃物的判定标准

（二）废弃物的处理

《废弃物处理法》的第二章和第三章分别对一般废弃物和产业废弃物的处理等做出了规定。

一般废弃物由市町村负责处理，承担收集运输和处理业务的废弃物处理单位原则上要获得市町村长的许可。产业废弃物由排放企业负责处理，承担收集运输和处理工作的废弃物处理单位原则上要获得都道府县知事的许可。

对于《废弃物处理法》实施前已建立资源回收和再生利用流通通道的，为减轻其负担，该法第7条第1款、第6款，以及第14条第1款、第6款中作为例外，规定仅限于专门以再生利用为目的的一般废弃物或产业废弃物的收集运输与处理业务，无须获得一般废弃物或产业废弃物的收集运输与处理业许可。这被称为“特指物品”，以通知的形式指定了废纸、废铁（包括废铜等）、空瓶类、废旧纺织品4类。

利用“特指物品”制度，町内会等社区居民自愿组成小组，将家庭排放的废纸、纸箱、空瓶和空罐等资源垃圾收集起来交给资源回收企业，形成了资源再利用的集团回收体系。对此很多自治体设立了奖励制度，向开展集团回收的地区团体发放补贴。

一般废弃物在剔除可再资源化的部分后，进行焚烧及脱水处理。《废弃物处理法》第8条第1款规定，设置一定规模（焚烧设施处理能力为200千克/小时或炉算子面积为2米^{2}以上，其他设施处理能力为5吨/日以上）的一般废弃物处理设施的，应获得所在辖区都道府县知事的许可。处理后进一步将可再资源化物质筛选出来，剩下的进行填埋等处理。

产业废弃物也同样，《废弃物处理法》第15条规定，设置产业废弃物处理设施的，应获得所在辖区都道府县知事的许可。此外，根据该法第14条第2款、第7款，第14条之4第2款及第7款的规定，针对达到比许可标准更加严格标准的优秀产业废弃物处理企业，建立了由都道府县等审查和认定的优良产废处理经营者认证制度。

与一般废弃物的情况不同，产业废弃物处理设施不仅要求处理能力，对废弃物的种类和处理方法也有限定。垃圾填埋场分为稳定型、管理型和遮断型3类，分别规定了结构标准和维护管理标准①。

此外，对一般废弃物及产业废弃物的处理设施都规定有各种义务，如申请设施建设许可时要开展周边地区的生活环境影响调查、处理设施的设置单位要遵守维护管理标准、要记录维护管理状况并供阅览、垃圾填埋场的设置单位要建立维护管理费用的公积金等，同时针对违反者规定了命令停业或撤销许可以及相关罚则等（图6～图13）。

---

① 一般废弃物、产业废弃物的排放量及再生利用率的变迁、处理行业现状等请参照第一章。

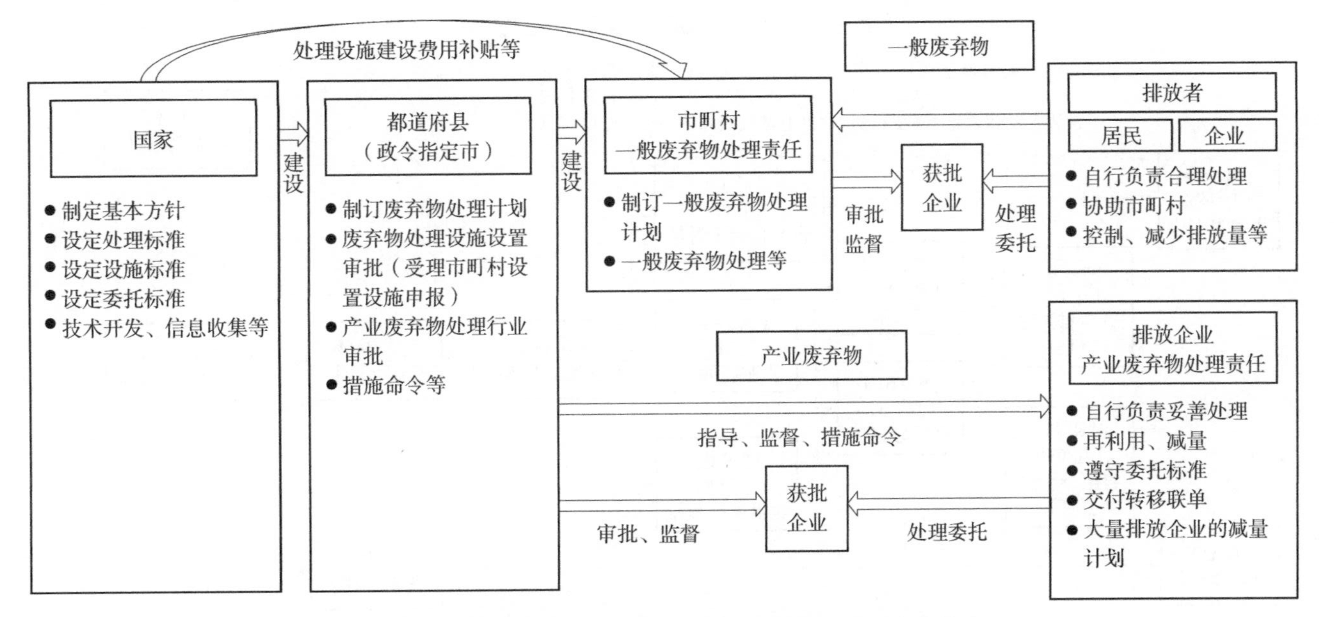

图6 《废弃物处理法》中国家、地方公共团体、排放者的关系

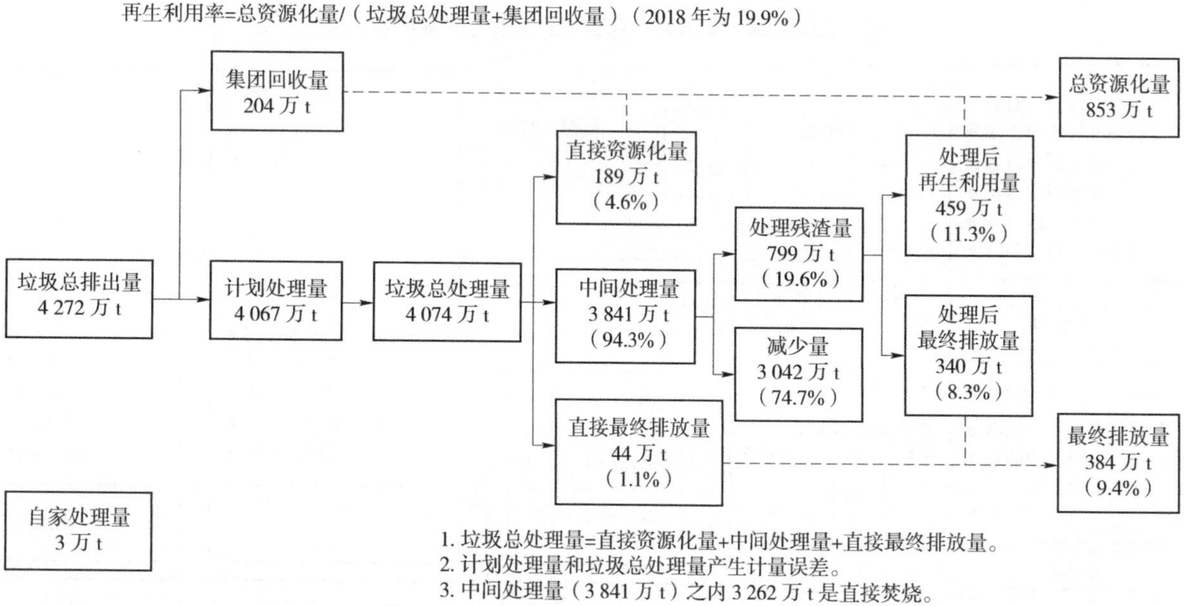

再生利用率=总资源化量/（垃圾总处理量+集团回收量）（2018 年为 19.9%）

垃圾总排出量 4 272 万 t

集团回收量 204 万 t

计划处理量 4 067 万 t

垃圾总处理量 4 074 万 t

直接资源化量 189 万 t（4.6%）

中间处理量 3 841 万 t（94.3%）

直接最终排放量 44 万 t（1.1%）

处理残渣量 799 万 t（19.6%）

减少量 3 042 万 t（74.7%）

处理后再生利用量 459 万 t（11.3%）

处理后最终排放量 340 万 t（8.3%）

总资源化量 853 万 t

最终排放量 384 万 t（9.4%）

自家处理量 3 万 t

1. 垃圾总处理量=直接资源化量+中间处理量+直接最终排放量。
2. 计划处理量和垃圾总处理量产生计量误差。
3. 中间处理量（3 841 万 t）之内 3 262 万 t 是直接焚烧。

图 7　一般废弃物处理状况（2018 年）

数据来源：日本环境省报道资料（2020）“一般废弃物的排出及处理状况等”。

注：由于各项数值来源不同以及末位四舍五入等原因，存在总计与分项之和不等的情况。

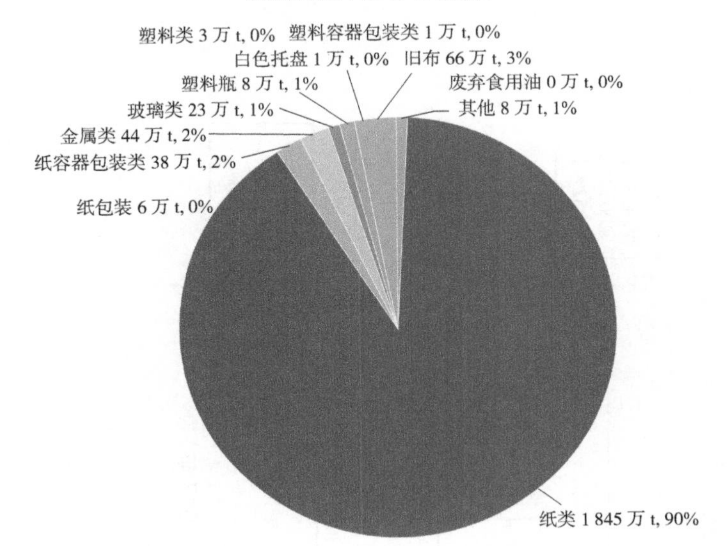

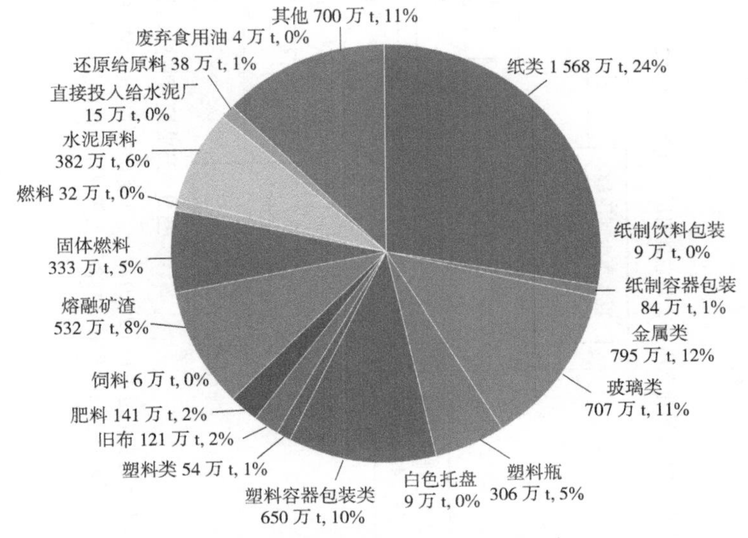

图8 资源化量的细目（2018年）

数据来源："一般废弃物的排出及处理状况等"日本环境省报道资料（2020）。

注：由于各项数值来源不同以及末位四舍五入等原因，存在总计与分项之和不等的情况。

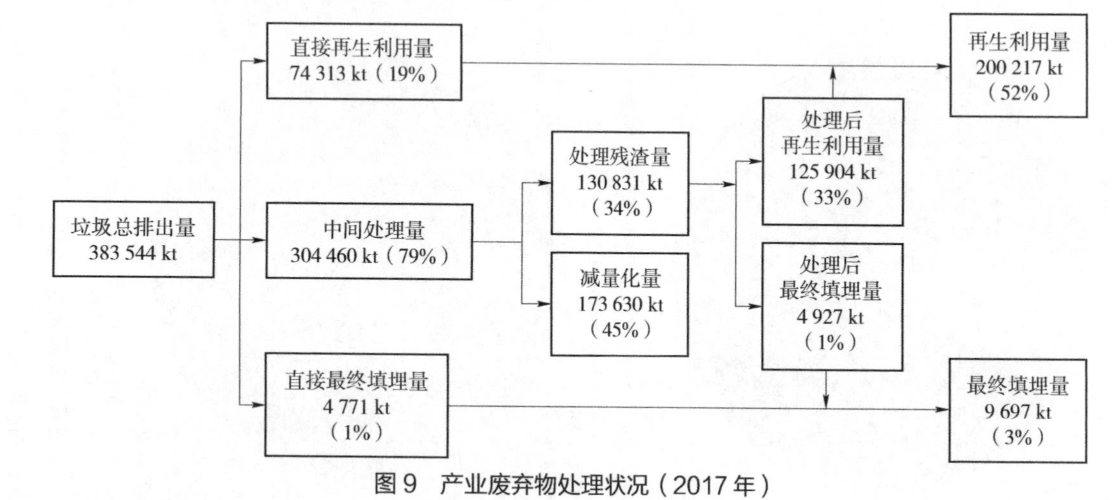

图 9　产业废弃物处理状况（2017 年）

数据来源：日本环境省报道资料（2020）“一般废弃物的排出及处理状况等”。

注：由于各项数值来源不同以及末位四舍五入等原因，存在总计与分项之和不等的情况。

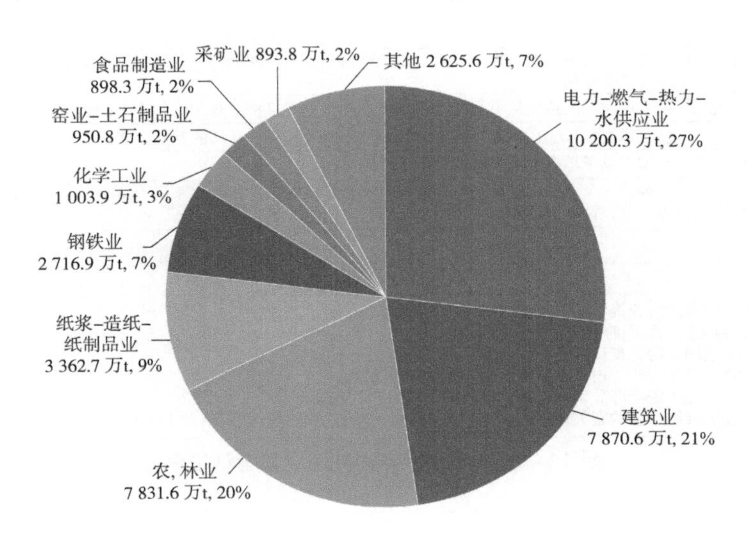

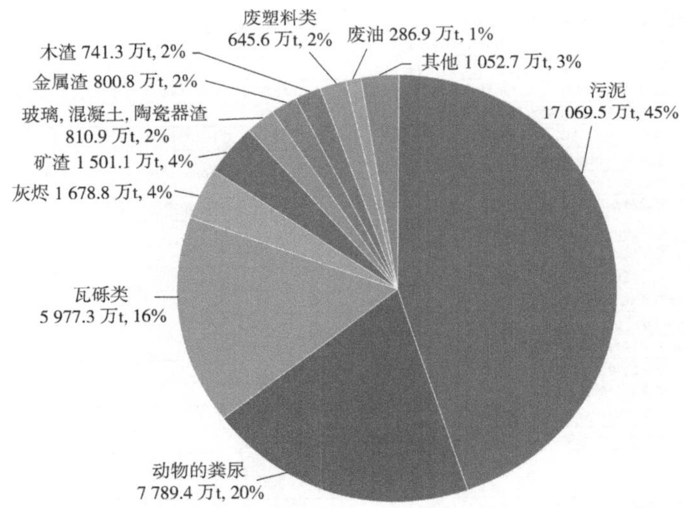

图 10 各行业及各品目的产业废弃物排放量（2017 年）

数据来源：日本环境省报道资料（2020）“一般废弃物的排出及处理状况等”。

注：由于各项数值来源不同以及末位四舍五入等原因，存在总计与分项之和不等的情况。

由都道府县与政令指定市审查认证，优良产业废弃物处理经营者达到高于一般许可标准的制度
（法规依据：《废弃物处理法》第14条第2款和第7款以及第14条之4第2款及第7款）

认证标准	标准概要
业绩与违法性	最近5年内持续经营相应的废弃物处理行业，且在此期间未曾收到过基于《废弃物处理法》的改善令等不利处分
事业的透明性	在一定时期内持续从事标的项目，已在网上公开且按照规定的频率进行更新
环保举措	已获得ISO 14001标准认证以及环保行动21（包含已互认的其他标准认证）认证
电子单据	已加入电子单据系统，能使用电子单据
财务体制的健全性	在最近3个事业年度期间，任意一个事业年度的自有资本比率高于10%，且不存在滞纳法人税等行业，拥有健全的财务体制

优良认证经营者的优势
延长产业废弃物处理行业许可的有效期（一般为5~7年） 借助印有优良标志的许可证等开展宣传（PR） 持续刊登于互联网上的优良认证经营者名单中，能在网络上检索到 在财政投融资上享受优待（由日本政策金融公库发放低息贷款） 在申请许可时可免予提交部分申请资料（由各地方政府自行判断） 根据《环境保护合约法》的有关规定，在国家等开展的产业废弃物处理招标活动中得到优待

图11 优良产业废弃物处理经营者认证制度

	分类	数量（截至2018年4月1日）
中间处理设施	污泥脱水设施（处理能力大于10 m³/d）	2 870
	污泥干燥设施（机械：处理能力大于10 m³/d）	217
	污泥干燥设施（太阳能：处理能力大于100 m³/d）	56
	污泥焚烧设施（满足以下任一条件：处理能力大于5 m³/d、处理能大大于200 kg/h、炉排面积超过2 m²）	573
	废油的油水分离设施（处理能力大于10 m³/d）	255
	废油焚烧设施（满足以下任一条件：处理能力大于1 m³/d、处理能力大于200 kg/h、炉排面积超过2 m²）	573
	废酸和废碱的中和设施（处理能力大于50 m³/d）	153
	废塑料类的破碎设施（处理能力大于5 t/d）	2 087
	废塑料类的焚烧设施（满足以下任一条件：处理能力大于100 kg/d、炉排面积超过2 m²）	693
	木屑或瓦砾类的破碎设施（处理能力大于5 t/d）	10 374
	混凝土固化设施	25
	含汞污泥焙烧设施	11
	废汞等的硫化设施	2
	氰化物的分解设施	106
	废石棉等或含石棉废弃物的熔融设施	10
	PCB废弃物的焚烧设施	3
	PCB废弃物的分解设施	14
	PCB废弃物的清洗设施或分离设施	14
	其他焚烧设施（处理能力大于200 kg/h、炉排面积超过2 m²）	1 071
	计	19 107
垃圾填埋场	遮断型处分场	23
	稳定型处分场	998
	管理型处分场	629
	计	1 650
	合计	20 757

单位：个

图12 产业废弃物处理设施与建设情况

数据来源：日本环境省报道资料（2020）“产业废物行政组织等调查”。

<table>
<tr><td>稳定型填埋场</td><td>稳定型填埋场只允许填埋对生活环境危害可能性小的废物，如废塑料类、橡胶碎屑、金属碎屑、玻璃碎屑、混凝土碎屑以及陶瓷器碎屑、瓦砾类等性状较稳定的废物。无须建设防渗工程及渗滤液的集水和处理设施。同时作为维护管理标准，需要对填埋场周边的地下水和填埋场渗滤液（流过废物层的雨水等）进行水质检查</td></tr>
<tr><td>管理型填埋场</td><td>不属于危险废物，但随着其分解和有害化学物质的溶出等有可能污染生活环境的污泥、木屑等，必须填埋在管理型填埋场。为了防止填埋场的渗滤液污染公共水域及地下水，需要建设防渗工程及渗滤液的集水设施和处理设施。同时作为维护管理标准，需要对填埋场周边的地下水及渗滤液进行水质检查</td></tr>
<tr><td>遮断型填埋场</td><td>很可能渗出对人体健康有害的重金属等有害物质渗滤液的危险废物，必须填埋在遮断型填埋场。危险废物的环境风险大，因此填埋场必须与公共水域和地下水阻断。同时作为维护管理标准，需要对填埋场周边的地下水进行水质检查</td></tr>
<tr><td colspan="2">➢ 对于特别管理产业废物进行处置达到相关标准后，是否就可以进入到管理型填埋场填埋？该判定以固定处理后的有害物质溶出量为标准，达到标准就可以填埋到管理型填埋场。该判定标准是溶出标准，其对象物质和标准值与基于《水质污染防治法》的排水标准基本相同。例如，镉溶出 0.09 mg/L 以上的煤尘（特管产废）经固化处理后的物质，其溶出量控制在 0.09 mg/L 以下的（已不属于特管产废）可以填埋。此外，按规定进行了中间处理，即使还属于特别管理产业废物，有些也可以直接填埋。例如，打包处理后的废石棉、经硫化和固化处理的溶出量控制在 0.005 mg/L 以下的废汞</td></tr>
</table>

图 13 垃圾填埋场的分类

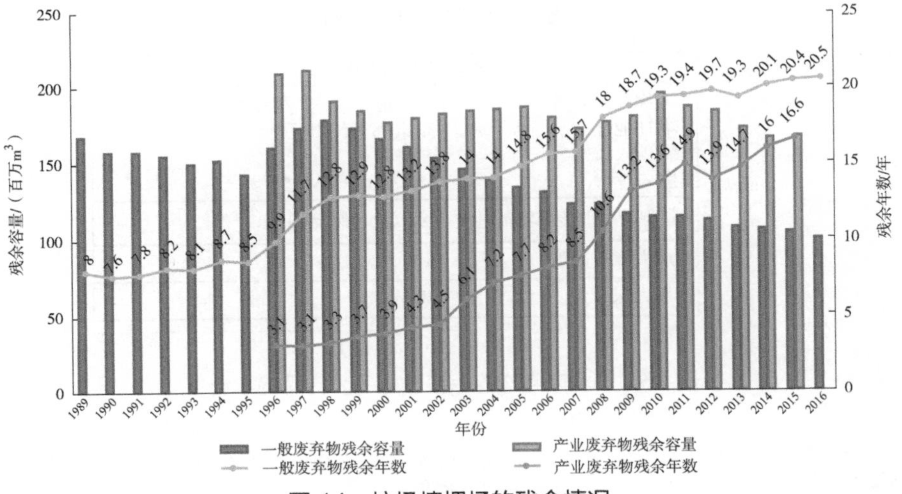

图 14 垃圾填埋场的残余情况

数据来源：日本环境省资料“产业废弃物行政组织等调查”。

（三）废弃物的保管标准

产业废弃物被运出前由排放企业保管时，规定要按照《废弃物处理法》第 12 条第 2 款的技术标准进行保管，不得影响生态环境的保护。此外，对特别管理产业废弃物的保管设施、收集运输时的倒装保管设施、进行中间处理的保管设施进行了另行规定（图15～图18）。

■ 产业废弃物的保管标准

1. 保管场所四周应设置围墙。所保管产业废弃物的负荷可能直接施加于围墙上，因此应确保其结构承重安全。
2. 在醒目位置设置公告牌，用于对产业废弃物保管方面的必要信息进行公示。
   a.标明此处为产业废弃物的保管场所。
   b.所保管产业废弃物的种类（所保管产业废弃物中含有石棉成分时，应予以注明）。
   c. 保管场所管理人员姓名或名称以及联系方式。
   d.不使用容器直接存放于室外时的最大堆放高度。
   e.告示牌的尺寸大小为长（60 cm 以上）×宽（60 cm 以上）。
3. 采取有效措施，防止保管场所的产业废弃物发生扬散、外流、地下渗透、散发恶臭等问题。
4. 在保管产业废弃物时，如果有可能产生污水，为防止公共水域及地下水发生污染，应设置必要的排水沟或其他设备，同时应使用防渗材料对上述设备的底部进行垫覆。
5. 对保管现场采取有效措施，防止发生鼠患以及蚊蝇等各种虫害。
6. 不使用容器而直接将产业废弃物存放于室外时，应采取以下措施：
   a.废弃物不与围墙相接触时，以围墙底端为基准，其堆积坡度应小于50%。
   b.废弃物与围墙相接触时（负荷直接施于围墙），在距离围墙内侧2 m以内的区域，其堆积高度不应高于自围墙最高处向下50 cm处的水平线；在距离围墙内侧2 m以外的区域，其堆积坡度应小于50%（坡度50%是指底边：高=2：1，倾斜度约为26.5度）。
7. 对于含有石棉的产业废弃物应采取以下措施：
   a.在保管场所通过设置隔断等方式来防止含有石棉的产业废弃物与其他类型的废弃物相混。
   b.通过加盖覆盖物或将废弃物包裹起来等必要方式来防止含有石棉的产业废弃物发生扬散。

图15 产业废弃物的保管标准

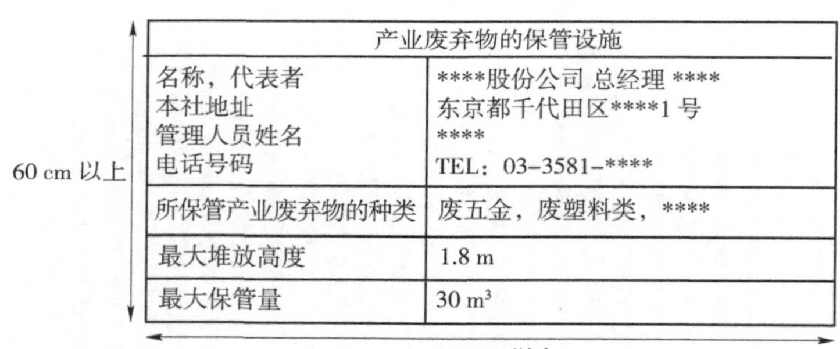

产业废弃物的保管设施	
名称，代表者 本社地址 管理人员姓名 电话号码	****股份公司 总经理 **** 东京都千代田区****1 号 **** TEL：03–3581–****
所保管产业废弃物的种类	废五金，废塑料类，****
最大堆放高度	1.8 m
最大保管量	30 m³

图16 产业废弃物的保管设施（公告牌的案例）

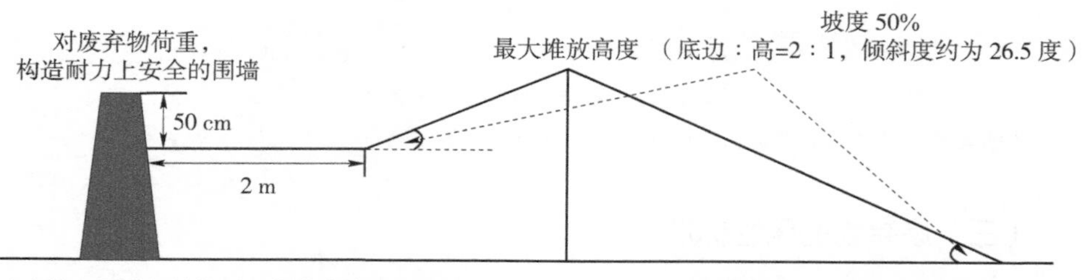

废弃物与围墙相接触时（负荷直接施于围墙）
- 在距离围墙内侧2 m以内的区域，其堆积高度不应高于自围墙最高处向下50 cm处的水平线
- 在距离围墙内侧2 m以外的区域，其堆积坡度应小于50%

废弃物不与围墙相接触时
- 以围墙底端为基准，其堆积坡度应小于50%

图17 产业废弃物的保管设施（概念图）

■ 特别管理类产业废弃物的保管标准
遵循产业废弃物保管标准，并应采取以下措施：
1. 为避免特别管理类产业废弃物与其他类型的废弃物相混，应采取设置隔断等措施。但是，当传染性产业废弃物与传染性一般废弃物相混且不可能混入其他物质时则不在此限。
2. 对于废油、PCB 污染物或 PCB 处理物等特别管理类产业废弃物，应采取放入容器密封存放等措施，以防止挥发或高温下曝晒。
3. 对于废酸或废碱等特别管理类产业废弃物，应采取放入容器密封存放等措施，以防止发生腐蚀。
4. 对于 PCB 污染物或 PCB 处理物应采取相应的防腐蚀措施。
5. 对于废石棉等特别管理类产业废弃物，应采取将其包裹等措施以防止发生扬散。
6. 对于可能发生腐蚀的特别管理类产业废弃物，应采取放入容器密封存放等防腐蚀措施。

■ 收集搬运过程中的中转保管标准
执行产业废弃物保管标准以及特别管理类产业废弃物保管标准，同时采取以下措施:
1. 事先确定中转后的搬运目的地。
2. 产业废弃物的运入量不应超过中转场所的合理保管量。
3. 应在所运入的产业废弃物发生性状变化之前将其运出。

进行收集搬运时，中转保管数量的上限如下（不包括以下情形：使用船舶搬运产业废弃物时、船舶载重量超出中转场所的保管上限时，或对废旧汽车等进行保管时）。
保管上限=每日平均运出量 × 7

■ 中间处理的保管标准
遵循产业废弃物保管标准、特别管理类产业废弃物保管标准，同时采取以下措施：
在利用相关设施进行废弃物处理时，其保管期限不得超过为进行妥善处理或实现再生利用而被认可的保管期限。
中间处理保管数量的上限如下：保管上限=每日处理能力 × 14

图 18 特别管理类产业废弃物等的保管标准

（四）废弃物的委托标准

将一般废弃物及产业废弃物的运输、保管、处理委托给第三方时，需要根据《废弃物处理法》第 6 条之 2 第 6 款、第 7 款，第 12 条第 5～7 款的规定遵守委托的标准。

委托处理时，应对收集运输企业或处理企业进行分别委托，也就是禁止将处理业务委托给负责收集运输的企业（处理企业的选定）。此外，需要多个收集运输企业时（运输途中进行倒装），排放单位需要与委托的所有收集运输企业分别签订合同。《废弃物处理法》第 14 条第 16 款中原则上禁止收集运输企业和处理企业进行业务的再委托。

一般废弃物的委托标准主要有两点，即委托给获得许可的企业（或市町村）、只能向获得许可的企业委托与许可内容相符的业务。产业废弃物的委托还需履行编制并保管契约书、交付产业废弃物管理表等义务（图 19）。

（五）非法倾倒等的对策

《废弃物处理法》第 16 条规定禁止随意丢弃废弃物。《大气污染防止法》《水污染防治法》的罚则规定对违反排放标准的仅处以 1 年以下有期徒刑或

分类	注意事项	违反左列规定时的罚则等
总承包方的职责（a）	◎建筑施工过程中所产生的废弃物由总承包方负责处理。 ・在没有获得产业废弃物的相关许可以及总承包方的处理委托的情况下，分包方不得对废弃物进行搬运或处理	*分包方所实施的处理有悖于废弃物处理标准时，总承包方（不包括已合理委托搬运或处理的情况）将被责令采取措施进行整改
处理委托	◎应将废弃物的收集搬运及处理委托给具备相应许可的机构进行［进行搬运时，需获得企业（现场）所在都道府县以及搬运目的地所在都道府县的双方批准］。	处以5年以下有期徒刑或1 000万日元以下的罚款
	◎进行废弃物的收集搬运及处理的对外委托时应遵循相应的委托标准（施行令第6条之2）。 ・确认所委托的废弃物在许可证的“废弃物承接种类”范围之内。 ・签订委托协议书。委托协议书应留存5年。 ※关于委托协议书，全国产业废弃物联合会制定有标准格式。 ・原则上禁止受托机构向其他处理机构进行转委托。出于不得已的原因进行转委托时，必须获得排放企业的书面批准	处以3年以下有期徒刑或300万日元以下的罚款 *当受托废弃物由于处理不当而对生活环境造成不良影响时，将责令其采取措施进行整改
	◎对外委托搬运或处理时，应对产业废弃物的处理情况进行确认，同时应积极采取必要措施确保从其产生直至最终处理能够全程得到恰当处理。（注意事项示例） ・委托费用的单价应处于合理水平。 ・对受托方的资质和能力进行审核（中间处理设施是否存在过剩保管的问题、管理情况等、最终处理的剩余容量、获批品种以外的废弃物填埋等）	*在处理方仅凭一己之力难以解决有关问题的情况下，委托方未支付合理的委托费用或默许对方进行不当处理时，将责令委托方采取措施进行整改
联单	◎将产业废弃物进行外委处理时，在交付废弃物的同时还应向搬运受托方（仅进行废弃物处理的外委时，即为处理受托方）递交联单。 ◎严禁递交虚假联单等行为（在电子单据上进行虚假登记）。 ◎所递交联单的副本（联单A票）需留存5年。 ◎回付的联单需留存5年	处以6个月以下有期徒刑或50万日元以下的罚款
	◎制作联单相关报告书并向都道府县知事提交	

分类	注意事项	违反左列规定时的罚则等
废弃物的保管（b）	◎产业废弃物交由企业外部保管（面积超过300 m^2）时，应向都道府县知事提出事先申请及事后申报	处以6个月以下有期徒刑或50万日元以下的罚款
废弃物的处理	◎在未获得批准的情况下，不得擅自设置获批对象的处理设施	处以5年以下有期徒刑或1 000万日元以下的罚款
	◎获批对象的处理设施由产业废弃物处理责任方进行设置。 ◎针对获批对象设施安排技术管理人员进行管理。 ◎在产生废石棉等特别管理类产业废弃物的企业（场所），应配备特别管理类产业废弃物管理责任人	处以30万日元以下的罚款
非法倾倒、非法焚烧	◎不得非法倾倒废弃物。 ◎不得进行烧荒（依据法律实施令第6条或第6条之5的处理标准）	处以5年以下有期徒刑或1 000万日元以下的罚款 *包括未遂
产生大量产业废弃物的企业	◎当企业下属业务场所上一年度产生废弃物的产生量合计已超过1 000吨或上一年度特别管理类产业废弃物的产生量超过50吨时，则该企业应向都道府县知事汇报其产业废弃物相关减量和其他处理计划以及计划实施情况	处以20万日元以下过失性罚款
规定	◎法人代表或雇员及其他员工在工作业务上存在违法行为时，则不仅违法行为人自身，法人也将一同受到处罚	法人存在非法倾倒行为时，对其处以3亿日元以下的罚款

注：1.（a）、（b）只限于建筑行业。
2. 注释中的“措施命令”是指：废弃物的受托处理机构无法将非法倾倒所造成的损害恢复原状时（认定将对生活环境产生不良影响或可能产生影响时），将由都道府县与政令指定市责令排放来源企业限期采取措施对废弃物进行清整等。

图19　废弃物处理委托等的有关事项

100 万日元以下罚金，但基本上没有违反的。然而《废弃物处理法》规定的非法倾倒、不合理处理的案件数量多，惩罚力度大，一般处以 5 年以下有期徒刑或 1 000 万日元以下的罚金甚至两者并罚，特别是法人有违法行为的，除上述罚则外，还对法人处以 3 亿日元以下的罚金。此外还设有未遂罪等的规定，防止逃脱罪行。另外，规定了产业废弃物处理行业的不够格要件（对违反公害法规的处罚等），都道府县知事应无条件地撤销违法企业的营业许可。

非法倾倒、不合理处理的产业废弃物原则上由行为者等自行撤除，但行为者不明或因无财力负担等原因无法撤除时，都道府县和政令市可代为执行。为此，《废弃物处理法》第 13 条第 12 款规定设立“产业废弃物合理处理推进中心”，第 13 条第 13 款第 5 项规定对都道府县等提供支援。具体机制为在该法第 13 条第 15 款中规定设置基金，利用国家的补贴（分担率 3/10）、产业界的捐款（分担率 4/10）为都道府县的撤除费用提供资金援助（剩余 3/10 由都道府县等负担）（图 20～图 22）。

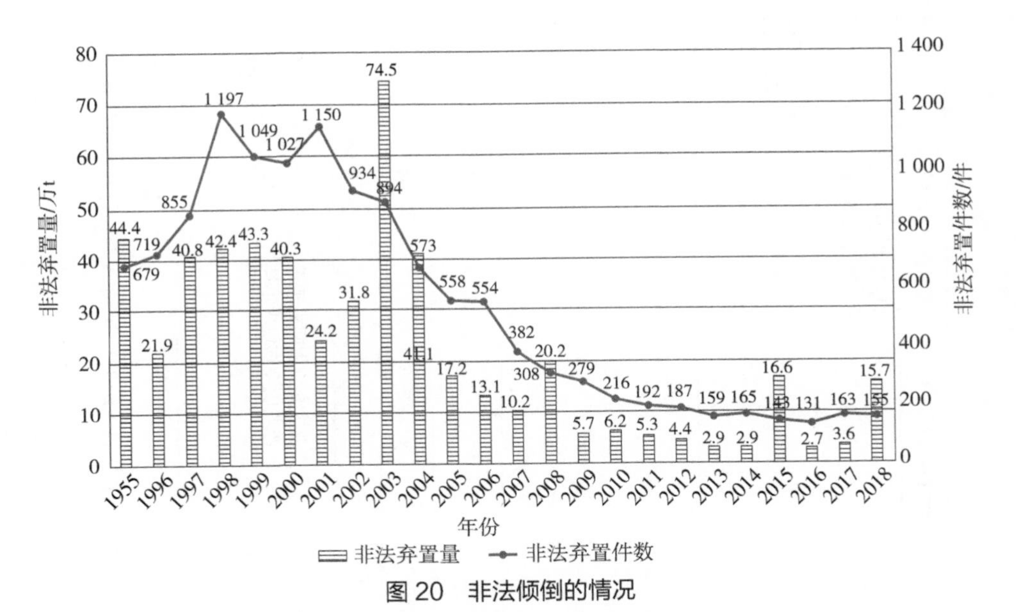

图 20　非法倾倒的情况

数据来源：日本环境省资料“关于产业废弃物的非法倾倒情况”。

	《废弃物处理法》：产业废弃物（2017 年）	《大气污染防治法》（2018 年）	《水污染防治法》（2018 年）
现场检查等	现场检查 211 750 听取报告 5 249	44 037 煤烟生成设施 12 785 VOC 排放设施 518 一般粉尘生产设施 1 797 特定粉尘排放等作业 27 243 汞排放设施 1 690 特定设施 4	36 323
行政指导	—	10 657 煤烟 3 885 VOC 112 一般粉尘 681 特定粉尘 5 658 汞 316 特定 5	8 656
改善令	26	1 特定粉尘 1	16
暂停/措施令	94	—	1
取消许可	378	—	—
设施数（业务场数）	产业废弃物中间处理设施 19 107 产业废弃物垃圾填埋场 1 650	煤烟 （86 384）217 116 VOC （1 077）3 476 一般粉尘 （10 651）70 399 特定粉尘 20 219 汞 （2 497）4 524	（261 765）

图 21 法规的执行情况

数据来源：日本环境省资料（2020）“产业废弃物行政组织等调查”“大气污染防治法施行状况调查”“水质污浊防治法等的施行状况”。

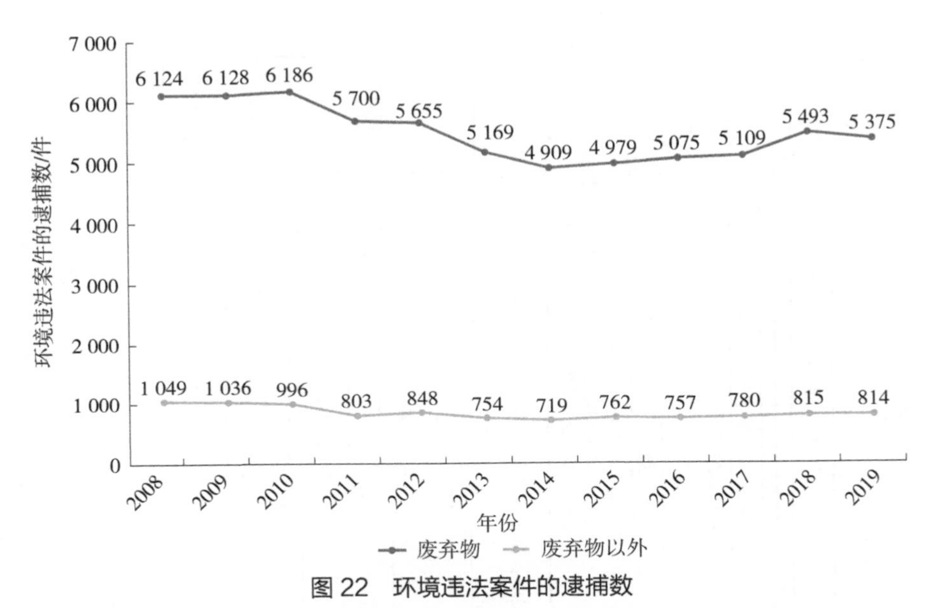

图 22 环境违法案件的逮捕数

数据来源：日本警察厅生活安全局资料“关于生活经济事犯的逮捕状况等”。

四、资源有效利用促进法

如图 23 所示，《资源有效利用促进法》从确保资源有效利用的观点出发，要求企业采取下列自主措施：

①特定再生利用行业；

②特定节约资源行业；

③对于指定节约资源产品（机动车、电脑等 19 个品类），在设计、制造阶段就要考虑便于维修和提高耐久性等；

④对于指定再利用促进产品（机动车、电脑、整体式浴室、自行车等 50 个品类），在设计、制造阶段使用可用作再生资源的原材料，减少原材料的种类等；

⑤对于指定标识产品（饮料罐、饮料瓶、小型充电电池等 7 个品类），要标明材质和成分等；

⑥对于指定再资源化产品（电脑、小型充电电池），要自主回收、再资源化；

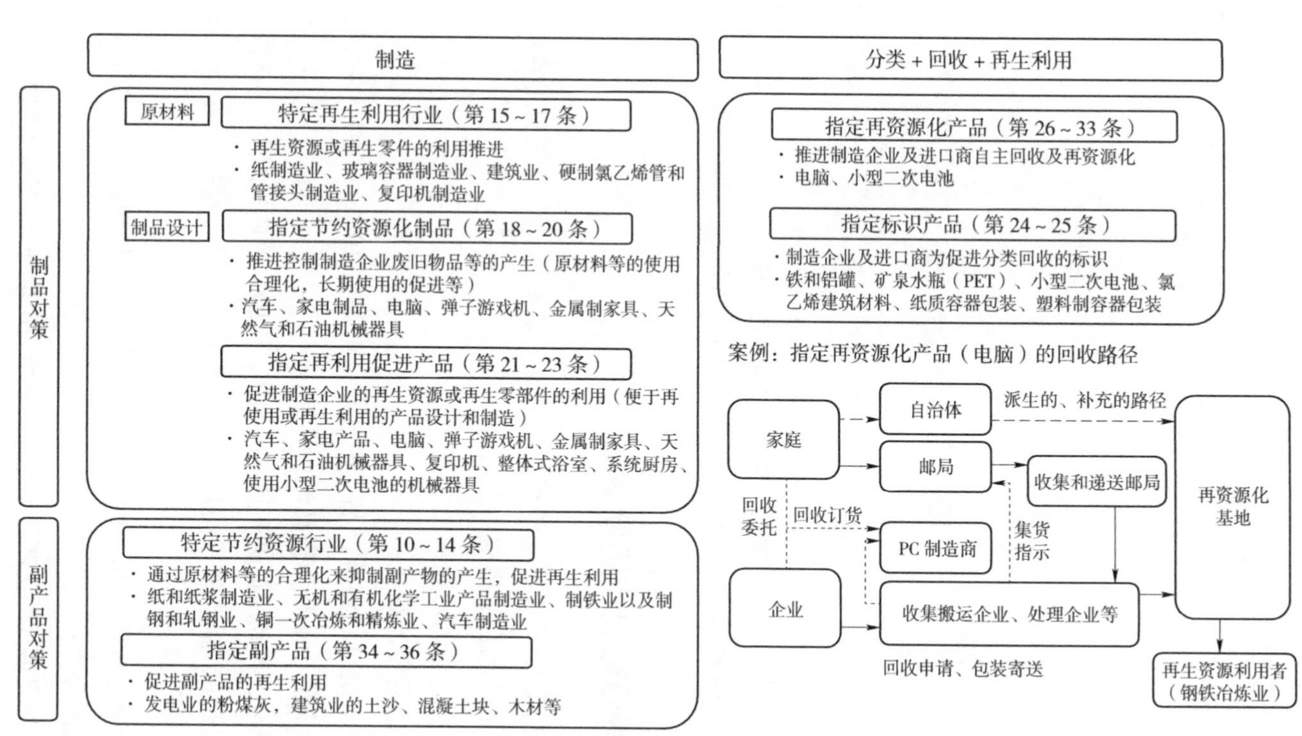

图 23 《资源有效利用促进法》

⑦指定副产品。

其中，对于指定再资源化产品，规定了《废弃物处理法》的特例（对获得认定的指定再资源化企业顺利开展自主回收及再资源化业务给予适当关照），对于废旧电脑、废小型充电电池，根据上述规定，利用《废弃物处理法》中的广域再生利用指定制度，在满足一定条件并获得环境大臣指定的，不经一般废弃物处理行业（或产业废弃物处理行业）许可就可开展该一般废弃物（或产业废弃物）的处理业务[①]。

五、单个的再生利用法

（一）生产者责任延伸

在《废弃物处理法》中，从确保废弃物合理处理的观点出发，建立了合理处理困难物指定制度，环境大臣对一般废弃物中市町村难以进行合理处理的部分（目前有橡胶轮胎、电视机、电冰箱、弹簧床垫 4 个品类）进行指定，市町村长可要求产品和容器等的制造企业对完善该指定一般废弃物的合理处理提供必要的帮助，以便进行合理处理。此外，《资源有效利用促进法》也要求企业采取措施，积极开展废旧电脑和废旧小型充电电池的自主回收与再资源化业务。

虽然这些法律要求生产企业承担责任，但只停留在自主措施的层面，很难定论为生产者责任延伸。在法律制度层面充分体现生产者责任延伸理念的是《容器及包装物再生利用法》《家电再生利用法》《机动车再生利用法》3 部法律。

如图 24 所示，《容器及包装物再生利用法》中规定，对于排放者分类排放、市町村分类收集的容器包装废弃物，特定容器利用企业等有义务对其进行再商品化。获得再商品化认定的特定企业等，不经一般废弃物处理行业的许可即可开展必要的再商品化业务。对于再生利用的资金，由制造企业等按年度向指定法人支付再商品化实施委托费以及市町村合理化资金委托费。每

① 关于废旧电脑的再生利用，请参照第三章第二节。

年年末清算剩余或不足金额。

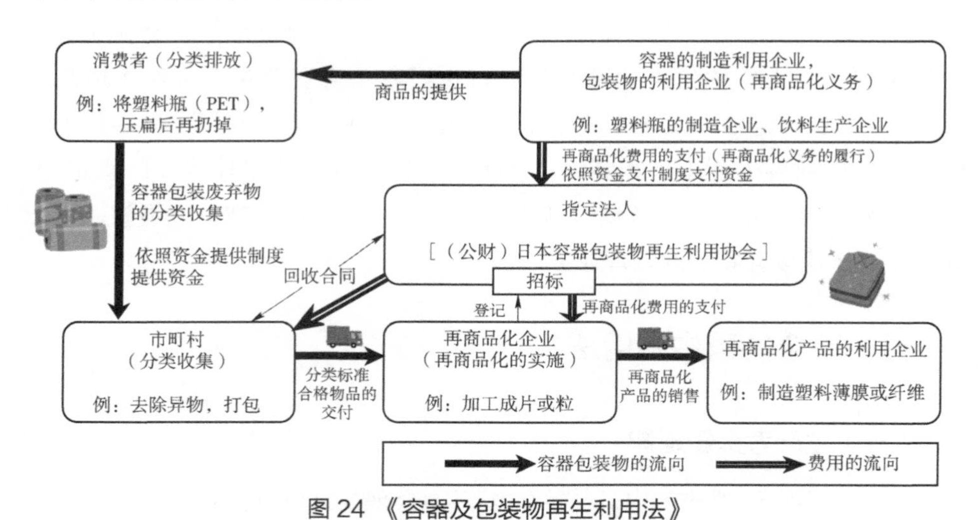

图 24 《容器及包装物再生利用法》

如图 25 所示，《家电再生利用法》中规定，对于市町村难以处理和再生利用的特定家用电器废弃物（空调、电视、电冰箱和冰柜、洗衣机和衣物烘干机），零售商和制造企业分别承担回收和接收后再商品化的义务。零售商等

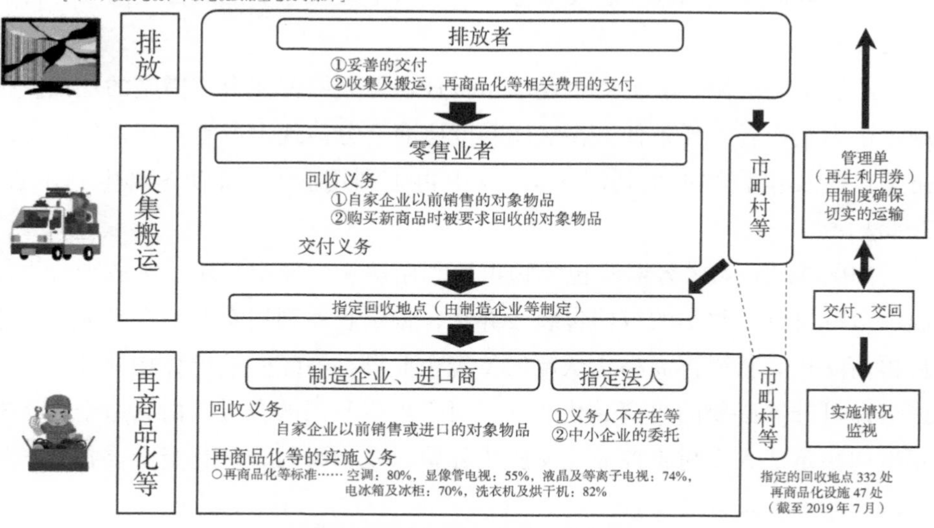

图 25 《家电再生利用法》

可不经一般废弃物及产业废弃物的收集运输行业的许可，从事特定家用电器废弃物的收集和运输业务。同时，获得再商品化等认定的制造企业，可不经一般废弃物及产业废弃物处理行业的许可，就可开展必要的特定家用电器废弃物的再商品化业务。

关于再生利用的资金，再生利用费及收集运输费由消费者在排放时支付给零售商等。费用通过家电再生利用券（产业废弃物管理表）进行管理，因在排放时支付费用，所以制度实施前售出的商品也有可能收取到费用。

如图 26 所示，《机动车再生利用法》中规定，对于报废的机动车，机动车制造企业等有义务对氟利昂类和金属碎屑、指定回收物品（气囊）进行回收和再资源化。已注册的回收企业及氟利昂类回收企业，无须一般废弃物及产业废弃物处理行业的许可，即可从事报废机动车的收集和运输业务。此外，已获许可的机动车拆解企业无须一般废弃物及产业废弃物处理行业的许可，即可开展必要的报废机动车等的再资源化业务，同时，已获许可的破碎企业以及已获认定的机动车制造企业等，无须产业废弃物处理行业的许可，即可开展必要的拆解机动车等的再资源化业务。

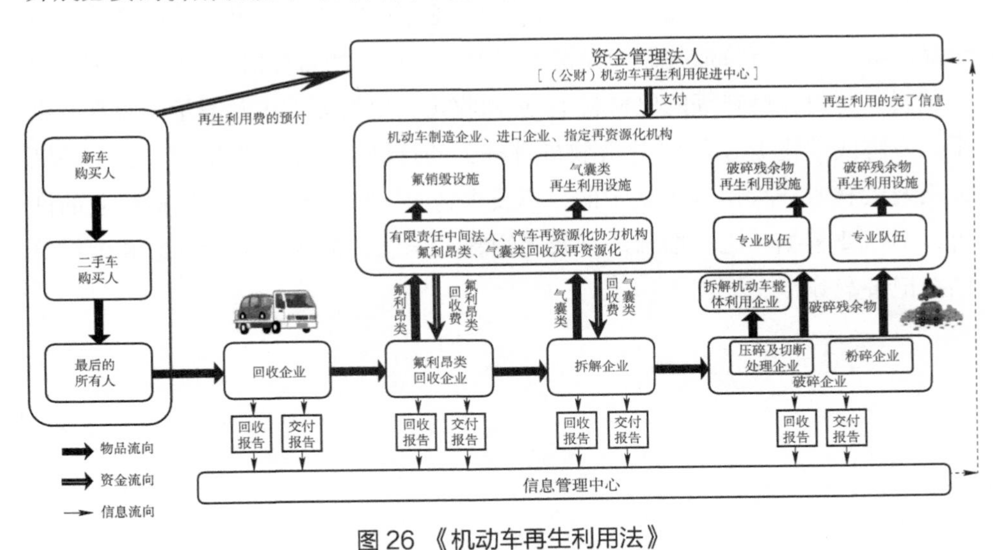

图 26 《机动车再生利用法》

关于再生利用的资金，回收处理费、信息管理费及资金管理费由消费者在购买时支付给资金管理法人。费用通过电子产业废弃物管理表进行管理，制度实施前售出的机动车在年检或二手车交易时支付费用，因此可保证费用的回收。与较短时间内即可再生利用费用的《容器包装再生利用法》及《家电再生利用法》不同，《机动车再生利用法》需要开展长期的费用管理，因此设立了资金管理法人。

《家电再生利用法》及《机动车再生利用法》要求制造企业不仅要承担财务（financial）责任，还要承担回收、处理的劳务（physical）责任，这就促使制造企业积极开展环境友好型设计（DfE），便于产品报废后的回收和处理。《容器再生利用法》没有要求制造企业承担回收、处理的责任，但规定制造企业按容器包装的重量承担相应的再生利用费用，同样起到了激发环境友好型设计（节约原材料的轻量化）积极性的作用①。

（二）排放者责任

单独的再生利用法中，《食品再生利用法》《建材再生利用法》《小型家电再生利用法》是基于排放者责任的制度。

如图 27 所示，《食品再生利用法》中规定，要对食品相关企业等排放的食品废弃物等进行排放控制（设定各行业、各业态的目标值）、再生利用（用于饲料、肥料、燃料等的原材料）、热回收（一定的能效）及减量（脱水、烘干、发酵或碳化）。作为《废弃物处理法》的特例，规定获得主管大臣（环境大臣及农林水产大臣等）认定的，不要求持有一般废弃物收集运输行业的许可，不需要根据《肥料取缔法》及《饲料安全法》的规定进行制造和销售等的登记备案等②。

---

① 容器包装再生利用请参照第三章第三节，家电再生利用请参照第三章第二节，机动车再生利用请参照第三章第一节。

② 食品再生利用请参照第三章第七节。

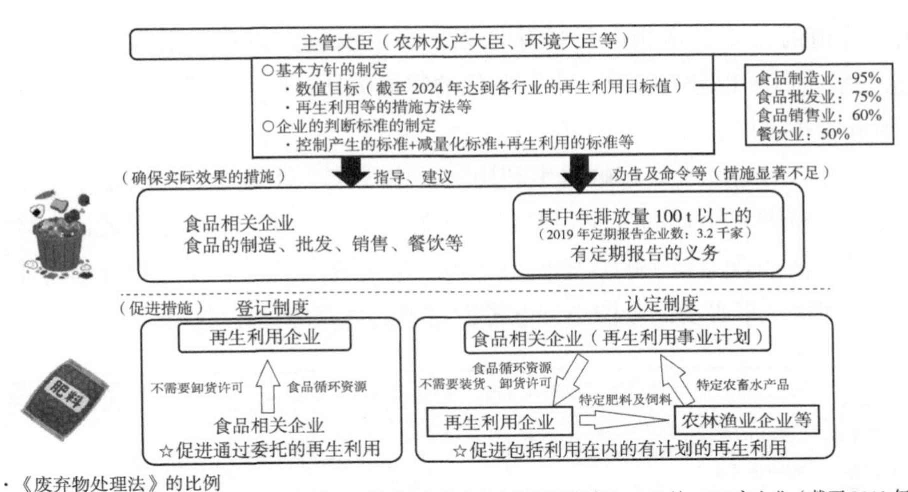

・《废弃物处理法》的比例

・《肥料取缔法》《饲料安全法》的特例（不需要向农林水产大臣登记备案）：165 处，160 家企业（截至 2019 年 10 月）

图 27 《食品再生利用法》

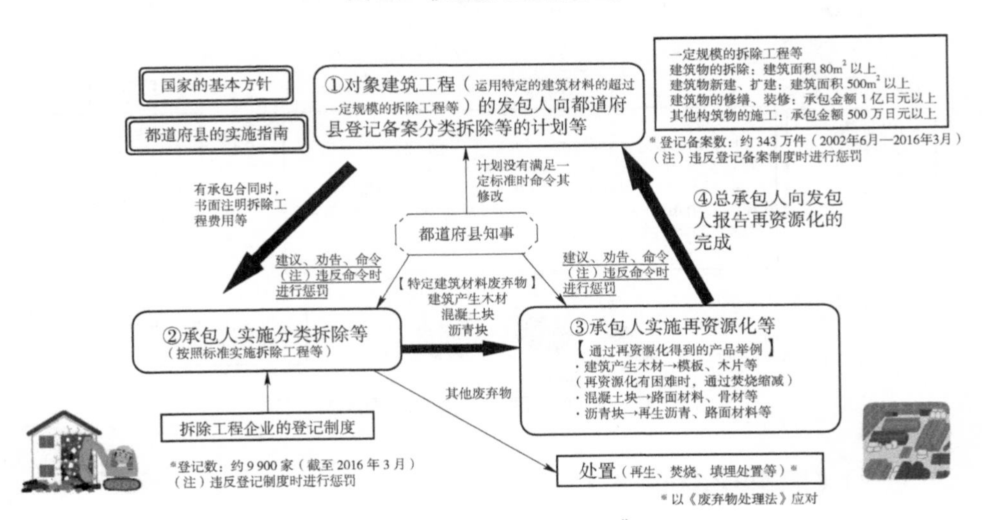

图 28 《建材再生利用法》

如图 28 所示，《建材再生利用法》规定了建设施工承包方负责分类拆解与再生利用、工程发包方与总承包人的合同手续等。具体包括要求达到一定规模的工程，不得使用重型机械粗暴的“破碎式拆除”，要推行“分类拆除”，便于混凝土、铁、木材等材料的分类再利用。为贯彻分类拆除，要求发包方事先向都道府县知事申报分类拆除计划，要求承包方接到申报事项的告知（信息共享）后承担分类拆除、再资源化的实施责任。此外还设立了拆除企业的注册和管理制度。

如图 29 所示，《小型家电再生利用法》中规定，计划开展废旧小型电子设备等的再资源化事业的企业要编制再资源化事业计划，获得主管大臣（环境大臣及经济产业大臣）的认定后，无须一般废弃物及产业废弃物处理行业的许可，即可从事必要的废旧小型电子设备等的再资源化业务（图 30）。

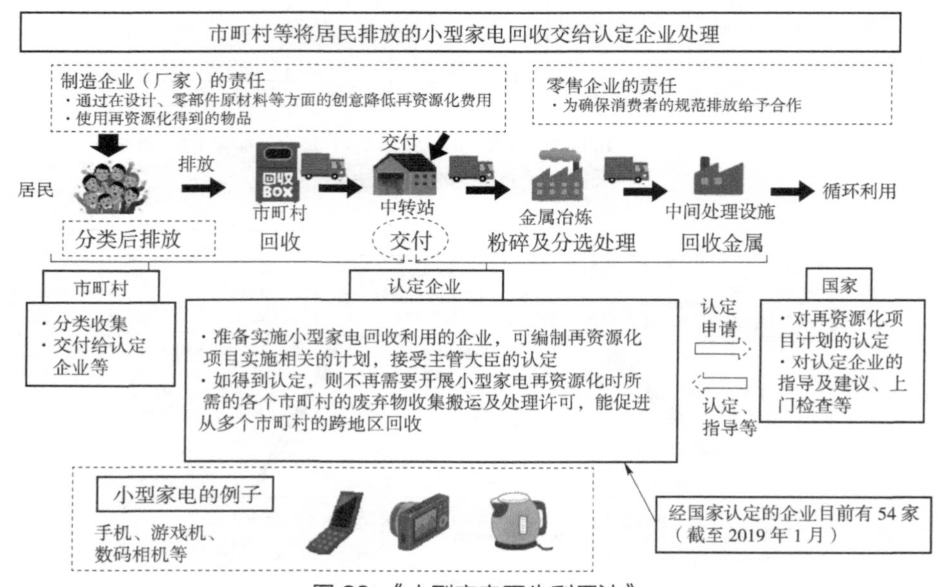

图 29 《小型家电再生利用法》

（三）《船舶再生利用法》

如图 31 所示，2009 年 5 月，国际海事组织（IMO）通过了《2009 年船舶安全与环境无害化回收再利用香港国际公约》。该公约规定船舶应禁止或限制搭载有害物质，对再生利用场地进行检查与批准等。

为确保拆船业务的安全与环保，2018 年 6 月，日本颁布了以该公约为基础的《关于合理开展船舶再资源化拆解的法律》（以下简称《船舶再生利用法》），确立了合理的船舶再生利用制度。该法规定，一定规模的船舶需编制

	对象产品	属于该产品范围的具体品种举例（政令中没有记载具体的品种名称）
1	电话机、传真机及其他有线通信设备器具	电话机、传真、调制解调装置（Modem）、路由器及 LAN 开关
2	手机终端、PHS 终端及其他无线通信设备器具	手机终端（包括公共 PHS 终端、智能手机）汽车导航仪系统、ETC 车载装置、VICS 装置
3	收音机及电视机（《特定家庭用机器再商品化法施行令》第 1 条第 2 号所规定的电视机除外）	收音机
4	数码相机、录像机、DVD 录像机及其他影像用设备器具	数码相机、磁带录像机/播放器、DVD 录像机/播放器、BD 录像机/播放器、BS/CS 天线、转型彩色电视
5	数码音频播放器、立体音响及其他电器音响设备器具	磁带录音机、CD 排放器、MD 录音机/播放器、数码音频播放器、IC 录音机、助听器、车载收音机
6	个人电脑	个人电脑（笔记本式/平板式）、个人电脑（台式）（包括塔式及一体式）、个人电脑（触摸屏式）
7	磁盘装置、光盘装置及其他存储装置	辅助存储装置（硬盘、USB、存储卡）、游戏软件
8	打印机及其他印刷装置	打印机、照片打印机、显示屏（个人电脑用）、键盘
9	显示器及其他显示装置	显示屏（个人电脑用）、投影仪
10	电子书终端	电子书终端
11	电动缝纫机	电动缝纫机
12	打粉机、电钻及其他电动工具	打粉机、电钻、洗地机、电动砂光机
13	电子计算器及其他办公用电器设备器具	打字机（含显示屏）、计算器、电子词典
14	体重秤及其他计量用或测量用电器设备器具	电子体重秤（包括身体成分秤和身体脂肪秤）、电子婴儿体重秤、电温度湿度计、数字计步器
15	电动喷雾器及其他医疗用电器设备器具	治疗浴用机器及装置、家庭用电光治疗仪、家庭用瓷热疗法治疗仪、家庭用喷雾器、家庭用医疗物质生成器
16	胶卷相机	胶卷相机
17	电饭煲、微波炉及其他厨房用电器设备器具（《特定家庭用机器再商品化法施行令》第 1 条第 3 号规定的电冰箱及冰柜除外）	电饭煲、洗碗机（台式）、烤面包片机、电热平扒炉、搅拌机、榨汁机、食品加工机、电动压面机、电动打糕机、咖啡研磨机
18	电风扇、电除湿机及其他空调用电器设备器具（《特定家庭用机器再商品化法施行令》第 1 条第 1 号规定的家庭用分体空调除外）	电风扇、空气循环器、送风机
19	电熨斗、电吸尘器及其他衣服用或卫生用电器设备器具（《特定家庭用机器再商品化法施行令》第 1 条第 4 号规定的洗衣机及烘干机除外）	电熨斗、裁缝用电熨斗、电吸尘器、手持吸尘器、地板打蜡器
20	电暖桌、电暖器及其他保温用电器设备器具	电暖桌、电暖器、电热毯
21	电吹风机、电须刀及其他理发美发用电器设备器具	电吹风机、电须刀、电脱毛器、电剃刀、电动牙刷、家庭用喷雾机、浴缸用水电泵、电鱼缸用品
22	电按摩器	电按摩器
23	跑步机及其他健身用电器设备器具	跑步机
24	草坪除草机及其他园艺用电器设备器具	草坪除草机
25	荧光灯器具及其他电器照明器具	照明器具、便携式电灯（包括手电筒）
26	电子表及电钟	电子表及电钟
27	电子乐器及电乐器	电子琴、电吉他、电子吉他
28	游戏机及其他电子玩具、电动玩具	固定式游戏机、便携式游戏机、掌上游戏机（迷你电子游戏机）

图 30 《小型家电再生利用法》的对象产品

有害物质清单并提交国土交通大臣批准，国土交通大臣、厚生劳动大臣及环境大臣负责签发再资源化拆船（再生利用）许可，并对以再资源化拆船为目的的受让与转让等手续做出了规定。

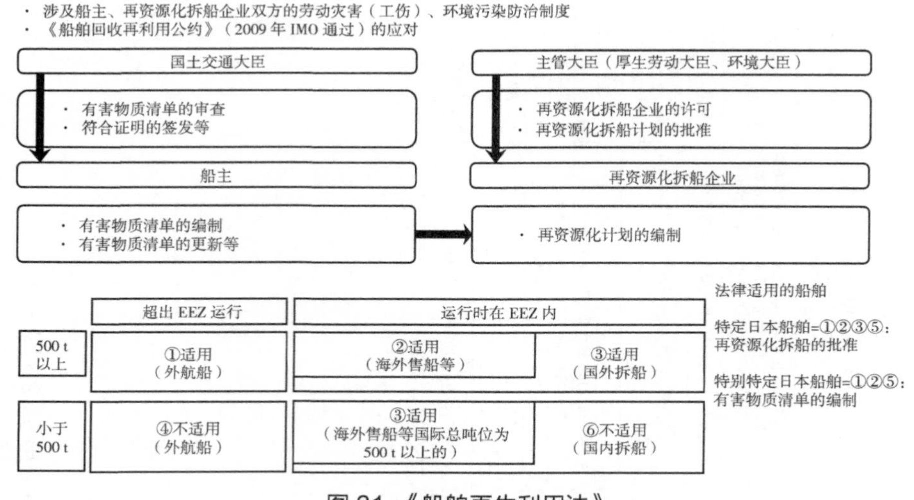

图 31 《船舶再生利用法》

六、日本环境省的组织机构

日本行政机构的任务、管辖事务均要遵守被称为“设置法”的法律以及依据该法出台的规定（组织令、组织规则等）。环境省（职员约 3 300 人）的任务和管辖事务在 1999 年颁布的环境省设置法及其框架下的规定（环境省组织令、环境省组织规则等）中做出了明确规定，其中废弃物相关的管辖内容在该法第 4 条中明确规定为废弃物的排放控制、合理处理以及清扫的相关事务。

环境省组织令第 2 条规定设置环境再生与资源循环局负责废弃物相关事务，第 7 条规定其管辖的事务包括促进资源的再利用、废弃物排放控制与合理处理以及清扫的相关事务等，同时负责因 2011 年东日本大地震福岛核电事故中核反应堆的运行等导致的放射性物质污染环境的应对，以及核事故后的环境再生工作。

根据环境省组织令第 40 条的规定，在环境再生与资源循环局内设总务科、废弃物合理处理推进科、废弃物规制科以及参事官（4 名），根据环境省组织规则第 21～23 条的规定设循环型社会推进室、再生利用推进室、净化槽推进室、放射性物质污染废弃物对策室以及企划官（2 名）。

总务科负责全局事务的综合协调与企划立项等，废弃物合理处理推进科主要负责一般废弃物，废弃物规制科主要负责产业废弃物，循环型社会推进室负责循环型社会建设，再生利用推进室负责单独的再生利用法，净化槽推进室负责粪尿等的处理，放射性物质污染废弃物对策室负责核反应堆运行等导致的核污染废弃物的合理处理。

环境再生与资源循环局作为日本废弃物相关业务的指挥塔兼实施机构，除负责推进《循环基本法》《废弃物处理法》、单独的再生利用法等的相关业务外，还承担着废弃物等的进出口（《巴塞尔公约》等）、灾害发生时的废弃物对策、净化槽的普及、核污染废弃物的科学研究、国际合作等工作，职员人数约 160 人。

此外，环境省还设有地方环境事务所（北海道、东北、福岛、关东、中部、近畿、日本四国、九州的 8 个事务所约 1 160 名职员），与各地区的都道府县、市町村合作承担包括废弃物在内的环境行政业务①。

参考文献

［1］【日】西尾哲茂 . 2019. 了解环境法（增补修订版）. 信山社 .

［2］【日】堀口昌澄 . 2017. 于细节处见功夫　废弃物处理法　虎之卷（2017 年修订版）.

［3］【日】日经 BP 社、环境省主编，公益财团法人产业废弃物处理事业振兴财团编辑 . 2017. 浅显易懂!! 日本的产业废弃物（修订 7 版）. 大成出版社 .

［4］【日】环境省 . 2014. 日本废弃物处理的历史与现状 . http://www.env.go.jp/recycle/circul/venous_industry/ja/history.pdf［2021-1-10］.

［5］【日】经济产业省 . 2020. 资源环境手册 2020 法律制度与 3R 动向 . https://www.meti.go.jp/policy/recycle/main/data/pamphlet/pdf/handbook2020.pdf［2021-1-10］.

① 文中的职员人数为 2020 年 8 月 1 日的人数，摘自日本国内阁官方行政机构图。